中国高等职业技术教育研究会推荐

高职高专电子、通信类专业系列教材

"十二五"江苏省高等学校重点教材

通信工程制图与概预算

（第二版）

主编　杨　光　杜庆波　杨前华

西安电子科技大学出版社

内 容 简 介

本书根据通信类专业高职高专教育的培养目标和教学需要，在第一版的基础上修订而成。本书紧密结合当前工程设计单位的工作实际和软件升级换代的新形势，将第一版所介绍的 AutoCAD 2004 升级为 AutoCAD 2010；将以 AutoCAD 2004 为基础的制图软件替换为成捷讯通信工程概预算软件 V2018；将通信工程制图依据标准更新为 YD/T5015—2015《通信工程制图与图形符号规定》；将第一版概预算编制所用的 95 版定额更新为目前工程设计单位编制预算所用的最新版的[2016]451 号定额。

全书共 8 章，从初学者的角度出发，系统地介绍了通信工程制图的基本知识、计算机在工程制图中的应用、通信制图专用软件使用介绍、通信工程图绘制要求及各专业所绘图纸内容、通信建设工程与定额、通信建设工程工程量统计、通信建设工程费用定额、通信建设工程概预算文件编制及举例。

本书简单实用，既可作为通信类高职高专院校的教材，又可作为通信制图人员、通信概预算人员的培训教材以及通信建设工程规划、设计、施工和监理人员的参考用书。

图书在版编目(CIP)数据

通信工程制图与概预算 / 杨光主编. —2 版. —西安：西安电子科技大学出版社，2019.3(2020.8 重印)
ISBN 978−7−5606−5122−4

Ⅰ. ① 通… Ⅱ. ① 杨… Ⅲ. ① 通信工程—工程制图—高等职业教育—教材 ② 通信工程—概算编制—高等职业教育—教材 ③ 通信工程—预算编制—高等职业教育—教材 Ⅳ. ① TN91

中国版本图书馆 CIP 数据核字（2019）第 000540 号

责任编辑　王　斌　雷鸿俊　刘玉芳
出版发行　西安电子科技大学出版社（西安市太白南路 2 号）
电　　话　(029)88242885　88201467　　　邮　　编　710071
网　　址　www.xduph.com　　　电子邮箱　xdupfxb001@163.com
经　　销　新华书店
印刷单位　广东虎彩云印刷有限公司
版　　次　2019 年 3 月第 2 版　　2020 年 8 月第 8 次印刷
开　　本　787 毫米×1092 毫米　1/16　印张 19
字　　数　446 千字
定　　价　39.00 元
ISBN 978 − 7 − 5606 − 5122 − 4 / TN
XDUP 5424002−8

＊＊＊ 如有印装问题可调换 ＊＊＊

前　言

随着我国经济的快速发展和社会信息化程度的不断加深，我国通信相关产业得到了非常快速的发展。尤其是近几年，我国移动通信更新换代速度加快，大数据、云计算使得 IDC 机房的兴起，物联网的融入及蓬勃发展使得每年通信工程建设项目不断增多，涉及的工程项目种类也越来越广泛，引发了通信行业对工程设计人才的巨大需求。

正是在这种大环境下，全国具有通信专业的高职院校看到了通信行业对工程设计人才的缺口和供需不足，为了与通信企业人才需求接轨，也为了能为各级各类通信建设工程公司、规划设计院、通信监理公司培养更多优秀工程设计人才，很多高职院校都开始筹备开设通信工程设计这方面的课程，因此急需要一本适合的教材供教学使用。

本书依据通信类高职教育的人才培养目标，针对通信建设工程设计人员所必需的工程制图和工程预算编制两大技能，参照通信建设工程概预算员的考试大纲而编写，目的是要突出高职高专教育注重实践、贴合岗位需求的特点。

本书的第一版出版后得到广大职业院校师生和企业技术人员的认可。如今，随着时间的推移，第一版书中介绍的通信工程制图的总体要求、规定以及所用图形符号与现行 YD/T5015—2015 通信制图标准相比已经有了很大的调整，AutoCAD 2004 制图软件以及编制概预算依据的 95 版定额都已经淘汰。为了让读者所学内容能够与企业实际同步一致，决定修订本书内容。通过走访和企业调查，本书中的制图软件选用系统性能稳定且在企业使用最为普遍的 AutoCAD 2010，并以此为基础介绍了一款通信线路工程专用制图软件，体现了通信专业制图的特色。在本书的概预算部分，预算编制选用的定额为工信部颁布的最新 [2016]451 号定额，该定额于 2017 年 5 月 1 日起正式施行。修订后的本书能够帮助读者获得最新最实用的知识和技能。

本书内容共分 8 章讲解，其中，第 1 章到第 4 章主要介绍通信工程制图知识，第 5 章到第 8 章主要介绍通信工程概预算知识。

第 1 章主要介绍了通信工程制图的总体要求、制图的基本原则以及通信工程制图的统一规定和制图符号使用规则等；第 2 章为本书的重点之一，主要介绍了目前常用的计算机制图软件 AutoCAD 的使用方法，并以 AutoCAD 2010 为例，介绍了各种绘图、编辑命令的使用，文字的输入和编辑以及尺寸的标注和编辑等；第 3 章主要介绍了一种基于 AutoCAD 2010 开发的专用通信线路工程制图软件，具体包括该软件的特点、菜单功能、各类通信建设工程制图方法等；第 4 章简单介绍了绘制通信工程图纸的一般要求及各专业通信工程图纸的具体要求、注意事项，以及通信工程设计中各专业所需主要图纸，最后对各类典型通信工程图纸给出了范例，供读者参考；第 5 章主要介绍了通信建设工程及定额，具体包括通信建设项目分类、通信建设工程类别的划分、通信建设工程概预算定额的作用与构成等；第 6 章是本书的重点之一，主要介绍了通信建设工程费用的构成、各种费用的相关定额与计算规则；第 7 章主要介绍了通信线路和通信设备安装工程的工程量计算规则和计算方法；第 8 章也是本书的重点之一，主要介绍了通信建设工程概预算文件的编制方法，通过通信线路工程和通信设备安装工程编制预算文件实例，使读者系统地学习概预算文件的编制程序和方法。

全书以实用为原则，严格参照原信息产业部颁发的相关通信行业标准和文件，并且充分考虑到高职高专学生的学习特点，采用理论教学和技能训练相结合的编排方法，每一章都安排有专题技能训练内容，适合在教学中采用一体化教学和以行动为导向任务驱动的教学方法，增强学生的理解与实践能力。本书以介绍通信工程制图和工程概预算等方面的实用技术知识为重点，既有基本知识点，满足读者理论知识的需要，又注重实际技能的培养。通过系统的技能训练，将基本理论知识与实际应用有机结合起来。为了使读者在学习知识时，能够通过本书达到"一看就会，一学就练，一练就用"的目的，在编书的过程中，特别注重采用形象直观的图片、图表及典型例题来配合文字叙述，使本书易学易用。

本书由杨光编写第 2、4、5、6、7、8 章，杨前华编写第 1、3 章，中兴学院的张方园协助编写第 2 章，并为本书提供了专业资料。杜庆波教授依据多年丰富的现场工作经验和教学经验对全书的编写提供专业技术指导并进行全书统稿。

本书在编写过程中参考了同专业的相关书籍和文献资料，并得到了部分设计、施工单位及有关技术人员的大力支持和帮助，此外，兄弟院校的多位老师也为本书的编写提出了很多宝贵意见，在此一并表示感谢。

由于作者水平有限，书中难免有不妥之处，敬请广大读者批评指正。

编　者

2018.12

第 一 版 前 言

随着通信行业的飞速发展以及通信运营商的增加，通信市场不断壮大，通信建设工程数量随之每年都在不断增加，这就需要大批具有工程设计、制图、施工、维护和工程项目管理等方面技能的技术人员。高等职业院校的办学指导思想及人才培养思路是"以服务为宗旨、以就业为导向，培养具有本专业综合职业能力的，在通信建设和服务第一线工作的高等技术应用型人才"。因此，在分析当今通信行业对人才的需求情况后，为能保质保量地向各级各类通信工程建设部门输送合格的一线技术人才，迫切需要在高职院校的通信类专业开设通信工程制图和概预算课程。

本书依据通信类高职教育的人才培养目标，针对通信建设工程的特点，结合通信建设工程概预算员的考试大纲而编写，主要突出高职高专教育注重实践的特点。本书内容包括通信工程制图和通信工程概预算两大部分，共分 8 章进行讲解，其中第 1～4 章主要介绍通信工程制图方面的相关知识，第 5～8 章主要介绍通信工程概预算的相关知识。

第 1 章主要介绍通信工程制图的总体要求、制图的基本原则以及通信工程制图的统一规定和制图符号使用规则等；第 2 章主要介绍目前常用于计算机制图的 AutoCAD 软件的使用方法，包括各种绘图、编辑命令的使用，文字的输入和编辑以及尺寸的标注和编辑等；第 3 章是本书的重点，主要介绍一种基于 AutoCAD 2004 开发的专用通信工程制图软件，具体包括该软件的特点、专用制图软件菜单功能介绍、各类通信建设工程制图方法介绍；第 4 章简单介绍绘制通信施工图的要求、注意事项，通信线路工程和通信设备安装工程在施工图设计阶段需要绘制哪些工程图纸及应达到的深度，最后对各类典型通信工程图纸给出范例，供读者参考；第 5 章主要介绍通信建设工程及定额，包括通信建设项目分类、通信建设工程类别的划分、通信建设工程概预算定额的作用与构成等；第 6 章也是本书的重点，主要介绍通信建设工程费用的构成、各种费用的相关定额与计算规则；第 7 章主要介绍通信线路和通信设备安装工程的工程量的计算规则和计算方法；第 8 章仍是本书的重点，主要介绍通信建设工程概预算文件的编制方法，通过通信线路工程和通信设备安装工程编制预算文件实例，系统地学习概预算文件的编制程序和方法。另外，全书以实用为原则，严格参照信息产业部颁发的相关通信行业标准和文件，并且充分考虑到高职高专学生的学习特点，采用理论教学和实训相结合的编排方法，每一章都安排有专题实训内容，适合在教学中采用案例教学和项目教学方法，增强学生的理解与实践能力。

本书由杨光编写并统稿，杜庆波参与概预算部分章节编写并提供专业技术指导。李立高教授担任本书主审。本教材在编写过程中得到了部分设计、施工单位及有关技术人员的大力支持和帮助，特别是李立高教授等多位老师为本书的编写提出了很多宝贵意见，在此表示感谢。

由于作者水平有限，书中难免存在不妥之处，敬请广大读者批评指正。

编 者

2008 年 2 月

目　　录

第 1 章

通信工程制图基本知识

知识目标

☞ 掌握通信工程制图的总体要求和统一规定。
☞ 掌握图形符号的使用规则及派生方法。
☞ 认识通信工程制图中的常用符号。

技能目标

☞ 能够对工程图纸进行编号。
☞ 能够根据已知条件对线路或设备进行正确的标注。

1.1 概　述

通信工程图纸是指在对施工现场仔细勘察和认真搜索资料的基础上通过图形符号、文字符号、文字说明及标注表达具体的工程性质的图纸。它是通信工程设计的重要组成部分，是指导施工的主要依据。通信工程图纸中包含了诸如路由信息、设备配置安放情况、技术数据、主要说明等内容。

通信工程制图就是将图形符号、文字符号按不同专业的要求画在一个平面上，使工程施工技术人员通过阅读图纸就能够了解工程规模、工程内容，统计出工程量及编制工程概预算。可见通信工程图纸在工程施工中的重要作用，只有绘制出准确的通信工程图纸，才能对通信工程施工具有正确的指导性意义。因此，通信工程技术人员必须要掌握通信工程制图的方法。

为了使通信工程图纸做到规格统一、画法一致、图面清晰，符合施工、存档和生产维护要求，有利于提高设计效率、保证设计质量和适应通信工程建设的需要，要求依据相关国家及行业标准和通信工程制图与图形符号标准进行工程图编制。

根据"工业和信息化部办公厅关于印发 2013 年度通信工程建设标准编制计划的通知"(工信厅通函[2013]536 号)的要求，对原通信行业标准 YD/T 5015—2007《电信工程制图与图形符号规定》进行了修订，形成现在最新使用的 YD/T5015—2015《通信工程制图与图形符号规定》。该规定指出，在标准中未明确的问题，应按国家标准的要求执行。该规定中未规定的图形符号，可使用国家标准中有关的符号或按国家标准的规定进行派生。

1.2 通信工程制图的总体要求

(1) 根据表述对象的性质，论述的目的与内容，选取适宜的图纸及表达手段，以便完整地表述主题内容。

当几种手段均可达到目的时，应采用简单的方式，例如，当描述系统时，框图和电路图均能表达，则应选择框图。当单线表示法和多线表示法同时能明确表达时，宜使用单线表示法。当多种画法均可达到表达的目的时，图纸宜简不宜繁。

(2) 图面应布局合理、排列均匀、轮廓清晰和便于识别。

(3) 应选取合适的图线宽度，避免图中的线条过粗或过细。标准通信工程制图图形符号的线条除有意加粗者外，一般都是统一粗细的，一张图上要尽量统一。但是不同大小的图纸(如 A1 和 A4 图)可有不同，为了视图方便，大图线条可以相对粗一些。

(4) 正确使用国标和行标规定的图形符号。需派生新的符号时，应符合国标图形符号的派生规律，并应在适当的地方加以说明。

(5) 在保证图面布局紧凑和使用方便的前提下，应选择适合的图纸幅面，使原图大小适中。

(6) 应准确地按规定标注各种必要的技术数据和注释，并按规定进行书写和打印。

(7) 工程设计图纸应按规定设置图衔，并按规定的责任范围签字。各种图纸应按规定顺序编号。

(8) 总平面图及机房平面布置图、移动通信基站天线位置及馈线走向图应设置指北针。

(9) 对于线路工程，设计图纸应按照从左往右的顺序制图，并设指北针；线路图纸分段按起点至终点、分歧点至终点的原则划分。

1.3 通信工程制图的统一规定

1.3.1 图幅尺寸

工程设计图纸幅面和图框大小应符合国家标准 GB 6988.1《电气技术用文件的编制 第 1 部分：规则》的规定，一般采用 A0、A1、A2、A3、A4 及 A3、A4 加长的图纸幅面。图纸的幅面和图框尺寸应符合表 1-1 所示的规定和图 1-1 所示的格式。

表 1-1　幅面和图框尺寸　　　　　　　　　　　　　(单位：mm)

幅面代号	A0	A1	A2	A3	A4
图框尺寸(高×宽)	1189×841	841×594	594×420	420×297	297×210
侧边框据 L2	10			5	
装订侧边框据 L1	25				

当上述幅面不能满足要求时，可按照 GB 14689《技术制图图纸幅面和格式》的规定加大幅面；也可在不影响整体视图效果的情况下分割成若干张图绘制。

根据表述对象的规模大小、复杂程度、所要表达的详细程度、有无图衔及注释的数量来选择较小的合适幅面。

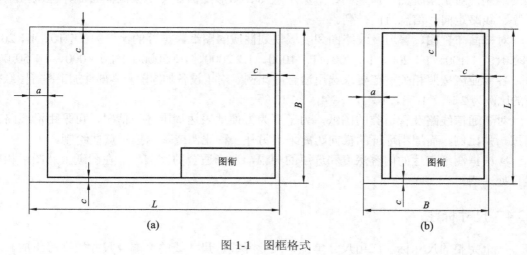

图 1-1　图框格式

1.3.2　图线型式及其应用

图线型式及用途如表 1-2 所示。

表 1-2　图线型式及用途

图线名称	图线型式	一　般　用　途
实线	——————————	基本线条：图纸主要内容用线，可见轮廓线
虚线	— — — — — — — —	辅助线条：屏蔽线、机械连接线、不可见轮廓线、计划扩展内容用线
点划线	—·—·—·—·—·—	图框线：表示分界线、结构图框线、功能图框线、分级图框线
双点划线	—··—··—··—··	辅助图框线：表示更多的功能组合或从某种图框中区分不属于它的功能部件

图线的宽度一般为 0.25、0.35、0.5、0.7、1.0、1.4 等(单位为 mm)。通常只选用两种宽度的图线，粗线的宽度为细线宽度的两倍，主要图线采用粗线，次要图线采用细线。对复杂的图纸也可采用粗、中、细三种线宽，线的宽度按 2 的倍数依次递增。在使用图线绘图时，应使图形的比例与配线协调恰当、重点突出、主次分明，在同一张图纸上，按不同比例绘制的图样及同类图形的图线粗细应保持一致。细实线是最常用的线条，在以细实线为主的图纸上，粗实线主要用于图纸的图框及需要突出的部分。指引线、尺寸标注线应使用细实线。当需要区分新安装的设备时，宜用粗线表示新建，细线表示原有设施，虚线表示规划预留部分，原机架内扩容部分宜用粗线表达。平行线之间的最小间距不宜小于粗线宽度的两倍，同时最小不能小于 0.7 mm。

1.3.3　图纸比例

对于平面布置图、管道及光(电)缆线路图、设备加固图及零部件加工图等图纸，应按比例绘制；对于系统图、原理图、方案示意图、图形图例等可不按比例绘制，但应按工作顺序、线路走向、信息流向排列。

对平面布置图、管道及线路图和区域规划性质的图纸，推荐的比例为 1∶10、1∶20、1∶50、1∶100、1∶200、1∶500、1∶1000、1∶2000、1∶5000、1∶10 000、1∶50 000等，各专业应按照相关规范要求选用适合的比例。对于设备加固图及零部件加工图等图纸推荐的比例为 2∶1，1∶1，1∶2，1∶4，1∶10 等。

对于通信线路及管道类的图纸，为了更为方便地表达周围环境情况，可采用沿线路方向按一种比例，而周围环境的横向距离采用另外一种比例或基本按示意性绘制。

应根据图纸表达的内容深度和选用的图幅，选择适合的比例，并在图纸上及图衔相应栏目处注明。

1.3.4　尺寸标注

一个完整的尺寸标注应由尺寸单位、尺寸界线、尺寸线的终端及尺寸数字等组成。其分述如下：

(1) 图中的尺寸单位，除标高、总平面和管线长度以米(m)为单位外，其他尺寸均以毫米(mm)为单位，按此原则标注的尺寸可不加单位的文字符号。若采用其他单位时，应在尺寸数值后加注计量单位的文字符号。在同一张图纸中，不宜采用两种计量单位混用。尺寸单位应在图衔相应栏目中填写。

(2) 尺寸界线用细实线绘制，宜由图形的轮廓线、轴线或对称中心线引出，也可利用轮廓线、轴线或对称中心线作尺寸界线。尺寸界线一般应与尺寸线垂直。

(3) 尺寸线的终端可以采用箭头或斜线两种形式，但同一张图中只能采用一种尺寸线终端形式，不得混用。

当采用箭头形式时，两端应画出尺寸箭头，指到尺寸界线上，表示尺寸的起止。尺寸箭头宜用实心箭头，箭头的大小应按可见轮廓线选定，其大小在图中应保持一致。

当采用斜线形式时，尺寸线与尺寸界线必须互相垂直。斜线用细实线，且方向及长短应保持一致。斜线方向应以尺寸线为准，逆时针方向旋转 45°，斜线长短约等于尺寸标注的高度。

(4) 图中的尺寸数字一般应注写在尺寸线的上方或左侧，也允许注写在尺寸线的中断处，但同一张图样上注法应尽量保持一致。尺寸数字应顺着尺寸线方向书写并符合视图方向，数值的标注方向应和尺寸线垂直，并不得被任何图线通过。当无法避免时，应将图线断开，在断开处填写数字。对有角度非水平方向的图线，其数字可顺尺寸线标注在尺寸线的中断处，数字的标注方向与尺寸线垂直，且字头朝向斜上方。对垂直水平方向的图线，其数字可顺尺寸线标注在尺寸线的中断处，数字的标注方向与尺寸线垂直，且字头朝向左。

有关建筑类专业设计图纸上的尺寸标注，可按 GB/T 50104《建筑制图标准》要求执行。

1.3.5 字体及写法

图中书写的文字(包括汉字、字母、数字、代号等)均应字体工整、笔画清晰、排列整齐、间隔均匀,其书写位置应根据图面妥善安排,文字多时宜放在图的下面或右侧。

文字内容从左向右横向书写,标点符号占一个汉字的位置,当用中文书写时,应采用国家正式颁布的汉字,字体宜采用宋体或仿宋体。

图中的"技术要求"、"说明"或"注"等字样,宜写在具体文字内容的右上方,并使用比文字内容大一号的字体书写。具体内容多于一项时,应按下列顺序号排列:

1. 、 2. 、 3.……
(1)、(2)、(3)……
①、②、③……

图中所涉及数量的数字,均应用阿拉伯数字表示。计量单位应使用国家颁布的法定计量单位。

1.3.6 图衔

通信工程图纸应有图衔,图衔的位置应在图面的右下角。通信工程常用标准图衔为长方形,大小宜为 30 mm × 180 mm(高 × 长)。图衔宜包括图纸名称、图纸编号、单位名称、单位主管、部门主管、总负责人、单项负责人、设计人、审校核人、制图日期等内容。对于通信管道及线路工程图纸来说,当一张图不能完整画出内容时,可分为多张图纸,这时,第一张图纸使用标准图衔,其后续图纸使用简易图衔。通信工程勘察设计的简易图衔如图 1-2 所示。

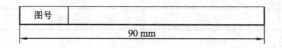

图 1-2　通信工程勘察设计的简易图衔

1.3.7 图纸编号

图纸编号的编排应尽量简洁,设计阶段一般图纸编号的组成可分为四段,按以下规则处理:

工程项目编号 设计阶段代号 — 专业代号 — 图纸编号

对于同计划号、同设计阶段、同专业而多册出版的图纸,为避免编号重复可按以下规则处理:

工程项目编号 设计阶段代号(A) — 专业代号(B) — 图纸编号

其中,A、B 为字母或数字,区分不同册编号。工程项目编号应由工程建设方或设计单位根据工程建设方的任务委托,统一给定。设计阶段代号应符合表 1-3 所示的规定;常用的专业代号应符合表 1-4 所示的规定。

表 1-3　设计阶段代号

设计阶段	代号	设计阶段	代号	设计阶段	代号
可行性研究	K	初步设计	C	技术设计	J
规划设计	G	方案设计	F	设计投标书	T
勘察报告	KC	初设阶段的技术规范书	CJ	修改设计	在原代号后加 X
咨询	ZX	施工图设计	S		
		一阶段设计	Y		
		竣工图	JG		

表 1-4　常用专业代号

名　称	代　号	名　称	代　号
光缆线路	GL	电缆线路	DL
海底光缆	HGL	通信管道	GD
传输系统	CS	移动通信	YD
无线接入	WJ	核心网	HX
数据通信	SJ	业务支撑系统	YZ
网管系统	WG	微波通信	WB
卫星通信	WD	铁塔	TT
同步网	TB	信令网	XL
通信电源	DY	监控	JK
有线接入	YJ	业务网	YW

需要说明以下几点:

(1) 用于大型工程中分省、分业务区编制时的区分标识，可采用数字 1、2、3 或拼音字母的字头等。

(2) 用于区分同一单项工程中不同的设计分册(如不同的站册)，宜采用数字(分册号)、站名拼音字头或相应汉字表示。

在上述所讲国家通信行业制图标准中对设计图纸的编号方法规定基础上，一般每个设计单位都有自己内部的一套完整的规范，目的是为了进一步规范工程管理，配合项目管理系统实施，不断改进和完善设计图纸编号方法。以某设计院的图纸编号方法为例，通常具体规定如下:

(1) 一般图纸编号原则:

① 图纸编号 = 专业代号(2~3 位字母) + 地区代号(2 位数字) + 单册流水号(2 位数字) + 图纸流水号(3 位数字)。

其中，地区代号可参见附录 2。例如，江苏联通南京地区传输设备安装工程初步设计中的网络现状图的编号为: GS0101—001。

② 通用图纸编号 = 专业代号(2 位字母) + TY + 图纸流水号(3 位数字)。

例如，江苏联通南京地区传输设备安装工程初步设计通用图纸编号为：GSTY—001。

③ 图纸流水号由单项设计负责人确定。

(2) 线路设计定型图纸编号原则：线路定型图编号按国家统一编号，例如，RK-01，指小号直通人孔定型图；JKGL-DX-01，指架空光缆接头、预留及引上安装示意图。

(3) 特殊情况图纸编号原则：若同一个图名对应多张图，可在图纸流水号后加(x/n)，除第一张图纸外，后续图纸可以使用简易图衔，但不得省略。"n"为该图名对应的图纸总张数，"x"为本图序号。如"××路光缆施工图"有 20 张图，则图号依次为"XL0101-001(1/20)～XL0101-001(20/20)"，这样编号便于审查和阅读。

1.3.8 注释、标志及技术数据

当含义不便于用图示方法表达时，可以采用注释。当图中出现多个注释或大段说明性注释时，应当把注释按顺序放在边框附近。有些注释可以放在需要说明的对象附近；当注释不在需要说明的对象附近时，应使用指引线(细实线)指向说明对象。

标注和技术数据应该放在图形符号的旁边。当数据很少时，技术数据也可以放在矩形符号的方框内(如通信光缆的编号或程式)；数据较多时可以用分式表示，也可以用表格形式列出。

当用分式表示时，可采用以下模式：

$$N \frac{A-B}{C-D} F$$

其中，N 为设备编号，一般靠前或向上放；A、B、C、D 为不同的标注内容，可增可减；F 为敷设方式，一般靠后放。

当设计中需表示本工程前后有变化时，可采用斜杠方式：(原有数) / (设计数)。

当设计中需表示本工程前后有增加时，可采用加号方式：(原有数) + (增加数)。

常用的标注方式如表 1-5 所示。

表 1-5　常用的标注方式

序 号	标 注 方 式	说　　明
1	 N (n) ――― P ――― P_1/P_2 ｜ P_3/P_4 	对直接配线区的标注方式。 注：图中的文字符号应以工程数据代替(下同)。 其中： N——主干电缆编号，例如，0101 表示 01 电缆上第一个直接配线区； P——主干电缆容量(初设为对数，施设为线序)； P_1——现有局号用户数； P_2——现有专线用户数，当有不需要局号的专线用户时，再用 + (对数)表示； P_3——设计局号用户数； P_4——设计专线用户数

序号	标注方式	说明
2	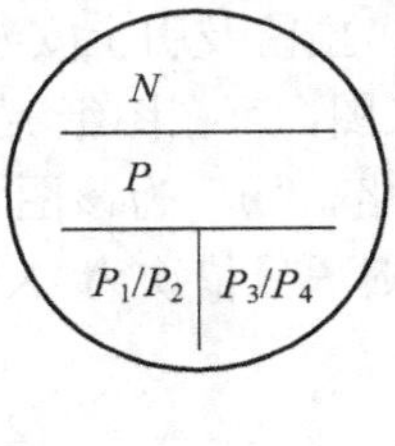 N / P / P_1/P_2 | P_3/P_4	对交接配线区的标注方式。 注：图中的文字符号应以工程数据代替(下同)。 其中： N——交接配线区编号，例如，J22001 表示 22 局第一个交接配线区； n——交接箱容量，例如，2400(对)； P_1、P_2、P_3、P_4——含义同 1 注
3	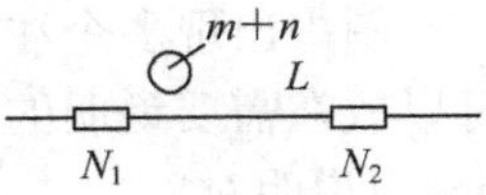 $\overset{m+n}{\underset{N_1 \qquad N_2}{\diagup \quad L}}$	对管道扩容的标注。 其中： m——原有管孔数，可附加管孔材料符号； n——新增管孔数，可附加管孔材料符号； L——管道长度； N_1、N_2——人孔编号
4	$\dfrac{L}{H^*P_n-d}$	对市话电缆的标注。 其中： L——电缆长度；H^*——电缆型号； P_n——电缆百对数；d——电缆芯线线径
5	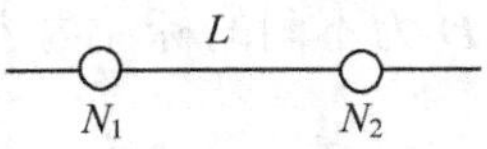 $\overset{L}{\underset{N_1 \qquad N_2}{\bigcirc \qquad \bigcirc}}$	对架空杆路的标注。 其中： L——杆路长度； N_1、N_2——起止电杆编号(可加注杆材类别的代号)
6	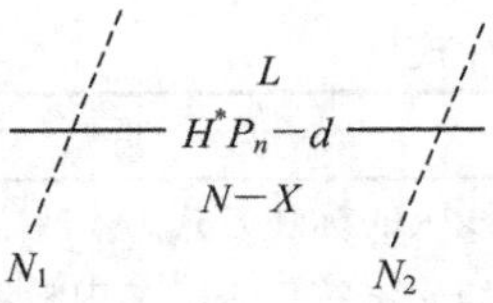 $\begin{array}{c} L \\ H^*P_n-d \\ N-X \end{array}$ $N_1 \qquad N_2$	对管道电缆的简化标注。 其中： L——电缆长度；H^*——电缆型号； P_n——电缆百对数；d——电缆芯线线径； X——线序； 斜向虚线——人孔的简化画法； N_1、N_2——起止人孔号； N——主干电缆编号
7	$\dfrac{N-B}{C} \Big\vert \dfrac{d}{D}$	分线盒标注方式。 其中： N——编号；B——容量；C——线序； d——现有用户数；D——设计用户数
8	$\dfrac{N-B}{C} \Big\Vert \dfrac{d}{D}$	分线箱标注方式。 注：字母含义同 7
9	$\dfrac{WN-B}{C} \Big\Vert \dfrac{d}{D}$	壁龛式分线箱标注方式。 注：字母含义同 7

在通信工程中，在项目代号和文字标注方面宜采用以下方式：

(1) 平面布置图中可主要使用位置代号或用顺序号加表格说明。

(2) 系统图中可使用图形符号或用方框加文字符号来表示，必要时也可二者兼用。

(3) 接线图应符合 GB/T 6988.1《电气技术用文件编制 第 1 部分：规则》的规定。

对安装方式的标注应符合表 1-6 所示的规定。

表 1-6 安装方式的标注

序号	代号	安装方式	英文说明
1	W	壁装式	Wall mounted type
2	C	吸顶式	Ceiling mounted type
3	R	嵌入式	Recessed type
4	DS	管吊式	Conduit suspension type

对敷设部位的标注应符合表 1-7 所示的规定。

表 1-7 对敷设部位的标注

序号	代号	安装方式	英 文 说 明
1	M	钢索敷设	Supported by messenger wire
2	AB	沿梁或跨梁敷设	Along or across beam
3	AC	沿柱或跨柱敷设	Along or across column
4	WS	沿墙面敷设	On wall surface
5	CE	沿天棚面、顶板面敷设	Along ceiling or slab
6	SC	吊顶内敷设	In hollow spaces of ceiling
7	BC	暗敷设在梁内	Concealed in beam
8	CLC	暗敷设在柱内	Concealed in column
9	BW	墙内埋设	Burial in wall
10	F	地板或地板下敷设	In floor
11	CC	暗敷设在屋面或顶板内	In ceiling or slab

1.4 图形符号的使用

1.4.1 图形符号的使用规则

当标准中对同一项目有几种图形符号形式可选时，宜遵守以下规则确定选用哪种形式：

(1) 优先选用"优选形式"。

(2) 在满足需要的前提下，宜选用最简单的形式(如"一般符号")。

(3) 在同一种图纸上应使用同一种形式。

一般情况下，对同一项目宜采用同样大小的图形符号。在特殊情况下，为了强调某些方面或为了便于补充信息，允许使用不同大小的符号和不同粗细的线条。

绝大多数图形符号的取向是任意的。为了避免导线的弯折或交叉，在不引起错误理解的前提下，可以将符号旋转获取镜像形态，但文字和指示方向不得倒置。

规定中图形符号的引线是作为示例画上去的，在不改变符号含义的前提下，引线可以取不同的方向，但在某些情况下，引线符号的位置会影响符号的含义。例如，电阻器和继电器线圈的引线位置不能从方框的另外两侧引出，应用中应加以识别。

为了保持图面符号的均匀布置，围框线可以不规则地画出，但是围框线不应与设备符号相交。

1.4.2 图形符号的派生

在国家通信工程制图标准中只是给出了有限的图形符号的例子，如果某些特定的设备或项目无现成的符号，允许根据已规定的符号组图规律进行派生。

派生图形符号就是利用原有符号加工成新的图形符号，派生时应遵守以下规律：

(1) 符号要素＋限定符号→设备的一般符号。

(2) 一般符号＋限定符号→特定设备的符号。

(3) 利用 2～3 个简单的符号→特定设备的符号。

(4) 一般符号缩小后可以做限定符号使用。

对急需的个别符号，如派生困难等原因，一时找不出合适的符号，允许暂时使用在框中加注文字符号的方式。

本 章 小 结

1．通信工程图纸是通信工程设计的重要组成部分，是指导施工的主要依据。在通信工程中，只有绘制出准确的通信工程图纸，才能对通信工程施工具有正确的指导性意义。

2．鉴于目前通信工程建设中所使用的制图标准和图形符号有些混乱，为了规范通信工程图纸设计，提高设计质量和设计效率，合理指导工程施工，不断适应通信建设的需要，特制定通信工程制图统一标准。

3．本章介绍了通信工程制图的总体要求和统一规定。通信工程常见的图形符号都是依据国家工业和信息化部最新颁布的通信工程制图标准及图形符号来确定的，即 YD/T5015—2015《通信工程制图与图形符号规定》。

4．工业和信息化部颁布的最新通信工程制图标准 YD/T5015—2015《通信工程制图与图形符号规定》在制定过程中引用的标准和依据有：GB/T 4728《电气简图用图形符号》、GB/T 6988.1《电气技术用文件的编制第 1 部分规则》、GB/T 14689《技术制图图纸幅面和格式》、GB/T 20257《1：500、1：1000、1：2000 地形图图式》、GB/T 50104《建筑制图标准》、GB/T 4457《机械制图图纸幅面及格式》、YD/T 5183《通信工程建设标准体系》。

知 识 测 验

一、选择题

1. 下面图纸中无比例要求的是(　　)。

A. 建筑平面图　　　　B. 系统框图　　　　C. 设备加固图　　　　D. 平面布置图

2. 用于表示可行性研究阶段的设计代号是(　　)。

A. Y　　　　　　　　B. K　　　　　　　　C. G　　　　　　　　D. J

3. 长途光缆线路的专业代号为(　　)。

A. SG　　　　　　　B. CXG　　　　　　　C. GS　　　　　　　D. SXD

4. 下面所给图线宽度中，哪项不是国标所规定的。(　　)

A. 0.25 mm　　　　　B. 0.7 mm　　　　　C. 1.0 mm　　　　　D. 1.5 mm

二、判断题

1. 图中的尺寸数字一般应注写在尺寸线的上方、左侧或者是尺寸线上。　　　　(　　)

2. 在工程图纸上，为了区分开原有设备与新增设备，可以用粗线表示原有设备，细线表示新增设备。　　　　(　　)

3. 图纸中如有"技术要求"、"说明"或"注"等字样，应写在具体文字内容的左上方，并使用比文字内容大一号的字体书写。　　　　(　　)

三、简答题

1. 什么是通信工程制图？

2. 通信工程图纸包含哪些内容？

3. 通常图线型式分为几种？各自的用途是什么？

4. 在电信工程图纸上，对要拆除的设备、规划预留的设备各用什么线条表示？

5. 图纸的编号由哪四段组成？

6. 若同一个图名对应多张图时，则应如何对这些图纸进行编号并加以区分？

7. 对同一项目有几种图形符号形式可选时，应遵守的规则是什么？

8. 在进行图形符号的派生时，应遵守什么样的规律？

9. 请说明下面所示图形符号各自代表的含义。

A.　　　　B.　　　　C.　　　　D.　　　　E.　　　　F.

技 能 训 练

1. 训练内容

(1) 根据图纸编号原则对下列图纸进行编号：

① 江苏电信扬州地区长途光缆线路工程施工图设计第一册第 5 张。

② 2016 年四川联通成都地区传输设备安装工程初步设计图纸。

(2) 说出下面图纸编号的含义：

① SSW0104-005。

② SXGTY-005。

③ FJ0101-001(1/15)。

(3) 说明下面标注的含义。

标注一：

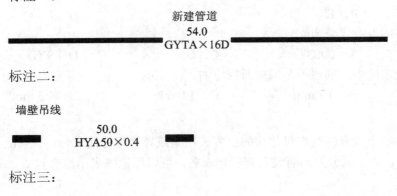

标注二：

标注三：

(4) 根据已知条件，对下面线路及设备进行标注：

① 现直埋敷设 50 m HYA 型市话通信电缆，容量为 100 对，线径为 0.5 mm，试对该段市话电缆进行标注。

② 在 10 和 11 号电杆间架设 GYTA 型 16 芯通信光缆，长度为 50 m，试对该段架空光缆线路进行标注。

③ 编号 125 的电缆进入第 5 号壁龛式分线箱，分线箱容量为 50 回线，线序从 1～50，试对其分线箱进行标注。

④ 在 01 和 02 号人孔间对 HYAT 型市内通信全塑电缆进行管道敷设，敷设长度为100 m，电缆线径为 0.5 mm，容量为 100 对，试对该段管道电缆进行标注。

2. 训练目的

通过本次实训，使学生能够掌握通信工程图纸的编号方法并学会如何对通信工程图纸进行编号；能够读懂通信图纸中各种工程标注的含义，并学会如何对通信工程中线路和设备进行科学规范的标注。

计算机在工程制图中的应用

知识目标

☞ 了解利用 AutoCAD 绘图的优点。

☞ 掌握常用的绘图及编辑命令。

☞ 掌握文字样式及尺寸标注样式的设置步骤。

☞ 掌握设置图层的方法。

技能目标

☞ 学会设置 AutoCAD 2010 软件的绘图环境。

☞ 熟练使用各种绘图命令进行基本图形绘制。

☞ 熟练使用各种编辑命令对所绘制图形进行编辑修改。

☞ 能够根据实际图纸要求正确进行文本输入和尺寸标注，并能够对所输入文本和尺寸进行编辑、修改。

如今，计算机与信息技术日新月异，已经成为各种工程设计中的一种重要手段。传统的手工制图已经大大跟不上时代发展的步伐。所以，计算机辅助绘制工程图纸在当今工程制图中占有越来越大的比例。

2.1 CAD 与通信工程制图

1. 手工绘制图纸的缺点

(1) 手工绘制通信工程图纸，速度慢、效率低、容易出错、更改不方便。

(2) 一张图纸上包含了很多的通信信息，如管道、设备、建筑物和线路信息等，识别起来困难，并且不能单独管理其中某一类信息。

(3) 现阶段通信建设工程，拆除、改建、扩建等工程大量增加，而手工绘制图纸更新难度比较大，并且更新周期比较长，对于通信建设维护的及时性和有效性产生了很大的阻碍作用。

(4) 管理和使用起来比较麻烦。在遇到紧急情况时，需及时查阅相关图纸，但手工绘制的建设图纸数量庞大，查阅极为不便。而且手工绘制的图纸长期保存起来容易磨损、破坏、腐蚀，影响保存和使用质量。

2. 计算机辅助设计在绘图中的应用

计算机辅助设计(Computer Aided Design，CAD)应用到通信工程设计中，代替传统手工绘图手段进行通信工程设计图纸绘制，可以有效地解决手工绘图的缺点，提高绘图效率，并且给管理和使用带来了极大的方便。

(1) 计算机辅助设计速度快、效率高、修改方便。用计算机辅助设计功能绘制通信工程图纸，可以提高绘图的速度。例如，同一线路附属设备的符号，手工绘制时必须重复绘制这些符号，但是用计算机辅助制图功能来绘制通信工程图纸，就可以利用计算机的相关功能进行快速绘制，提高了绘图的速度，避免了同一工作的反复进行，提高了绘图的效率。

另外，在手工绘制通信工程图纸时，若有差错和改动部分，修改起来很不方便，并且图纸总体信息内容在图纸幅面上的布局也不易改动。但是利用计算机辅助设计功能，就能对差错和改动部分，进行方便快捷的修改，不影响图纸的其他部分。

(3) 利用计算机辅助设计功能绘制的图纸管理方便，容易保存。同一通信工程图纸上面可能包含了诸如管道、杆路、设备等各种信息类型的图形符号，不同类型的信息在利用计算机绘图时可以方便地进行管理。

此外，利用计算机辅助设计功能绘制的通信工程图纸，不存在诸如不容易保存、磨损、潮湿、容易腐蚀等手工绘制的纸质图纸的缺点，可以长期稳定地保存，并能及时更新，增强了时效性。

(3) 计算机辅助设计与工程项目其他方面的计算机化相结合，可以提高管理水平，提高工作效率。利用计算机制图的规范化，可使其与工程项目其他部分相结合，如工程概预算等，可以直接将规范化的图纸信息转化成工程造价等相应内容，大大简化了工作流程。

综合来讲，在通信工程图纸的绘制中，计算机辅助设计有着手工绘图不可比拟的优势。现在在通信工程设计施工单位使用比较多的是把美国 Autodesk 公司的 AutoCAD 产品与通信线路工程或通信设备工程等具体行业内容相结合，在 AutoCAD 产品内部嵌入与相关行业具体设计内容相关的功能库，使绘制通信工程图纸的速度和效率得到了极大的提高。

2.2 AutoCAD 2010 基础知识

2.2.1 AutoCAD 简介

AutoCAD 是美国 Autodesk 公司开发的通用 CAD 工作平台，可以用来创建、浏览、管理、输出和共享 2D 或 3D 设计图形。Autodesk 公司成立于 1982 年，在 20 多年的发展过程中，该公司不断丰富和完善 AutoCAD 系统，并连续推出了更新版本，使得 AutoCAD 在建筑、机械、测绘、电子、通信、汽车、服装和造船等许多行业中得到广泛的应用，并成为市场占有率居世界首位的 CAD 系统工具，成为了当前工程师设计绘图的重要工具。

2.2.2　AutoCAD 软件特点

(1) 完善的图形绘制和编辑功能：

① 可以绘制二维图形和三维实体图形。

② 可以对三维实体进行自动消隐、润色和赋材质等操作，以生成真实感极强的渲染图形。

③ 具有强大的图形编辑功能，能方便地进行图形的修改、编辑操作。

④ 强大的尺寸整体标注和半自动标注功能。

(2) 开放的二次开发功能：

① 提供多种开发工具。

② 直接访问、修改 AutoCAD 原有标准系统库函数和文件。

③ 对线型库、字体库、图案库以及菜单文件、对话框进行用户定制。

(3) 提供多种接口文件。AutoCAD 具有较强的数据交换能力，提供 DWF 等数据信息交换方式。

(4) 支持多种交互设备。

(5) AutoCAD 具有良好的用户界面和高级辅助功能。

AutoCAD 2010 是 Autodesk 公司推出的目前使用较为广泛的版本。该版本在继承了先前版本的优点基础上，更增强了图形处理等方面的功能，一个最显著的特征是增加了参数化绘图功能。用户可以对图形对象建立几何约束，以保证图形对象之间有准确的位置关系，如平行、垂直、相切、同心、对称等；可以建立尺寸约束，通过该约束，既可以锁定对象，使其大小保持固定，也可以通过修改尺寸值来改变所约束对象的大小。而且该版本软件强化了 Web 网络设计功能，界面更加友好，体系结构更为开放，在协作、数据共享以及管理上的改进尤为突出，其新增的功能具有工作效率高、数据共享、管理完备的特点。

2.2.3　软件界面

1. 启动和退出 AutoCAD 2010

使用 AutoCAD 绘图的第一步是启动 AutoCAD，可以使用下面几种方法来启动：

(1) 在 Windows 桌面上双击 AutoCAD 2010 中文版快捷图标 。

(2) 单击 Windows 桌面左下角的"开始"按钮，在弹出的菜单中选择"程序"→Autodesk →AutoCAD 2010→AutoCAD 2010 选项 。

(3) 双击已经被存盘的任意一个 AutoCAD 2010 图形文件(*.dwg 文件)。

结束 AutoCAD 绘图必须退出 AutoCAD，退出方法有以下几种：

(1) 双击 AutoCAD 用户界面左上角的 AutoCAD 图标。

(2) 单击右上角的"关闭"按钮。

(3) 点取下拉菜单"文件(F)"中的"退出(X)"选项。

(4) 输入 QUIT 命令。

当退出 AutoCAD 时，如果当前图形已存储，则直接关闭 AutoCAD；如果当前图形已改变但未存储，用户将看到如图 2-1 所示的对话框。这时按下"是(Y)"按钮便将图形保存到当前文件夹的默认文件(如 Drawing1.dwg)中，并退出 AutoCAD；若按下"否(N)"按钮，则不存储图形而直接退出 AutoCAD。

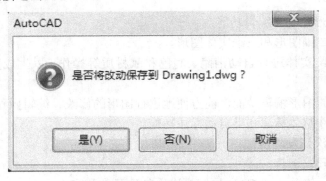

图 2-1　AutoCAD 对话框

2. AutoCAD 2010 的初始工作界面

首次启动 AutoCAD 2010 的初始工作界面，屏幕布局如图 2-2 所示。其一般由标题栏、菜单栏、工具栏、绘图区、坐标轴、命令提示窗口、状态栏、切换工作空间等几部分组成。

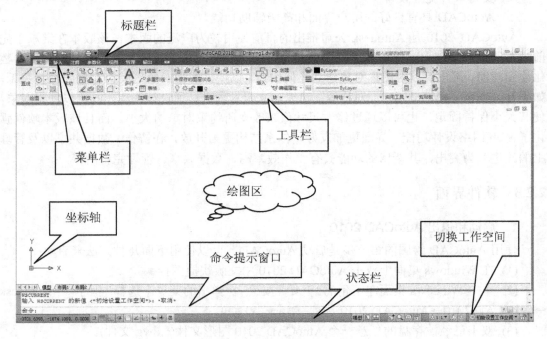

图 2-2　AutoCAD 2010 的初始工作界面

为了方便操作，本书以 AutoCAD 经典工作界面为例做介绍，用鼠标左键点击 AutoCAD 2010 界面状态栏右侧的切换工作空间下拉菜单，如图 2-3 所示。选择"AutoCAD 经典"，进入 AutoCAD 经典工作界面，如图 2-4 所示。

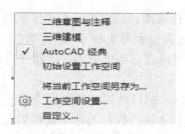

图 2-3 切换工作空间

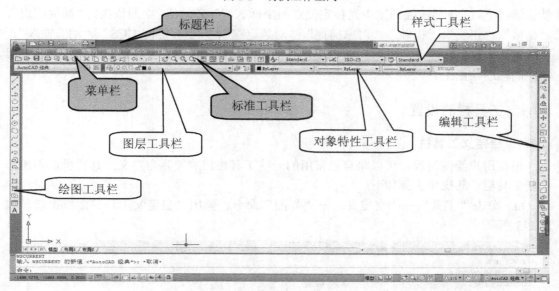

图 2-4 AutoCAD 2010 经典工作界面

经典工作界面一般由标题栏、菜单栏、工具栏、绘图区、命令提示窗口、状态栏等几部分组成。其分述如下：

(1) 标题栏。AutoCAD 2010 的标题栏位于用户界面的顶部，左侧显示该程序的图标，中间显示当前操作图形文件的名称，单击图标按钮 ，将弹出系统菜单，可以进行相应的操作；右侧为窗口控制按钮，分别为窗口最小化按钮 、窗口最大化按钮 、关闭窗口按钮 ，可以实现对程序窗口状态的调节。

(2) 菜单栏。AutoCAD 2010 的菜单栏中包含 12 个菜单，分别是"文件"、"编辑"、"视图"、"插入"、"格式"、"工具"、"绘图"、"标注"、"修改"、"参数"、"窗口"和"帮助"，它们几乎包含了该软件的所有命令。单击菜单栏中的某一菜单，即弹出相应的下拉菜单。

(3) 工具栏。工具栏是一组图标型工具的集合，它为用户提供了另一种调用命令和实现各种操作的快捷执行方式。在默认情况下，将显示"标准"、"样式"、"对象特性"、"图层"、"绘图"、"编辑"五种工具栏。单击工具栏中的某一图标，即可执行相应的命令，把光标移动到某个图标上稍停片刻，即在该图标的一侧显示相应的工具提示。

(4) 绘图区。绘图区是 AutoCAD 显示、编辑图形的区域。绘图区中的光标为十字光标，用于绘制图形及选择图形对象，十字线的交点为光标的当前位置，十字线的方向与当前用户坐标系的 X 轴、Y 轴方向平行。

在绘图区的左下角有一坐标系图标，它表示当前绘图所采用的坐标系，并指明 X、Y 轴的方向。AutoCAD 的默认设置是世界坐标系(简称 WCS)，其原点一般位于绘图区域的左下方。用户也可以通过变更坐标原点和坐标轴方向建立自己的坐标系，即用户坐标系(简称 UCS)。

(5) 命令提示窗口。命令提示窗口是用户输入命令名和显示命令提示信息的区域，默认位于绘图区的下方，保留最后 3 次所执行的命令及相关的提示信息。

(6) 状态栏。AutoCAD 2010 的状态栏位于屏幕的底部，用来显示当前的作图状态。在默认情况下，左侧显示绘图区中光标定位点的坐标 X、Y、Z 的值，中间依次为"捕捉模式"、"栅格"、"正交"、"极轴"、"对象捕捉"、"对象追踪"、"允许/禁止 UCS"、"动态输入"、"线宽"、"快捷特性"、"模型" 11 个辅助绘图工具按钮，单击任一按钮，即可打开或关闭相应的辅助绘图工具。

2.2.4 工具栏的设置

1. 自定义工具栏

根据用户绘图习惯，可以将自己常用的一些工具按钮放置到自定义工具栏里，创建一个新工具栏。其操作步骤如下：

(1) 单击"工具"→"自定义"→"界面"命令，弹出"自定义用户界面"窗口，如图 2-5 所示。

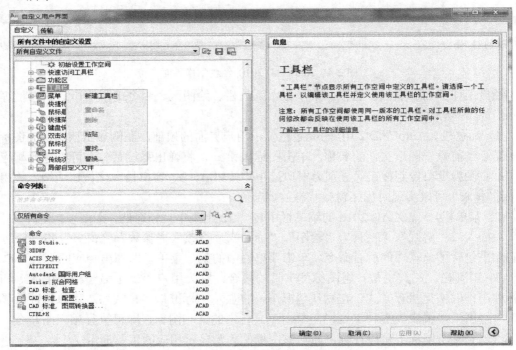

图 2-5 自定义工具栏设置对话框

(2) 单击"自定义"选项卡，在左上角下拉列表框中选择"所有自定义文件"选项，在列表框中选择"工具栏"选项，单击鼠标右键，弹出快捷菜单。

(3) 在弹出的快捷菜单中选择"新建工具栏",系统会生成一个"工具栏 1",如图 2-6 所示。

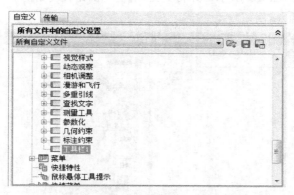

图 2-6　系统生成新的工具栏

(4) 在生成的"工具栏 1"选项上单击鼠标右键,弹出快捷菜单,选择"重命名",将其命名为"常用工具栏",如图 2-7 所示。

图 2-7　重命名新建工具栏

(5) 修改特性参数。"说明"选项用于描述该工具栏,"默认显示"下拉列表框中选择"添加到工作空间"选项,此工具栏将会显示在所有工作空间中;"方向"选项用于指定固定工具栏的位置,可在下拉列表框中,选择"浮动"、"顶部"、"底部"、"左"或"右";在"默认 X 位置"、"默认 Y 位置"选项文本框中分别输入相应的数值,用于指定浮动工具栏默认的 X、Y 坐标位置;"行"选项用于指定浮动工具栏的行数,如图 2-8 所示。

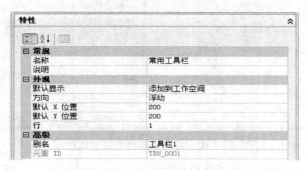

图 2-8　修改特性参数

(6) 在"命令列表"选项区中,单击"创建新命令" ☆ 按钮,系统在"命令列表"中自动生成"命令 1"。选择"命令 1"，在右侧的"按钮图像"选项区中选择一个按钮，作为"命令 1"的按钮，如图 2-9 所示，并将其拖动至"常用工具栏"中，重复此操作，创建其他命令，如图 2-10 所示。

图 2-9　创建新命令

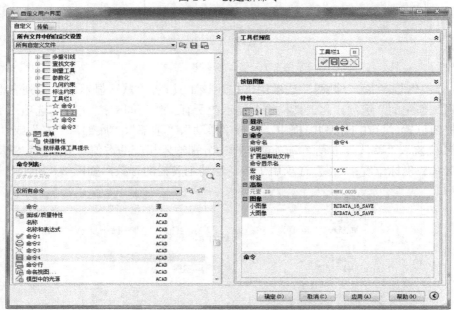

图 2-10　将命令拖至常用工具栏

(7) 创建完成之后，单击"确定"按钮，在工作空间中即可看到所创建的"常用工具栏"，如图 2-11 所示。

图 2-11　常用工具栏

2. 浮动或固定工具栏

在用户界面中，工具栏的显示方式有两种：固定方式和浮动方式。当工具栏显示为浮动方式时，例如，图 2-12 所示的"绘图"工具栏，则可拖动该工具栏在屏幕上自由移动，当拖动工具栏到图形区边界时，则工具栏的显示变为固定方式。

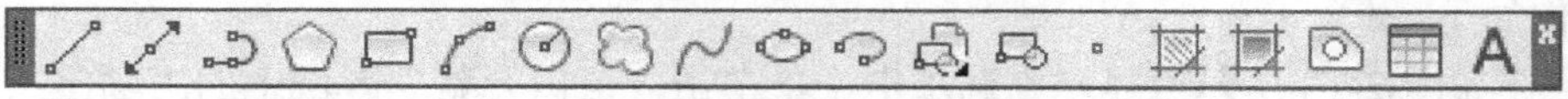

图 2-12　浮动显示的"绘图"工具栏

固定方式显示的工具栏被锁定在 AutoCAD 2010 窗口的顶部、底部或两侧，同样也可以把固定工具栏拖出，使其成为浮动工具栏。

2.3　绘图环境设置

2.3.1　绘图区的基本设置

AutoCAD 界面中心是绘图区，所有的绘图结果都反映在这个区域中。通常打开 AutoCAD 后的缺省设置界面为模型空间，这是一个没有任何边界、无限大的区域。因此我们可以按照所绘图形的实际尺寸来绘制图形，即采用 1∶1 的比例尺在模型空间中绘图。

1. 修改图形窗口中十字光标的大小

系统预设光标的长度为屏幕大小的 5%，用户可以根据绘图的实际需要更改其大小，操作如下：

(1) 单击菜单栏中的"工具"→"选项…"命令，屏幕上弹出"选项"对话框，打开"显示"选项卡，如图 2-13 所示。

图 2-13　"选项"对话框的"显示"选项卡

(2) 在"十字光标大小"区域中的文本框中直接输入数值，或者拖动文本框后的滑块，即可对十字光标的大小进行调整。

2．修改绘图窗口颜色

在默认情况下，AutoCAD 的绘图区是黑色背景、白色线条，用户可以对其颜色进行修改，操作如下：

(1) 在如图 2-13 所示"显示"选项卡中，单击"窗口元素"区域中的"颜色..."按钮，打开"颜色选项"对话框，如图 2-14 所示。

(2) 单击"颜色"下拉列表框，在打开的下拉列表中选择需要的窗口颜色，然后单击"应用并关闭"按钮，此时绘图区就变成了刚设置的窗口背景颜色。

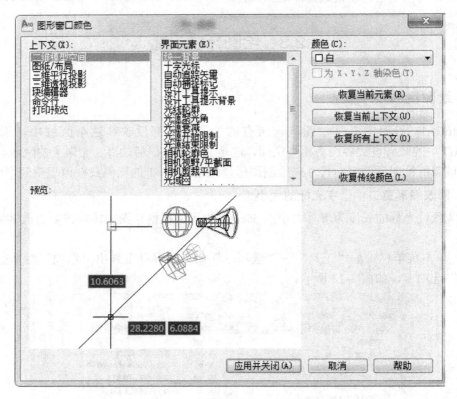

图 2-14　"颜色选项"对话框

2.3.2　绘图单位设置

AutoCAD 2010 提供了适合于各种类型图样的绘图单位，在开始绘制一张新图之前，首先应该确定单位类型。选择"格式"→"单位..."命令，系统将弹出如图 2-15 所示的"图形单位"对话框。用户可根据需要设置相应的绘图单位、绘图中长度、角度的类型和精度等。

单击"图形单位"对话框中"方向"按钮，将弹出"方向控制"对话框，如图 2-16 所示。该对话框用来设置角度测量的起始位置，默认状态是基准角度"东"为 0°。

图 2-15　"图形单位"对话框　　　　图 2-16　"方向控制"对话框

2.3.3　绘图界限设置

绘图窗口内显示范围不等于绘图区域,可能比绘图区域大,也可能比绘图区域小。绘图界限是用左下角点和右上角点来限定的矩形区域。一般左下角点总设在世界坐标系(WCS)的原点(0,0)处,右上角点则用图纸的长和宽做点坐标。由于绘制的图形大小各异,在绘图前用户需首先确定绘图的界限,其方法是使用图形界限命令(LIMITS)。命令输入方式可以采用键盘直接输入 LIMITS,也可以选择下拉菜单"格式"→"图形界限"命令完成。

例 2-1　设置图形界限为 A2 图幅(594×420)。

命令:LIMITS Enter 键

重新设置模型空间界限:

指定左下角点或[开(ON)/关(OFF)]:<0.0000,0.0000>Enter 键　　//左下角点用默认值

指定右上角点<230.0000,142.0000>:594,420 Enter 键　　//输入右上角点坐标

需要注意的是,使用图形界限命令虽然改变了绘图区域的大小,但绘图窗口内显示的范围并不改变,仍保持原来的显示状态。若要使改变后的绘图区域充满绘图窗口,必须使用缩放(ZOOM)命令来改变图形在屏幕上的视觉尺寸。

2.3.4　调整绘图区视图显示

为方便用户详细地观察、修改图形中的局部区域,AutoCAD 软件提供了 ZOOM(缩放)命令来在屏幕上放大或缩小图形的视觉尺寸,但其实际尺寸不变。可以使用以下三种方法激活"缩放"命令:

(1) 在工具栏里单击"缩放"图标,如图 2-17 所示。

(2) 在"修改"菜单上选择"缩放"选项。

(3) 在命令行输入 Z 或 ZOOM。

图 2-17　缩放图标

1. 将视图放大 3 倍显示

单击"缩放"工具栏中的(比例缩放)图标,或使用命令行输入命令,操作如下:

命令: ZOOM

指定窗口角点，输入比例因子(nX 或 nXP)，或[全部(A)/中心(C)/动态(D)/范围(E)/上一个(P)/比例(S)/窗口(W)/对象(O)]<实时>: s   //选择比例选项

输入比例因子(nX 或 nXP): 3x   //指定缩放的比例因子

2. 实时缩放视图显示

单击"标准"工具栏中的 🔍 (实时缩放)图标或使用命令行输入命令，操作如下：

命令: ZOOM

指定窗口角点，输入比例因子(nX 或 nXP)，或[全部(A)/中心(C)/动态(D)/范围(E)/上一个(P)/比例(S)/窗口(W)/对象(O)]<实时>:   //按 Enter 键进行实时缩放

按 Esc 或 Enter 键退出，或单击右键显示快捷菜单   //系统提示按 Enter 或 Esc 键可退出实时缩放状态

在实时缩放状态下，按住鼠标左键不放向下移动光标，视图逐渐被缩小，向上移动光标，视图逐渐变大。

3. 其他选项

全部(A)：显示当前视区中图形界限的全部图形。

中心(C)：表示指定一个新的画面中心，然后输入缩放倍数，重新确定显示窗口的位置。

动态(D)：进入动态缩放/平移方式，当前视区中显示出全部图形。

上一个(P)：显示前一视图。

窗口(W)：当要将图形的某一部分进行放大显示，可利用窗口缩放视图方式来调整。

2.3.5 线型设置

在 AutoCAD 中，系统提供了大量的非连续线型，如虚线、点划线等。图 2-18 所示的"线型管理器"对话框可以用于加载所需的各种线型，修改线型比例。

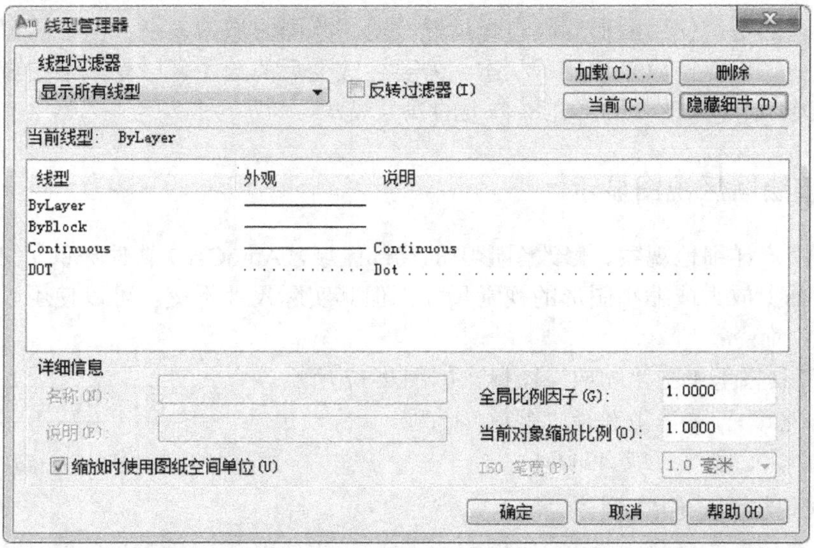

图 2-18 "线型管理器"对话框

可以使用以下方法打开"线型管理器"对话框：

(1) 在"格式"菜单上选择"线型"选项。

(2) 在命令行输入 LT 或 LINETYPE。

"线型管理器"对话框说明如下：

(1) 线型过滤器：用于确定在线型列表中显示哪些线型。

(2) 线型列表框：用于显示默认的和已装入线型的线型名称、外观和说明。

(3) "加载(L)..."按钮：单击该按钮，弹出如图 2-19 所示的"加载或重载线型"对话框。该对话框中的"文件"按钮用于选择线型文件，文本框中显示当前线型文件名。在"可用线型"列表框中，按字母顺序列出了"线型名"及"说明"，点取所要装入的一种或几种线型后，再单击"确定"按钮，线型即被装入，并显示在"线型管理器"对话框的线型列表框中。

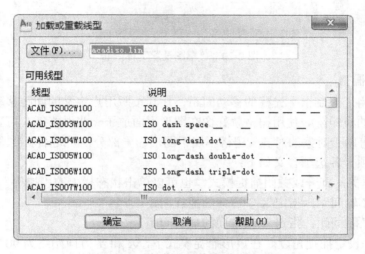

图 2-19 "加载或重载线型"对话框

(4) "删除"按钮：用于删除指定的线型。

(5) "显示细节(D)"按钮：单击该按钮将弹出如图 2-18 所示的显示详细信息的"线型管理器"对话框，同时该按钮变成"隐藏细节(D)"，再单击该按钮，则取消详细信息部分。详细信息左边显示指定线型的"名称(N)"和"说明(E)"。右边的"全局比例因子(G)"文本框显示所有线型的全局比例因子，用于构成线型的长、短及间隔的放大与缩小。"当前对象缩放比例(O)"文本框显示当前对象的线型比例因子。

2.3.6 草图设置

为了使绘图者能更精确的绘图，AutoCAD 提供了一些工具帮助在绘图区域内来选取定位点。这些工具集中在"草图设置"对话框中，如图 2-20 所示。可以使用以下三种方法来打开"草图设置"对话框：

(1) 在"工具"菜单上选择"草图设置"选项。

(2) 在状态栏右击"捕捉"或"栅格"按钮，在快捷菜单中选择"设置"选项。

(3) 在命令行输入 DSETTINGS。

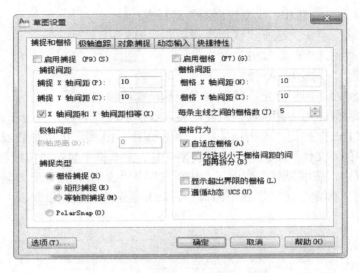

图 2-20 "草图设置"对话框

1．捕捉和栅格

捕捉模式用于限制十字光标的移动间距，使其按照用户定义的间距移动。栅格是分布在绘图界限里的点矩阵。使用栅格就好像在图形下面放了一张网格纸，可直观显示对象之间的距离，并有助于对象的对齐。栅格不属于图形的一部分，因此不能被输出和打印。"捕捉和栅格"选项卡各选项含义如下：

(1) 启用捕捉：打开或关闭捕捉模式，也可以单击状态栏上的"捕捉"按钮来实现。

(2) 捕捉 X 轴间距：指定 X 轴方向的捕捉间距。

(3) 捕捉 Y 轴间距：指定 Y 轴方向的捕捉间距。

(4) 角度：设定捕捉角度。在矩形捕捉模式下，X 和 Y 方向始终为 90°。

(5) X 基点：指定栅格的 X 基准坐标点，默认为 0。

(6) Y 基点：指定栅格的 Y 基准坐标点，默认为 0。

(7) 极轴间距：设定极轴捕捉时的增量间距。

(8) 启用栅格：打开或关闭栅格点显示，也可以单击状态栏上"栅格"按钮来实现。

(9) 栅格 X 轴间距：指定 X 轴方向的点间距。

(10) 栅格 Y 轴间距：指定 Y 轴方向的点间距。

(11) 栅格捕捉：设置栅格捕捉类型。

(12) 矩形捕捉：X 轴和 Y 轴成 90°的捕捉方式。

(13) 等轴侧捕捉：设定成正等轴侧捕捉模式。

(14) 极轴捕捉：设定成极轴捕捉模式，选中该模式后，极轴间距有效。

2．极轴追踪

在创建和修改对象时，可以通过使用极轴追踪来显示由指定的极轴角定义的临时对齐路径。在"草图设置"对话框中，选择"极轴追踪"选项卡，如图 2-21 所示。

"极轴追踪"选项卡各选项含义如下：

(1) 启用极轴追踪：打开或关闭极轴追踪，也可以单击状态栏上"极轴"按钮来实现。

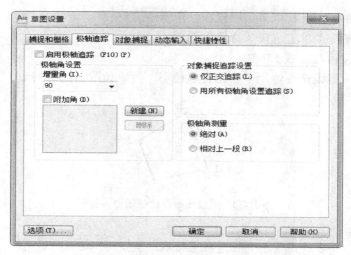

图 2-21 "草图设置"对话框的"极轴追踪"选项卡

(2) 增量角：通过增量角下拉列表，选择极轴追踪角度。

(3) 附加角：若选中此项，可以设置附加的追踪角度。单击"新建"按钮，在文本框中输入角度值。

(4) 对象捕捉追踪设置：此区域有两个单选项，确定在对象捕捉时是仅采用正交追踪还是用所有极轴角设置追踪，默认选择采用正交追踪。

(5) 极轴角测量：此区域有两个单选项，用于指定极轴追踪增量是基于用户坐标系(UCS)还是相对于最新创建的对象。

例如，如果将极轴增量角设置为 30°，则当光标移动到 0° 或 30° 的整数倍时，十字光标右下角将出现一条提示，如图 2-22 所示。

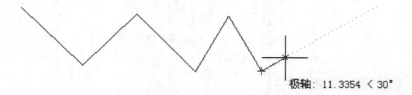

极轴: 11.3354 < 30°

图 2-22 增量角为 30° 的对齐路径示意图

2.4 基本绘图命令

任何一幅工程图都是由一些基本图形元素，如直线、圆、圆弧、组线和文字等组合而成，掌握基本图形元素的计算机绘图方法，是学习 AutoCAD 软件的重要基础。

2.4.1 LINE——直线

直线命令用于绘制一段或几段直线，或者由首尾相连的多条直线段构成平面、空间折线或封闭多边形。可以使用以下三种方法激活"直线"命令：

(1) 在"绘图"工具栏里单击"直线"图标 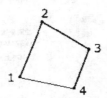。

(2) 在"绘图"菜单上选择"直线"选项。

(3) 在命令行输入 L 或 LINE。

例 2-2 使用直线命令绘制一个闭合多边形，效果如图 2-23 所示。

图 2-23　用直线命令绘制闭合多边形

命令：LINE

指定第一点：//在绘图区中的任意位置拾取一点 1

指定下一点或[放弃(U)]:　　　　　//点击线段下一点 2

指定下一点或[放弃(U)]:　　　　　//点击线段下一点 3

指定下一点或[放弃(U)]:　　　　　//点击线段下一点 4

指定下一点或[闭合(C)/放弃(U)]: c　//选择"闭合"选项，闭合图形

需要注意的是，只有在至少有两条线段已经完成时才可以使用"闭合"选项。

例 2-3 通过 LINE 命令按尺寸绘制图 2-24 所示图形。

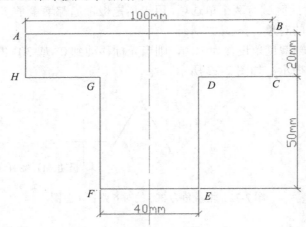

图 2-24　用直线命令按尺寸绘制多边形

命令：LINE

指定第一点：　　　　　　　　　　//在绘图区中的任意位置拾取一点 A

指定下一点或[放弃(U)]:　　　　　//指定 A 点水平向右方向 100 mm 下一点 B

指定下一点或[放弃(U)]:　　　　　//指定 B 点垂直向下方向 20 mm 下一点 C

指定下一点或[放弃(U)]:　　　　　//指定 C 点水平向左方向 30 mm 下一点 D

指定下一点或[放弃(U)]:　　　　　//指定 D 点水平向下方向 50 mm 下一点 E

指定下一点或[放弃(U)]:　　　　　//指定 E 点水平向左方向 40 mm 下一点 F

指定下一点或[放弃(U)]:　　　　　//指定 F 点水平向上方向 50 mm 下一点 G

指定下一点或[放弃(U)]:　　　　　　　//指定 G 点水平向左方向 30 mm 下一点 H

指定下一点或[放弃(U)]:　　　　　　　//指定 H 点垂直向上方向 20 mm 下一点 A

如果要绘制一条角度直线，则点击绘制直线命令后输入"< 角度"即可(角度为与水平 0°的夹角)，例如，绘制与水平 0°夹角为 30°的直线，输入命令"LINE"，在绘图区中的任意位置拾取一点，输入"< 30°"点击下一点即可。

2.4.2　XLINE——构造线

构造线是指在两个方向上可以无限延伸的直线，常用于绘图的辅助线。可以使用以下三种方法激活"构造线"命令：

(1) 在"绘图"工具栏上单击"构造线"图标 ↗。

(2) 在"绘图"菜单中选择"构造线"选项。

(3) 在命令行输入 XL 或 XLINE。

用户可以使用以下几种方法来指定一条构造线：

(1) 两点法：输入构造线上的一点，然后提示输入另一点。

(2) 水平和垂直：绘制与 X 轴或 Y 轴平行的构造线，要求输入通过的点。

(3) 角度：选择一条参照线，指定它与构造线的角度，或者通过指定角度创建与水平轴成指定角度的构造线。

(4) 二等分：绘制指定角的平分线。先指定角的顶点，再选择角的始边上的一点，然后选择另一边上的一点。

(5) 偏移：创建平行于指定基线的构造线。指定偏移距离，选择基线，然后指明构造线位于基线的哪一侧。

例 2-4　绘制已知角的平分线。

命令: XLINE

指定一点或[水平(H)/垂直(V)/角度(A)/二等分(B)/偏移(O)]:　b

　　　　　　　　　　　　　　　　　//选择"二等分"选项，绘制角平分线

指定角度顶点:　　　　　　　　　　　//选取通过点 1

指定角度起点:　　　　　　　　　　　//选取通过点 2

指定角度端点:　　　　　　　　　　　//选取通过点 3

指定角度端点:　　　　　　　　　　　//按 Enter 键结束

绘制效果如图 2-25 所示。

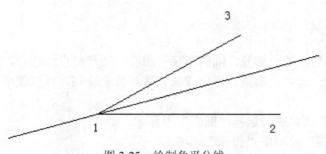

图 2-25　绘制角平分线

2.4.3 RAY——射线

射线命令是用于绘制有一个端点的辅助线，而另一端可无限延伸。可以使用以下两种方法激活"射线"命令：

(1) 在"绘图"菜单中选择"射线"选项。

(2) 在命令行输入 RAY。

执行命令后，提示输入射线的起点和通过点，一次可以从同一点作出多条射线，直到按下回车键结束。

2.4.4 PLINE——多段线

多段线命令用于绘制包括若干直线段和圆弧的多段线，整条多段线可以作为一个实体统一进行编辑。另外，多段线可以指定线宽，因而对于绘制一些特殊形体(如箭头等)很有用。可以使用以下三种方法激活"多段线"命令：

(1) 在"绘图"工具栏上，单击"多线段"图标。

(2) 在"绘图"菜单中选择"多段线"选项。

(3) 在命令行输入 PL 或 PLINE。

例 2-5 使用多段线命令绘制线宽为 10 的一条直线。

系统默认多段线命令绘制的线段为直线，宽度为 0，若要绘制具有宽度的线段，则需要对其进行设置。操作步骤如下：

命令: PLINE	
指定起点:	//在绘图区任意取一点作为多段线起点
当前线宽为 0.0000	//系统显示当前多段线的宽度
指定下一个点或[圆弧(A)/半宽(H)/长度(L)/放弃(U)/宽度(W)]: w	//选择"宽度"选项设置多段线宽度
指定起点宽度<0.0000>: 10	//指定多段线起点宽度，如为 10
指定端点宽度<0.0000>: 10	//指定多段线端点宽度，如为 10
指定下一个点或[圆弧(A)/半宽(H)/长度(L)/放弃(U)/宽度(W)]:	//若要开始绘制多段线，则可指定多段线的下一点位置；若只是要设定多段线的宽度，则可按 Enter 键结束命令

2.4.5 ARC——弧

圆弧可以看成是圆的一部分，圆弧不仅有圆心，还有起点和端点。因此，可通过指定圆弧的圆心、半径、起点、端点、方向或弦长等参数来绘制。可以使用以下三种方法激活"圆弧"命令：

(1) 在"绘图"工具栏，选择"圆弧"图标。

(2) 选择"绘图"菜单中"圆弧"选项。

(3) 在命令行中输入 A 或 ARC。

圆弧命令提供了 11 种画圆弧的方法，即：

(1) 三点：通过指定不在一条直线上的任意三点来画一段圆弧。

(2) 起点、圆点、端点：以指定圆弧的起点、圆心及端点来绘制圆弧。

(3) 起点、圆心、角度：以指定圆弧的起点、圆心及包含角度来绘制圆弧。

(4) 起点、圆心、长度：以指定圆弧的起点、圆心及弦长来绘制圆弧。

(5) 起点、端点、角度：以指定圆弧的起点、端点及圆心角来绘制圆弧。

(6) 起点、端点、方向：以指定圆弧的起点、端点及起点切线方向来绘制圆弧。

(7) 起点、端点、半径：以指定圆弧的起点、端点及半径来绘制圆弧。

(8) 圆心、起点、端点：以指定圆弧的圆心、起点及端点来绘制圆弧。

(9) 圆心、起点、角度：以指定圆弧的圆心、起点及角度来绘制圆弧。

(10) 圆心、起点、长度：以指定圆弧的圆心、起点及弦长来绘制圆弧。

(11) 继续：选择该选项，可从一段已有的弧开始画弧，此时所画的弧与已有圆弧沿切线方向相接。

例2-6 用起点、圆点、端点的方法画弧，效果如图 2-26 所示。

命令：ARC

指定弧的起点或[圆心(C)]:   //选取起点 1

指定弧的第二点或[圆心(C)/端点(E)]:   c   //输入"圆心"选项

指定弧的圆心：   //选取圆心 2

指定弧的端点或[角度(A)/弦长(L)]:   //选取端点 3

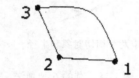

图 2-26 起点、圆点、端点画弧

2.4.6 CIRCLE——圆

圆是一种比较常见的基本图形单元。可以使用以下三种方法激活"圆"命令：

(1) 在"绘图"工具栏上单击"圆"图标 ⊘ 。

(2) 在"绘图"菜单上，选择"圆"选项。

(3) 在命令行输入 C 或 CIRCLE。

执行 C 命令后，命令行提示指定圆的圆心或[三点(3P)/两点(2P)/相切、相切、半径(T)]，通过选择不同选项，可以采用过三点或两点画圆，已知圆心、半径或直径画圆，画与两个或三个对象相切的公切圆等。

例2-7 使用三点法画一个圆，效果如图 2-27 所示。

命令：CIRCLE

指定圆的圆心或[三点(3P)/两点(2P)/相切、相切、半径(T)]: 3p   //选择"三点"选项，
                                                                  指定圆的三点

指定圆上的第一点：   //选取第一点 1

指定圆上的第二点: //选取第二点 2
指定圆上的第三点: //选取第二点 3

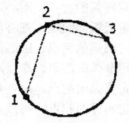

图 2-27　三点法画圆

在"绘图"菜单中提供了 6 种画圆方法，如图 2-28 所示。

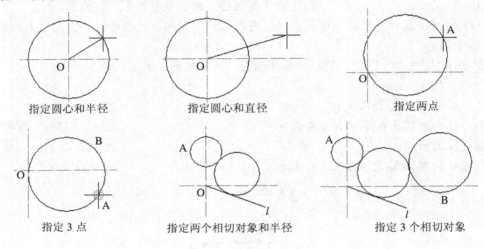

指定圆心和半径　　　　　　指定圆心和直径　　　　　　　　指定两点

指定 3 点　　　　　指定两个相切对象和半径　　　　指定 3 个相切对象

图 2-28　圆的 6 种画法

2.5 基本编辑命令

绘制图形时会出现许多多余的线条、重复的结构等，通过 AutoCAD 的图形编辑与修改功能，可简化作图的过程，减少重复操作，缩短绘图时间。下面介绍几个常用的编辑命令。

2.5.1 ERASE——删除

删除命令用于擦除绘图区域内指定的对象。可以使用以下四种方法来激活"删除"命令：

(1) 从修改工具栏中选择删除工具 ，选择物体确定即可删除物体。

(2) 选中物体之后，按键盘上的 Delete 键也可将物体删除。

(3) 在命令栏中直接输入快捷键 E，选择想要删除的物体确定即可。

(4) 在修改菜单下单击删除命令，选择想要删除的物体确定即可。

例 2-8 删除图 2-29 所示 1 号和 2 号线。

命令：ERASE

选择对象：　　　　　　　　　　　　　//点击对象 1

选择对象：　　　　　　　　　　　　　//点击对象 2

选择对象：　　　　　　　　　　　　　//按 Enter 键结束选择

操作步骤如图 2-29 所示。

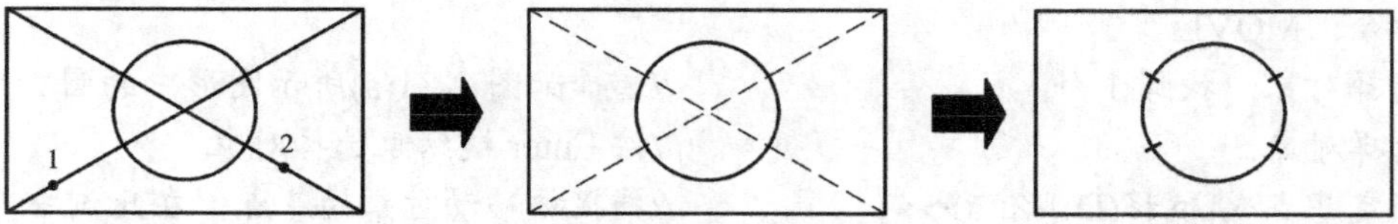

(a) 原图　　　　(b) 删除对象　　　　(c) 最终图形

图 2-29　删除对象示意图

2.5.2　COPY——复制

复制命令用来对原图做一次或多次复制，并复制到指定位置。可以使用以下三种方法激活“复制”命令：

(1) 在“修改”工具栏上，单击“复制”图标 。

(2) 在“修改”菜单中，选择“复制”选项。

(3) 在命令行输入 CO 或 COPY。

例 2-9 使用复制命令将图 2-30(a)所示图形中的左侧的圆复制到右侧的大圆内的中心位置。

命令：COPY

选择对象：找到 1 个　　　　　　　　//选择如图 2-30(a)所示图形中左侧的圆

选择对象：　　　　　　　　　　　　//按 Enter 键结束选择对象

指定基点或[位移(D)/模式(O)]<位移>：　　//捕捉所选圆的圆心作为复制的基点

指定基点或[位移(D)/模式(O)]<位移>：指定第二点或<使用第一点进行位移>：

　　　　　　　　　　　　　　//捕捉图 2-30(a)所示图形中右侧大圆的中心

复制后效果如图 2-30(b)所示。

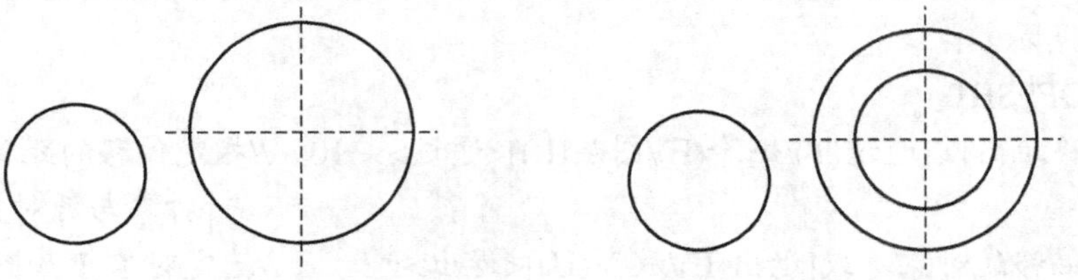

(a) 原图　　　　(b) 复制后图形效果

图 2-30　复制图形

2.5.3　MOVE——移动

移动命令主要用于把单个对象或多个对象从当前的位置移至新位置，并且不改变对象的尺寸与方位。可以使用以下三种方法激活"移动"命令：

(1) 在"修改"工具栏上，单击"移动"图标 ✤。

(2) 在"修改"菜单中，选择"移动"选项。

(3) 在命令行输入 M 或 MOVE。

例2-10　将图2-31(a)所示矩形框中右下角的圆形，移动到矩形框的左上角，移动后的效果如图2-31(b)所示。

命令：MOVE

选择对象：找到 1 个　　　　　　　　　//选择如图 2-31(a)所示图形中的圆

选择对象：　　　　　　　　　　　　　//按 Enter 键结束选择对象

指定基点或[位移(D)]<位移>：　　　　　//捕捉被移动对象的基点，在此例中，捕捉

　　　　　　　　　　　　　　　　　　//左图圆的中心点

指定基点或[位移(D)]<位移>：指定第二个点或<使用第一点进行位移>：

　　　　　　//将鼠标移至如图 2-30(a)所示矩形框左上角处，单击鼠标左键，将圆移动至此处

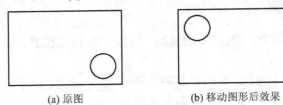

(a) 原图　　　　　　　　　　　　　(b) 移动图形后效果

图 2-31　移动图形

2.5.4　OFFSET——偏移复制

使用偏移命令可以根据指定距离或通过点，建立一个与所选对象平行或具有同心结构的形体。能被偏移的对象可以是直线、圆、圆弧、样条曲线等。可以使用以下三种方法激活"偏移"命令：

(1) 在"修改"工具栏上，单击"偏移"图标 ⌒。

(2) 在"修改"菜单中，选择"偏移"选项。

(3) 在命令行输入 O 或 OFFSET。

例2-11　通过指定偏移距离10，偏移图2-32(a)所示的选定对象，使之偏移后图形效果如图 2-32(c)所示。

命令：OFFSET

指定偏移距离或[通过(T)/删除(E)/图层(L)]<通过>：10　//指定偏移的距离，即偏移后

　　　　　　　　　　　　　　　　　　　　　　　　新对象与源对象之间的距离

选择要偏移的对象，或[退出(E)/放弃(U)]<退出>：　　//选定对象 1 如图 2-32(a)所示

指定要偏移的那一侧上的点，或[退出(E)/多个(M)放弃(U)]<退出>：　　//在图 2-32(b)

　　　　　　　　　　　　　　　　　　　　所示图形选定对象的上方任意取一点 2

　　　　　　　　　　　　　　　　　　　　作为偏移的方向，偏移后如图 2-32(c)

　　　　　　　　　　　　　　　　　　　　所示

选择要偏移的对象，或[退出(E)/放弃(U)]<退出>：　　　　//按 Enter 键结束偏移命令

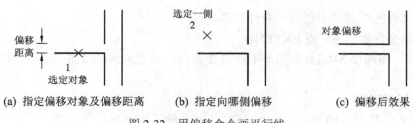

(a) 指定偏移对象及偏移距离	(b) 指定向哪侧偏移	(c) 偏移后效果

图 2-32　用偏移命令画平行线

2.5.5　TRIM——修剪

使用修剪命令可以根据修剪边界修剪超出边界的线条，被修剪的对象可以是直线、圆、弧、多段线、样条曲线和射线等。要注意在进行修剪时，修剪边界与被修剪的线段必须处于相交状态。可以使用以下三种方法激活"修剪"命令：

(1) 在"修改"工具栏上单击"修剪"图标 ⊹ 。

(2) 在"修改"菜单中选择"修剪"选项。

(3) 在命令行输入 TR 或 TRIM。

例 2-12　将图 2-33(a)所示图形修剪成图 2-33(b)所示图形效果。

命令：TRIM

当前设置：投影 = UCS，边 = 无　　　　//系统显示当前修剪设置

选择剪切边…　　　　　　　　　　　　//系统提示选择修剪边界

选择对象或<全部选择>：找到 2 个　　//选择如图 2-33(a)所示图形中对象 1 和对象 2
　　　　　　　　　　　　　　　　　　　的两条线作为修剪边界

选择对象：　　　　　　　　　　　　　//按 Enter 键结束选择对象

选择要修剪的对象，或按住 Shift 键选择要延伸的对象，或[栏选(F)/窗交(C)/投影(P)/边(E)/删除(R)/放弃(U)]：　　　　　　//用鼠标左键单击要修剪掉的一侧线段

选择要修剪的对象，或按住 Shift 键选择要延伸的对象，或[栏选(F)/窗交(C)/投影(P)/边(E)/删除(R)/放弃(U)]：　　　　　　//修剪完成后，按 Enter 键结束命令

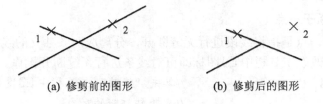

(a) 修剪前的图形	(b) 修剪后的图形

图 2-33　修剪

2.5.6　EXTEND——延伸

延伸命令用于延伸指定的对象，使其到达图中所选定的边界。使用延伸命令也需要用户选择延伸边界和被延伸的线段，并且两者必须处于未相交状态。可以使用以下三种方法激活"延伸"命令：

(1) 在"修改"工具栏中单击"延伸"图标 ⊸⁄ 。

(2) 在"修改"菜单中选择"延伸"选项。

(3) 在命令行输入 EX 或 EXTEND。

例 2-13 将图 2-34(a)所示图形中线段 2 延伸，使之与线段 1 相交，达到如图 2-34(b)所示效果。

命令：EXTEND

当前设置：投影 = UCS，边 = 无　　　　　//系统显示当前延伸设置

选择边界的边…　　　　　　　　　　　　//系统提示选择延伸边界

选择对象或<全部选择>：找到 1 个　　　//选择如图 2-34(a)所示图形中边界对象 1

选择对象：　　　　　　　　　　　　　　//按 Enter 键结束选择对象

选择要延伸的对象，或按住 Shift 键选择要修剪的对象，或[栏选(F)/窗交(C)/投影(P)/边(E)/放弃(U)]：　　　　　　　　　//用鼠标左键单击线段 2 右端部分

选择要延伸的对象，或按住 Shift 键选择要修剪的对象，或[栏选(F)/窗交(C)/投影(P)/边(E)/放弃(U)]：　　　　　　　　　//延伸完成后，按 Enter 键结束命令

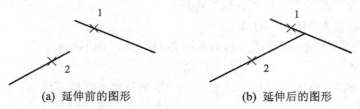

(a) 延伸前的图形　　　　　　　　　　(b) 延伸后的图形

图 2-34　延伸

2.5.7　BREAK——打断

打断命令可以删除对象上两个指定点间的部分，或者将它们从某一点打断为两个对象。可以使用以下三种方法激活"打断"命令：

(1) 在"修改"工具栏中单击"打断"图标 ⬜ 或 ⬜。

(2) 在"修改"菜单中选择"打断"选项。

(3) 在命令行输入 BR 或 BREAK。

1．将对象打断于一点

将对象打断于一点是指将线段进行无缝断开，分离成两条独立的线段，但线段之间没有空隙。单击"修改"工具栏中 ⬜ 图标即可对线条进行无缝断开操作。具体步骤如下：

命令：BREAK　　　　　　　　　　//单击"修改"工具栏中 ⬜ 图标

选择对象：　　　　　　　　　　　//选择要打断的对象

指定第二个打断点或[第一点(F)]：f　//系统自动选择"第一点"选项，重新指定打断点

指定第一个打断点：　　　　　　　//在对象要打断位置单击鼠标左键

指定第二个打断点：@　　　　　　//系统自动输入"@"符号，表示第二个打断点与
　　　　　　　　　　　　　　　　　第一个打断点为同一点。然后系统将对象无缝断
　　　　　　　　　　　　　　　　　开，并退出 BREAK 命令

2．以两点方式打断对象

例 2-14 将图 2-35 所示左侧图形中 1、2 间部分打断，打断后效果如图 2-35 右侧图形

所示。

命令：BREAK

选择对象：　　　　　　　　　　　//选择要打断的对象，用鼠标左键在图 2-35
　　　　　　　　　　　　　　　　　　左侧所示圆边界处单击

指定第二个打断点或[第一点(F)]：f　//选择"第一点"选项，重新指定打断点

指定第一个打断点：　　　　　　　//选择打断点 1

指定第二个打断点：　　　　　　　//选择打断点 2

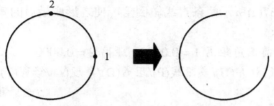

图 2-35　打断部分对象示意图

2.5.8　FILLET——圆角

圆角命令可以通过一个指定半径的圆弧来快捷平滑地连接两个对象。它通常用于表示角点处的圆角边。内部角点称为内圆角，外部角点称为外圆角。用户可以为两段直线、圆弧、多段线、构造线及射线加圆角。可以使用以下三种方法激活"圆角"命令：

(1) 在"修改"工具栏中单击"圆角"图标 ⬜。

(2) 在"修改"菜单中选择"圆角"选项。

(3) 在命令行输入 F 或 FILLET。

例 2-15　用半径为 5 的圆弧连接图 2-36(a)所示两条直线，使之达到图 2-36(b)所示效果。

命令：FILLET

当前设置：模式 = 修剪，半径 = 0.0000　　//系统显示当前圆角设置

选择第一个对象或[放弃(U)/多段线(P)/半径(R)/修剪(T)/多个(M)]：r
　　　　　　　　　　　　　　　　　　//选择"半径"选项，指定圆角的半径

指定圆角半径<0.0000>：5　　　　　　//指定圆角半径值

选择第一个对象或[放弃(U)/多段线(P)/半径(R)/修剪(T)/多个(M)]：//用鼠标左键单击 A 点

选择第二个对象，或按住 shift 键选择要应用角点的对象：　//用用鼠标左键单击 B 点

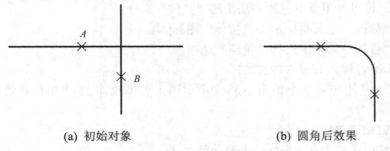

(a) 初始对象　　　　　　　　　　(b) 圆角后效果

图 2-36　倒圆角

2.5.9 CHAMFER——倒角

倒角命令是在两条非平行线之间创建直线的快捷方法。它通常用于表示角点上的倒角边，可以为直线、多段线、构造线和射线加倒角。可以使用以下三种方法激活"倒角"命令：

(1) 在"修改"工具栏中单击"倒角"图标 ⬜。

(2) 在"修改"菜单中选择"倒角"选项。

(3) 在命令行输入 CHA 或 CHAMFER。

例 2-16 对图 2-37(a)所示两条直线做倒角，使之形成最后的效果，如 2-37(b)所示。

命令：CHAMFER

("修剪"模式)当前倒角距离 1＝0.0000，距离 2＝0.0000　　//系统显示当前倒角模式

选择第一条直线或[放弃(U)/多段线(P)/距离(D)/角度(A)/修剪(T)/方法(E)/多个(M)]：d

　　　　　　　　　　　　　　　　　　　　　　　　　//选择距离选项，设置倒角距离

指定第一个倒角距离<0.0000>：10　　　　　　　　　//指定第一个倒角距离

指定第二个倒角距离<10.0000>：5　　　　　　　　　//指定第二个倒角距离

选择第一条直线或[放弃(U)/多段线(P)/距离(D)/角度(A)/修剪(T)/方法(E)/多个(M)]：

　　　　　　　　　　　　　　　　　　　　　　　//用鼠标左键单击 A 点

选择第二条直线，或按住 Shift 键选择要应用角点的对象：　//用鼠标左键单击 B 点

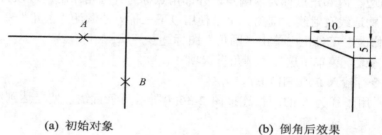

(a) 初始对象　　　　　　　　　　(b) 倒角后效果

图 2-37　倒角

2.5.10 STRETCH——拉伸

使用拉伸命令可以按指定的方向和角度拉伸或缩短实体，它可以拉长、缩短或改变对象的形状。执行该命令后，必须用交叉窗口选择要拉伸或压缩的对象，交叉窗口内的端点被移动，而窗口外的端点不动。与窗口边界相交的对象被拉伸或压缩，同时保持与图形未动部分相连。可以使用以下三种方法激活"拉伸"命令：

(1) 在"修改"工具栏中单击"拉伸"图标 ⬜。

(2) 在"修改"菜单中选择"拉伸"选项。

(3) 在命令行输入 S 或 STRETCH。

例 2-17 使用拉伸命令将图 2-38(a)所示图形水平拉伸 15 个单位，效果如图 2-38(c)所示。

命令：STRETCH

以交叉窗口或交叉多边形选择要拉伸的对象…

选择对象: 找到 1 个　　　　　　　　//框选图 2-38(a)所示对角点 1、2 所框图形部分

选择对象:　　　　　　　　　　　//按 Enter 键结束选取

指定基点或[位移(D)]<位移>:　　　//选取基点 3, 如图 2-38(b)所示

指定第二点或<使用第一个点作为位移>: @15　　//指定拉伸的距离

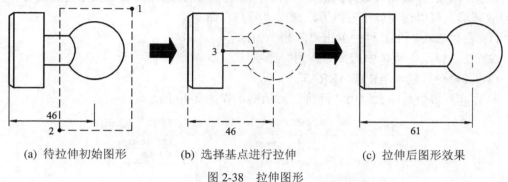

(a) 待拉伸初始图形　　　　(b) 选择基点进行拉伸　　　　(c) 拉伸后图形效果

图 2-38　拉伸图形

2.5.11　MIRROR——镜像

镜像命令可以按给定的镜像线产生指定目标的镜像图形。原图既可保留, 也可删除, 屏幕上不显示镜像线。可以使用以下三种方法激活"镜像"命令:

(1) 在"修改"工具栏中单击"镜像"图标⚟。

(2) 在"修改"菜单中选择"镜像"选项。

(3) 在命令行输入 MI 或 MIRROR。

例 2-18　作图 2-39(a)所示的镜像图形。

命令: MIRROR

选择对象: 找到 3 个　　　　　　　　//选择需镜像的对象

选择对象:　　　　　　　　　　　//按 Enter 键结束选取

指定镜像线的第一点:　　　　　　　//用鼠标左键单击 A 点

指定镜像线的第二点:　　　　　　　//用鼠标左键单击 B 点

要删除源对象? [是(Y)/否(N)]<N>:　　//按 Enter 键不删除源对象, 并退出镜像命令

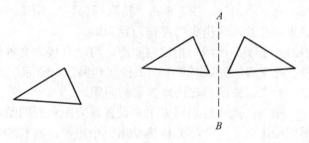

(a) 待镜像图形　　　　　(b) 镜像后效果

图 2-39　镜像

需要注意的是, 实际镜像结果并不显示镜像线, 这里只是为了说明镜像命令的操作步骤而画出镜像线。

2.5.12 ARRAY——阵列

阵列命令可以创建按指定方式(矩形或环形)排列的多个重复对象。"矩形阵列"是将选定对象按指定的行数和列数排列成矩形；"环形阵列"是将选择的对象按指定的圆心和数目排列成环形。可以使用以下三种方法激活"阵列"命令：

(1) 在"修改"工具栏中单击"阵列"图标 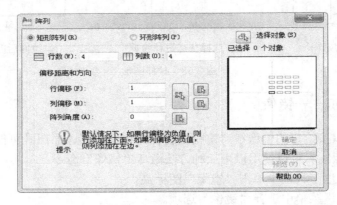。

(2) 在"修改"菜单中选择"阵列"选项。

(3) 在命令行输入 **AR** 或 **ARRAY**。

执行阵列命令后，会弹出"阵列"对话框，如图 2-40 所示。

图 2-40　"阵列"对话框

"阵列"对话框用于设置创建矩形阵列或者环形阵列的各项参数，在该对话框的右上角，有一"选择对象"图标，单击该图标，关闭"阵列"对话框，返回绘图区，选择要组成阵列的图形后按回车键，将再次返回到原对话框。

1. 矩形阵列

当选中"矩形阵列"项后，则选项如图 2-40 所示。各选项含义如下：

(1) 行、列：指定阵列中的行数和列数，可以直接在文本框中输入所需数值。

(2) 行偏移 (拾取行偏移)：用于指定行间距。可以直接在文本框中输入所需数值。如输入为负值，则表示向下添加行。或者单击"拾取行偏移"图标，关闭"阵列"对话框，返回绘图区，用十字光标在绘图区指定两点作为行间距。

(3) 列偏移 (拾取列偏移)：用于指定列间距。可以直接在文本框中输入所需数值。如输入为负值，则表示向左添加列。或者单击"拾取列偏移"图标，关闭"阵列"对话框，返回绘图区，用十字光标在绘图区指定两点作为列间距。

(4) (拾取两个偏移)：此图标也可以用来设置行间距和列间距。单击该图标，关闭"阵列"对话框，返回绘图区，用十字光标拖动出一个矩形，其长和宽分别代表列间距和行间距。

(5) 阵列角度 (拾取阵列的角度)：指定阵列的倾斜角度，可以直接在文本框中输入所需数值。或者单击"拾取阵列的角度"图标，关闭"阵列"对话框，返回绘图区，用十字光标在绘图区指定两点作为阵列倾斜角度。

2. 环形阵列

当选中"环形阵列"选项后，则选项如图 2-41 所示。各选项含义如下：

(1) 中心点 ▦(拾取中心点)：指定环形阵列的中心点。可以直接在"X"、"Y"文本框中输入环形阵列中心点坐标值，或者单击"拾取中心点"图标，关闭对话框，返回绘图区，用十字光标在绘图区指定中心点。

(2) 方法：用于设置定位环形阵列中对象的方法和值。在下列列表框中提供三种方法，项目总数和填充角度、项目总数和项目间的角度、填充角度和项目间的角度。

(3) 项目总数：在结果阵列中显示的对象数目，默认值为 4。

(4) 填充角度 ▦(拾取要填充的角度)：阵列中第一个和最后一个项目基点间连线与阵列中心点间包含角度。可以直接在文本框中输入角度值。如输入为正值，按逆时针旋转；输入负值，按顺时针旋转，默认值为 360，不能为 0。或者单击"拾取要填充的角度"图标，关闭"阵列"对话框，返回绘图区，用十字光标指定填充角度。

(5) 项目间角度：指定两个相邻项目之间的夹角，即阵列中心点与任意两个相邻项目基点的连线所成角度，该值只能取正，默认值为 90。

(6) 复制时旋转项目：选中这一项，在进行阵列复制时所有副本均进行一定角度的旋转指向中心点。若不选此项，在进行阵列复制时，所有副本方向不变。

单击"详细"按钮，"阵列"对话框出现扩展部分，可对阵列对象的基点进行设置。这时"详细"变成"简略"两个字。

(7) 设为对象的默认值：选中此项，将使用对象的默认基点定位阵列，如不选此项，可人为设置对象基点。在基点"X"、"Y"文本框中输入坐标值。

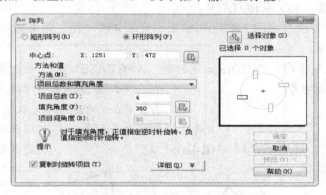

图 2-41 "环形阵列"选项

例 2-19 用阵列命令将图 2-42(a)所示图形做成 3 行 4 列且行、列间距各为 600 的矩形阵列，结果如图 2-42(b)所示。

操作步骤如下：

(1) 单击"修改"工具栏中阵列图标 ▦，打开"阵列"对话框，选择"矩形阵列"，设置参数。

(2) 在"行"文本框中输入 3；在"列"文本框中输入 4。

(3) 在"行偏移"、"列偏移"文本框中分别输入 600。

(4) 单击"选择对象"图标，返回绘图区选择需要阵列的图形，即图 2-42(a)，按回车键，返回"阵列"对话框。

(5) 单击"确定"按钮。

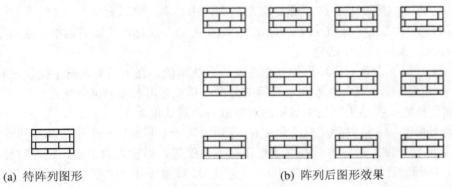

(a) 待阵列图形　　　　　　　　　　　　(b) 阵列后图形效果

图 2-42　矩形阵列

2.5.13　ROTATE——旋转

旋转命令是将选定的图形绕指定的基点旋转某一角度。当角度大于零时，按逆时针方向旋转；当角度小于零时，按顺时针方向旋转；当不知道旋转角度的大小时，可用参照方式输入。可以使用以下三种方法激活"旋转"命令：

(1) 在"修改"工具栏中单击"旋转"图标 ⟳。

(2) 在"修改"菜单中选择"旋转"选项。

(3) 在命令行输入 RO 或 ROTATE。

例 2-20　用旋转命令将图 2-43(a)所示图形旋转 45°，使之效果如图 2-43(b)所示。

命令：ROTATE

UCS 当前的正角方向：ANGDIR = 逆时针　ANGBASE = 0　//系统显示当前 UCS 方向

选择对象：找到 3 个　　　　　　　　　　//选择如图 2-43(a)所示的三角形

选择对象：　　　　　　　　　　　　//按 Enter 的键结束选取

指定基点：　　　　　　　　　　　　//用鼠标左键单击如图 2-43(a)所示的三角形的 1 点

指定旋转角度，或[复制(C)/参照(R)]<0>：45　　　　　//指定旋转角度

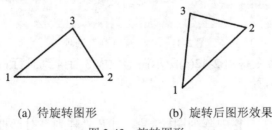

(a) 待旋转图形　　　　　(b) 旋转后图形效果

图 2-43　旋转图形

2.5.14　SCALE——缩放

缩放命令是将图形对象按一定比例放大或缩小。可以使用以下三种方法激活"缩放"命令：

(1) 在"修改"工具栏中单击"缩放"图标□。

(2) 在"修改"菜单中选择"缩放"选项。

(3) 在命令行输入 SC 或 SCALE。

例 2-21 用缩放命令将图 2-44(a)缩放一倍，使之效果如图 2-44(b)所示。

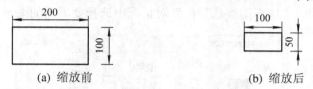

(a) 缩放前　　　　　　　　　　　　(b) 缩放后

图 2-44　缩放图形

命令：SCALE

选择对象：找到 1 个　　　　　　　　//选择如图 2-44(a)所示的矩形

选择对象：　　　　　　　　　　　　//按 Enter 键结束选取

指定基点：　　　　　　　　　　　　//用鼠标左键在如图 2-44(a)所示的矩形中选
　　　　　　　　　　　　　　　　　　择一处单击，作为图形缩放的基点

指定比例因子或[复制(C)/参照(R)]<1.0000>：0.5　　//输入比例因子 0.5，图形缩放为
　　　　　　　　　　　　　　　　　　　　　　　　　　图 2-44(b)所示的矩形

2.5.15　BHATCH——边界图案填充

边界图案填充命令使用对话框操作来填充图形中的一个封闭区域。可以使用以下三种方法激活"填充"命令：

(1) 在"绘图"工具栏中单击"图案填充"图标▨。

(2) 在"绘图"菜单中选择"图案填充"选项。

(3) 在命令行输入 BH 或 BHATCH。

执行填充命令后，会弹出"图案填充和渐变色"对话框，它包含图案填充和渐变色两个选项卡，其中图案填充选项卡如图 2-45 所示。

图 2-45　"图案填充"选项卡

"图案填充"选项卡主要用于定义要应用的填充图案的外观，它包括填充图案样式、比例、角度等参数。其主要选项含义如下：

(1) 类型：该下拉列表框用于选择填充图案的类型。

(2) 图案：该下拉列表框用于选择要填充图案的名称。或者单击其后的 □ 按钮，在打开的如图 2-46 所示的"填充图案选项板"对话框中选择要填充的图案。

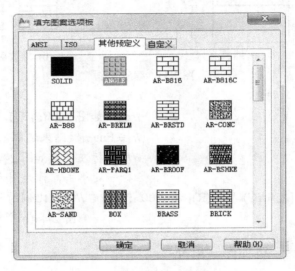

图 2-46 "填充图案选项板"对话框

(3) 样例：显示用户所选填充图案的缩略图。

(4) 角度：设置填充图案的填充角度。

(5) 比例：设置填充图案的填充比例。

"图案填充"选项卡的右侧还有几个选项，其各项含义分别为：

(1) ⊞ (添加：拾取点)：单击该图标，在绘图区中以拾取点方式指定填充区域。

(2) ⊠ (添加：选择对象)：单击该图标，在绘图区中以选择对象方式指定填充区域。

(3) ⊠ (删除边界)：当图形被填充好以后，进入图案填充编辑，单击该图标，可以删除图形的边界而只保留填充图案。

(4) ⊠ (重新创建边界)：围绕选定的图案填充或填充对象，并使其与图案填充对象相关联。

例 2-22 填充图 2-47(a)所示的圆，使填充后的效果如图 2-47(b)所示。

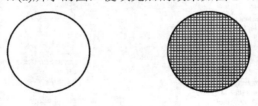

(a) 待填充图形 (b) 填充后图形效果

图 2-47 图形填充

操作步骤如下：

(1) 单击"绘图"工具栏中图标 ⊠，打开"图案填充和渐变色"对话框。

(2) 在"图案填充"选项卡的"类型"下拉列表框中选择"预定义"选项。

(3) 单击"图案"下拉列表框右侧的 按钮，打开"填充图案选项板"对话框，在该对话框中单击"ANGLE"填充图案▦，然后单击"确定"按钮返回"图案填充和渐变色"对话框。

(4) 单击"拾取点"按钮，返回绘图区中指定填充区域，在命令行操作如下：

命令：BHATCH

选择内部点或[选择对象(S)/删除边界(B)]：//在如图 2-47(a)所示的圆内部单击鼠标左键

选择内部点或[选择对象(S)/删除边界(B)]：//按 Enter 键完成拾取点操作

(5) 系统返回"图案填充和渐变色"对话框，单击"确定"按钮即可完成填充。

2.5.16 INSERT——插入块

"插入块"命令可以在图形中插入块或其他图形，在插入的同时还可以改变所插入块或图形的比例与旋转角度。可以使用以下三种方法激活"插入块"命令：

(1) 在"绘图"工具栏中单击"插入块"图标 。

(2) 在"插入"菜单中选择"块"选项。

(3) 在命令行输入 I 或 INSERT。

执行插入块命令后，会弹出"插入"对话框，如图 2-48 所示。各主要选项的功能如下：

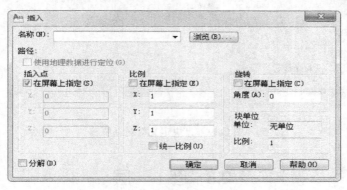

图 2-48 "插入"对话框

(1) "名称"下拉列表框：用于选择块或图形的名称，用户也可以单击其后的"浏览"按钮，打开"选择图形文件"对话框，选择要插入的块和外部图形。

(2) "插入点"选项区域：用于设置块的插入点位置。

(3) "比例"选项区域：用于设置块的插入比例。可不等比例缩放图形，在 X、Y、Z 三个方向进行缩放。

(4) "旋转"选项区域：用于设置块插入时的旋转角度。

(5) "分解"复选框，选中该复选框，可以将插入的块分解成组成块的各基本对象。

2.5.17 BLOCK——创建块

"创建块"命令可以用来将绘图时重复出现的图形符号组合成图块进行保存，并可方便调用，以便加快绘图速度。可以使用以下三种方法激活"创建块"命令：

(1) 在"绘图"工具栏中单击"创建块"图标 。

(2) 选择"绘图"→"块"→"创建"菜单选项。

(3) 在命令行输入 B 或 BLOCK。

执行创建块命令后，会弹出"块定义"对话框，如图 2-49 所示。各主要选项的功能如下：

(1) "名称"下拉列表框：可在该编辑框中输入块名称，也可在下拉列表框中选择图形中已有块的名称。

(2) "对象"选项区域：单击"选择对象" ，选择图形中用于制作块的内容。

(3) "基点"选项区域：单击"拾取点" ，选择制作块的部分图形中的点作为基点，该点将作为块插入的参考点。

图 2-49 "块定义"对话框

2.6 图 层

图层是 AutoCAD 中的主要组织工具，通过创建图层，可以将类型相似的对象绘制到相同的图层上。例如在绘制一间房屋平面图时，可以分别将轴线、墙体、门窗、室内设备、文字和标注等放在不同的图层内绘制。这样，一张完整的图形就是由图形文件中所有图层上的对象叠加在一起的，从而使图形层次分明，更利于对图形进行相应的控制和管理。

2.6.1 图层特性

图层特性如下：

(1) 图层就好像是一张张没有厚度的透明胶片，每一张胶片上都绘制一部分图形内容，然后把这些胶片完全对齐，就形成了一张完整的图形。每一层图层设置各自的颜色、线型和线宽。图层的数量不限，每一层上所能容纳的图形要素也不限。

(2) 系统自动定义了一个名为"0"图层的初始层，颜色为白色，线型为实线。不能删除或重新命名该图层，也最好不要改动其颜色、线型。用户应按需要创建多个新图层来组织图形，而不应将全部图形都绘制在"0"图层上。

(3) 同一幅图的所有图层都具有相同的坐标系、绘图界面和缩放比例，各图层之间是精确地相互对齐。

(4) 当前作图使用的图层称为当前层。当前层只有一个，可以根据需要进行切换。

2.6.2 图层设置

在采用图层功能绘图之前，首先要对图层的各项特性进行设置，AutoCAD 为此提供了图层特性管理器。可以使用以下三种方法来打开图层特性管理器，弹出如图 2-50 所示的对话框。

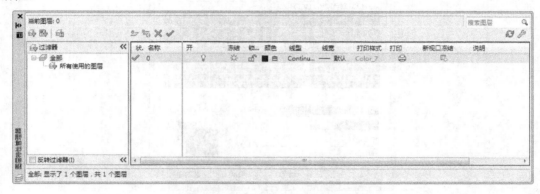

图 2-50 "图层特性管理器"对话框

(1) 在"图层"工具栏中单击"图层特性管理器"图标📇。

(2) 在"格式"菜单中选择"图层"选项。

(3) 在命令行输入 LA 或 LAYER。

在图层特性管理器中，用户可以进行图层的建立、删除以及修改图层特性等。各选项含义如下：

(1) "新建 ✍"按钮：用于创建一个新图层。单击"新建"按钮后，图层列表框中显示一个名为"图层 1"的新图层。可以对这个层进行编辑。

(2) "删除 ✖"按钮：用于删除选中的图层。应注意只可以删除未使用的图层。

(3) 图层列表区：用于显示已有图层及其特性。要修改某一图层的某一特性，单击它所对应的图标。在该区空白处单击鼠标右键，可以弹出快捷菜单选择相关操作。

① 名称：显示图层名称。要修改图层名，可以单击该图层名，待名称显亮后，输入新图层名。

② 打开：用于控制打开或关闭图层。当图层处于打开状态时，灯泡为黄色💡，该图层上的图形可以在显示器上显示，也可以打印；当图层处于关闭状态时，灯泡为灰色💡，该图层上的图形不能显示，也不能打印。

③ 冻结：用于控制所有视口中图层的冻结与解冻。当图标显示为灰色小雪花❄时，图层被冻结，该图层上的图形对象不能被显示出来，也不能打印输出，而且也不能编辑或修改；当图标显示为黄色小太阳☼时，该图层处于解冻状态，该图层上的图形对象能够显

示出来，也能够打印，并且可以在该图层上编辑图形对象。需要注意的是，不能冻结当前层，也不能将冻结层改为当前层。

④ 锁定：用于控制图层的锁定和解锁，当小锁颜色为灰色且表现为打开 🔓 时，表明该图层处于解锁状态；当小锁颜色为黄色且表现为锁闭 🔒 时，表明该图层被锁定。锁定状态并不影响该图层上图形对象的显示，用户不能编辑锁定图层上的对象，但可以在锁定的图层中绘制新图形对象。此外，还可以在锁定的图层上使用查询命令和对象捕捉功能。

⑤ 颜色：用于显示和改变图层的颜色。如果要改变某一图层的颜色，单击对应的颜色图标，弹出如图2-51所示的"选择颜色"对话框，可以从中选取需要的颜色。

图 2-51　"选择颜色"对话框

⑥ 线型：用于显示和改变图层的线型。如果要改变某一图层的线型，单击对应的"线型"，系统将打开如图 2-52 所示的"选择线型"对话框，其中列出了当前可选择的线型。在缺省情况下，图层的线型通常为连续实线，如果所需要的线型没在当前所列可选线型之内，可单击"加载"按钮，在弹出的如图2-53所示的"加载或重载线型"对话框中，选择合适的线型，并把它添加到当前可用线型列表中。

图 2-52　"选择线型"对话框

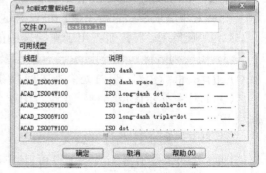

图 2-53　"加载或重载线型"对话框

⑦ 线宽：显示和改变图层的线宽。在建立一个新图层时，系统采用默认线宽，如果要改变某一图层的线宽，单击对应的"线宽"选项，系统将打开如图2-54所示的"线宽"对话框，其中列出了可选用的线宽值。

图 2-54 "线宽" 对话框

⑧ 打印样式：修改与选定图层相关联的打印输出样式，即打印图形时各项属性的设置。

⑨ 打印：控制图层是否需要打印，对应图标为打印机。如果该图标为 🖨 ，则表示该图层要打印；如果图标为 🖨⃠ ，则表示该图层上的对象可以在屏幕上正常显示，但不可以打印输出。单击图标可以实现切换。

在实际绘图时，为了便于操作，可以通过"图层"工具栏(如图 2-55 所示)实现图层切换，这时只需选择要将其设置为当前层的图层名称即可。

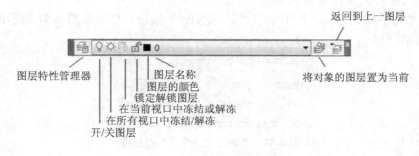

图 2-55 "图层"工具栏

2.7 文字输入与编辑

在使用 AutoCAD 制图时，经常需要进行文字输入，用于说明图样中未表达出的设计信息。图样上的文字主要有数字、字母和汉字等，本节重点介绍有关文字的输入与编辑方面的内容。

2.7.1 STYLE——文字样式

在 AutoCAD 中创建文字对象时，文字外观都由与其关联的文字样式所决定。文字样式命令用于定义新的文字样式，或者修改已有的文字样式以及设置图形中书写文字的当前样式。AutoCAD 默认"Standard"文字样式为当前样式。可以使用以下三种方法定义文字样式：

(1) 在"样式"工具栏中单击"文字样式管理器"图标 A_{γ} 。

(2) 在"格式"菜单中选择"文字样式"选项。

(3) 在命令行输入 ST 或 STYLE。

执行 STYLE 命令后，打开如图 2-56 所示的"文字样式"对话框，通过该对话框即可以建立新的文字样式，或对当前文字样式的参数进行修改。

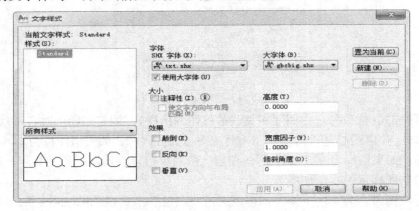

图 2-56 "文字样式"对话框

建立新文字样式操作步骤如下：

(1) 在"文字样式"对话框中单击"新建(N)…"按钮，打开如图 2-57 所示的"新建文字样式"对话框。

图 2-57 "新建文字样式"对话框

(2) 在该对话框的"样式名"文本框中输入新文字样式的名称后，单击"确定"按钮返回"文字样式"对话框。

(3) 在"字体"处，选取新字体。在通信工程制图中，在字体名下拉列表项中选"仿宋"。

(4) 在"高度"文本框中输入当前文字样式所采用的文字高度。在通信工程制图中，通常选取字高为 160，必要时也可根据图的大小适当变换字高。

(5) 在"效果"栏中选中相应的复选框，用于设置文字样式的特殊效果。

(6) 在"宽度因子"和"倾斜角度"文本框中指定文字宽度的比例和倾斜的角度，在通信工程制图中，文字的宽度因子通常设置为 0.7。

(7) "预览"栏中显示出所设置的相应文字效果。

(8) 完成设置，单击"应用(A)"按钮。

要应用文字样式，首先得将其置为当前文字样式，在 AutoCAD 中有两种设置当前文字样式的方法：

(1) 在打开的"文字样式"对话框的样式列表框中选择一种文字样式并将其置为当前

的文字样式，然后单击"关闭(C)"即可。

(2) 在"样式"工具栏的"文字样式控制"下拉列表框中选择要为当前文字应用的样式即可，如图 2-58 所示。

图 2-58　"文字样式控制"下拉列表框

2.7.2　DTEXT——单行文字输入

使用单行文字输入命令，其每行文字都是独立的对象，可以单独进行定位、调整格式等编辑工作。可以使用以下三种方法激活"单行文字输入"命令：

(1) 单击"文字"工具栏中的图标 **A̅I**。

(2) 选择"绘图"→"文字"→"单行文字"菜单选项。

(3) 在命令行输入 DT 或 DTEXT 或 TEXT。

例 2-23　创建如图 2-59 所示的文字标注，其字高为 160，旋转角度为 0°，正中对齐。

通信工程制图
AutoCAD

图 2-59　创建单行文本标注

命令：TEXT
当前文字样式："Standard"文字高度：1.0000　//系统显示当前文字样式和文字高度
指定文字的起点或[对正(J)/样式(S)]：J　　　//选择"对正"选项，设置文字对齐方式
输入选项[对齐(A)/调整(F)/中心(C)/中间(M)/右(R)/左上(TL)/中上(TC)/右上(TR)/左中(ML)/正中(MC)/右中(MR)/左下(BL)/中下(BC)/右下(BR)]：mc　　　　//以正中方式对齐
　指定文字的中间点：　　　　　　　　　　　//在绘图区中拾取一点作为文字中间点
　指定高度<1.0000>：160　　　　　　　　　//指定文字字高为 160
　指定文字的旋转角度<0>：　　　　　　　　//按 Enter 键，默认文字的旋转角度为 0°
　输入文字：通信工程制图　　　　　　　　　//输入第一行文字内容
　输入文字：AutoCAD　　　　　　　　　　　//输入第二行文字内容
　输入文字：　　　　　　　　　　　　　　　//按 Enter 键结束 TEXT 命令

2.7.3　MTEXT——多行文字输入

使用"多行文字输入"命令可以在绘图区创建标注文字。它与单行文字的区别在于所标注的多行段落文字是一个整体，可以进行统一编辑，因此多行文字命令较单行文字命令相比，更灵活、方便，它具有一般文字编辑软件的各种功能。可以使用以下三种方法激活"多行文字输入"命令：

(1) 单击"绘图"工具栏中的图标 **A** 。

(2) 选择"绘图"→"文字"→"多行文字"菜单选项。

(3) 在命令行输入 MT 或 MTEXT。

启动多行文字输入命令后，命令行操作如下：

命令：MTEXT

当前文字样式："Standard"　　文字高度：2.5　　 //系统显示当前文字样式和文字高度

指定第一角点：　　　　　　　　　　 //在绘图区中拾取一点作为多行文字区域的左上角点

指定对角点或[高度(H)/对正(J)/行距(L)/旋转(R)/样式(S)/宽度(W)]: //在右下角拾取一点

指定多行文字区域后，系统打开如图 2-60 所示的"文字格式"对话框和文字输入框。其中，"文字格式"对话框用于修改或设置字符的格式，在文字输入框中输入相应的文字后，单击"确定"按钮即可创建多行文字输入。

图 2-60　"文字格式"对话框和文字输入框

2.7.4　DDEDIT——文字编辑

在绘图过程中，如果输入的文本不符合绘图要求，则需要在原有基础上进行修改，AutoCAD 提供的文本编辑功能可以编辑修改文字内容。可以使用以下三种方法激活"文字编辑"命令：

(1) 单击"文字"工具栏中的图标 **A**。

(2) 选择"修改"→"对象"→"文字"→"编辑"菜单选项。

(3) 在命令行输入 ED 或 DDEDIT。

执行文字编辑命令后，系统提示"选择注释对象或[放弃(U)]: "，如果选中的对象是由单行文字命令建立的文字，则系统打开如图 2-61 所示的文字编辑框，可在该编辑框中输入新的文字内容，然后按 Enter 键退出文字编辑。如果选中的对象是由多行文字命令建立的，则系统打开与多行文字命令下完全相同的多行文字编辑窗口，在该窗口对多行文字进行各种编辑，单击"文字格式"工具栏中的"确定"按钮即可。

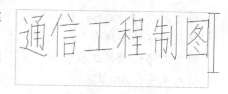

图 2-61　文字编辑框

2.8　表　　格

在实际工作中，往往需要在 AutoCAD 中绘制各种表格，以往，需要在 AutoCAD 环境下用手工画线方法绘制表格，不但效率低，而且很难精确控制表格中文字的书写位置，文字排版困难。如果采用插入 Word 或 Excel 表格，则又不便于修改。AutoCAD 2008 开始提供绘制表格功能，在表格的创建和编辑方面更加快捷和方便了。

2.8.1　TABLESTYLE——表格样式

表格样式命令用于定义新的表格样式，或者修改已有的表格样式。可以使用以下三种方法定义表格样式：

(1) 在"样式"工具栏中单击"表格样式管理器"图标 ▦。

(2) 在"格式"菜单中选择"表格样式"选项。

(3) 在命令行输入 TABLESTYLE。

执行命令后，打开如图 2-62 所示的"表格样式"对话框，通过该对话框即可以建立新的表格样式，或对当前表格样式的参数进行修改。

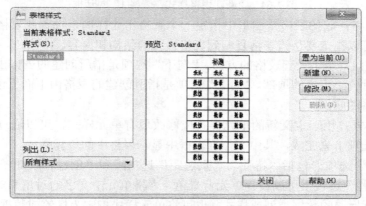

图 2-62　"表格样式"对话框

其中，"样式"列表框中列出了满足条件的表格样式；"预览"图片框中显示出表格的预览图像，"置为当前"和"删除"按钮分别用于将在"样式"列表框中选中的表格样式置为当前样式或删除选中的表格样式；"新建"、"修改"按钮分别用于新建表格样式、修改已有的表格样式。

如果单击"表格样式"对话框中的"新建"按钮，AutoCAD 弹出"创建新的表格样式"对话框，如图 2-63 所示。通过该对话框中的"基础样式"下拉列表框选择基础样式，并在"新样式名"文本框中输入新样式的名称，单击"继续"按钮，AutoCAD 弹出"新建表格样式：表格 1"对话框，该对话框用于对起始表格、单元样式、基本选项等进行设置，如图 2-64 所示。

图 2-63　"创建新的表格样式"对话框

图 2-64 "新建表格样式：表格 1"对话框

(1) 起始表格：起始表格是图形中指定一个表格用作样例来设置此表格样式的格式。选择表格后，可以指定要从该表格复制到表格样式的结构和内容。

(2) 表格方向：用于设置表格的方向。"向下"选项是指所创建的表格由上而下读取，标题行和列表行位于表格的顶部。"向上"选项是指所创建的表格由下而上读取，标题行和列表行位于表格的底部。

(3) 单元样式：用于定义新的单元样式或修改现有单元样式，可以通过"基本"、"文字"、"边框"选项卡来完成，其中下拉列表框中显示表格中的单元样式。

① "基本"选项卡包括"特性"、"页边距"选项组和"创建行/列时合并单元"复选框三部分。"特性"选项组可以设置单元背景色，表格单元中文字的对正和对齐方式，表格中数据、列或行标题的数据类型或格式，也可将单元样式指定为标签或数据。"页边距"选项组用于控制单元边界和单元内容之间的间距。"创建行/列时合并单元"复选框是将使用的当前单元样式创建的所有新行或新列合并为一个单元。

② "文字"选项卡用于设置表格内文字的样式、高度、颜色和角度，如图 2-65 所示。

图 2-65 "文字"选项卡

③ "边框"选项卡用于设置表格边框的线宽、线型和边框的颜色，也可将表格内的线设置成双线形式，如图 2-66 所示。

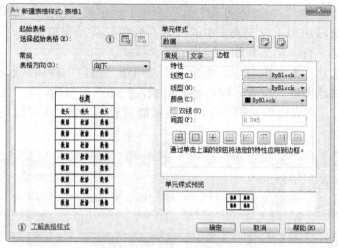

图 2-66　"边框"选项卡

2.8.2　TABLE——创建表格

可以使用以下三种方法激活"创建表格"命令：

(1) 单击"绘图"工具栏中的图标 ⊞。

(2) 选择"绘图"菜单中的"表格"选项。

(3) 在命令行输入 TABLE。

执行命令后，AutoCAD 弹出"插入表格"对话框，如图 2-67 所示。

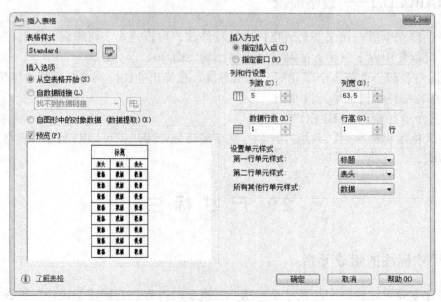

图 2-67　"插入表格"对话框

"插入表格"对话框用于选择表格样式，设置表格的有关参数。其中，"表格样式"选项用于选择所使用的表格样式。"插入选项"选项组用于确定如何为表格填写数据。预览框用于预览表格的样式。"插入方式"选项组用于确定将表格插入到图形时的插入方式。"列和行设置"选项组用于设置表格中的行数、列数以及行高和列宽。"设置单元样式"选项组分别设置第一行、第二行和其他行的单元样式。

通过"插入表格"对话框确定表格数据后，单击"确定"按钮，返回绘图区，然后根据提示确定表格在绘图区的位置，即可将表格插入到图形，在插入后，AutoCAD 弹出"文字格式"工具栏，并将表格中的第一个单元格做醒目显示，此时就可以向表格输入文字了，如图 2-68 所示。

图 2-68　向表格输入文字

2.8.3　TABLEDIT——表格编辑

表格创建完以后，如果要对表格内容进行修改，可以使用表格编辑命令对表格进行编辑修改。可以使用以下三种方法激活"表格编辑"命令：

(1) 选定表和一个或多个单元后，单击右键，在弹出的快捷菜单上选择"编辑文字"。

(2) 在表中待编辑的单元内双击。

(3) 在命令行输入 TABLEDIT。

执行表格编辑命令后，系统打开多行文字编辑器，用户就可以对制定的表格单元的文字进行编辑。

2.9　尺 寸 标 注

2.9.1　尺寸标注的组成元素

在进行专业设计绘图中，尺寸是一项非常重要的内容，它描述了设计对象各组成部分的大小及相对位置关系，是实际施工的重要依据。尺寸标注有着严格的规范，一个完整的尺寸由尺寸线、尺寸界线、尺寸箭头和尺寸文本四部分组成，如图 2-69 所示。

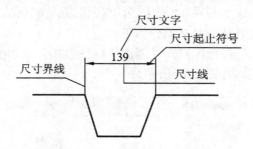

图 2-69　尺寸标注组成元素

(1) 尺寸界线：用来界定度量范围的直线，通常与被标注的对象保持一定的距离，以便清楚地辨认出图形的轮廓与尺寸界线。

(2) 尺寸线：尺寸线是指示尺寸的方向和范围的线条，放在两尺寸界线之间。

(3) 尺寸箭头：在尺寸线两端，用以表明尺寸线的起始位置。

(4) 尺寸文字：通常位于尺寸线的上方或中断处，用以表示所选标注对象的具体尺寸大小。

2.9.2　尺寸标注样式的设置

在为对象标注尺寸之前，设置尺寸标注样式是必不可少的。因为所有创建的尺寸标注，其格式都是由尺寸标注样式来控制的。可以使用以下四种方法来设置尺寸标注样式：

(1) 在"样式"工具栏上单击"标注样式管理器"图标 📐。

(2) 选择"标注"菜单中的"样式"选项。

(3) 选择"格式"菜单中的"标注样式"选项。

(4) 在命令行输入 DDIM 或 DIMSTYLE 命令。

以上方法都将打开"标注样式管理器"对话框，如图 2-70 所示。所有对标注样式进行的管理都可在该对话框中完成。

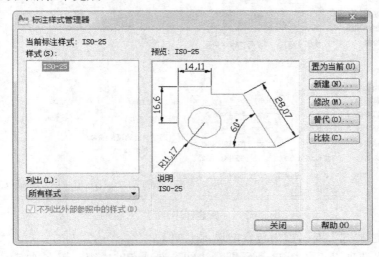

图 2-70　"标注样式管理器"对话框

在该对话框的左上角显示的是系统当前标注样式，要将一个样式设为当前样式，可从"样式"列表框中选择样式，然后单击"置为当前"按钮。系统默认的尺寸标注样式是 ISO-25，如需要创建新的尺寸标注样式，具体操作如下：

(1) 点击"新建(N)..."按钮，打开"创建新标注样式"对话框，从中可以定义新的标注样式的名称和应用范围，如图 2-71 所示。

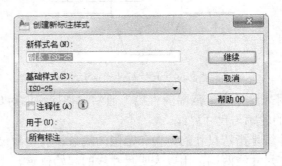

图 2-71 "创建新标注样式"对话框

(2) 在"新样式名"文本框中输入新尺寸标注样式的名称；在"基础样式"下拉列表框中选择新的标注样式是基于哪一个标注样式创建的。

(3) 在"用于"下拉列表框中指定新标注样式的应用范围，如应用于所有标注、半径标注等。

(4) 单击"继续"按钮，系统打开如图 2-72 所示的"新建标注样式"对话框。在该对话框中有 6 个选项卡，用户可在这些选项卡中设置各种尺寸变量。本节针对通信工程制图中对尺寸标注的具体要求，介绍各选项卡中主要参数的设置。

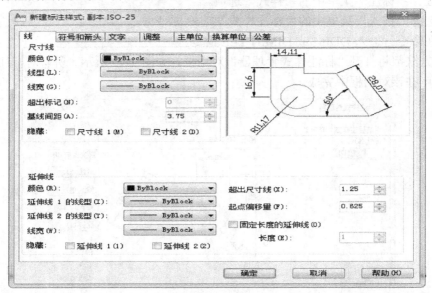

图 2-72 "新建标注样式"对话框

"新建标注样式"对话框中包含的选项卡如下：

(1)"线"选项卡。图 2-72 所示即为"线"选项卡的内容。该选项卡可以设置尺寸标注的尺寸线、尺寸界线的格式和特性。在"尺寸线"选项区中，可以设置尺寸线的颜色、线型、线宽、超出标记、基线间距以及是否隐藏尺寸线等属性。"尺寸界线"选项区，用于设置尺寸界线的颜色、线型、线宽、超出尺寸线的长度、起点偏移量，是否隐藏尺寸界线以及是否需要固定长度的尺寸界线等属性。根据通信工程制图的要求，应将"超出尺寸线"和"起点偏移量"两个参数设为 0。

(2) "符号和箭头"选项卡。单击"符号和箭头"选项卡，对话框变为如图 2-73 所示的内容。"箭头"选项区，用于设置尺寸箭头和引线的类型及其大小等。根据通信工程制图的习惯，应将"第一个"、"第二个"、"引线"三个参数全部设定为"实心闭合"，在"箭头大小"文本框中输入的数值应与文字大小一样，即 160。

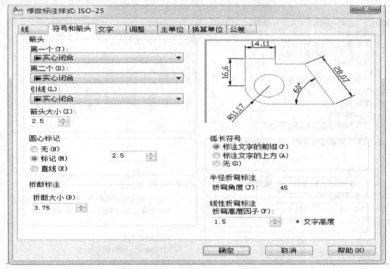

图 2-73 "符号和箭头"选项卡

(3) "文字"选项卡。单击"文字"选项卡，对话框变为如图 2-74 所示的内容。通过该选项卡，用户可以设置标注文字的外观、位置和对齐方式。

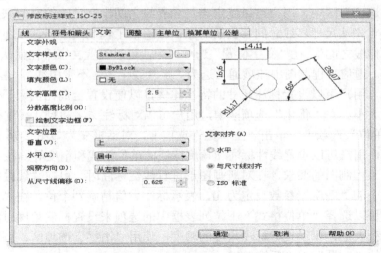

图 2-74 "文字"选项卡

在"文字外观"选项区中，用户可以设置文字的样式、颜色、填充颜色、高度、分数高度比例以及控制是否绘制文字边框。根据通信工程制图的要求，"文字高度"一般要与周围图形尺寸相协调，例如，先设为 160，之后再根据图形尺寸大小，适当增大或减小。在"文字位置"选项区中，用户可以设置文字的垂直、水平位置以及距尺寸线的偏移量，还可以选择文字的观察方向。在通信工程制图中，通常将"从尺寸线偏移"这项参数设定为文字高度的一半，即 80。"文字对齐"选项区用于设置标注文字与尺寸线之间的对齐方式。

(4)　"调整"选项卡。单击"调整"选项卡，对话框变为如图 2-75 所示的内容。使用该选项卡，用户可以设置标注文字、尺寸线及尺寸箭头的位置，使其达到最佳视图效果。

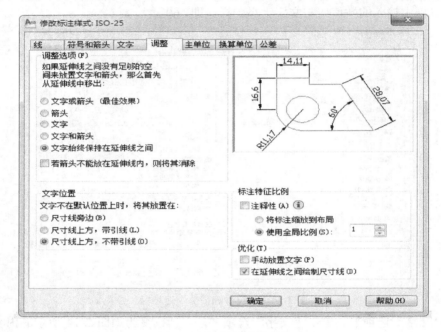

图 2-75　"调整"选项卡

在"调整选项"区中，用户可以确定当尺寸界线之间没有足够的空间来放置箭头和标注文字时，应首先从尺寸界线之间移出的对象，在通信工程制图中，该项通常选择"文字始终保持在延伸线之间"。在"文字位置"选项区中，可以设置文字不在默认位置时，应将其设置的位置。通信工程制图中该项通常选为"尺寸线上方，不带引线"。在"标注特征比例"选项区中，用户可以设置标注尺寸的特征比例，以便设置全局比例因子来增加或减少各标注尺寸的大小。在"优化"选项区中，用户可以对标注文字和尺寸线进行微调。

(5)　"主单位"选项卡。单击"主单位"选项卡，对话框变为如图 2-76 所示的内容。使用该选项卡，用户可以设置线性标注和角度标注的单位格式和精度等属性。

根据通信工程制图的要求，在对所画图形进行线性标注时，可在"线性标注"选项区中，将该选项中的"精度"参数设定为 0，表示标注数值精确到个位。在"角度标注"选项区中，用户可以选择"单位格式"下拉列表框中的选项来设置标注角度时的单位。使用"精度"下拉列表框，可以设置标注角度的精度。使用"消零"选项区，可以设置是否消除角度标注中的"前导"或"后续"零。

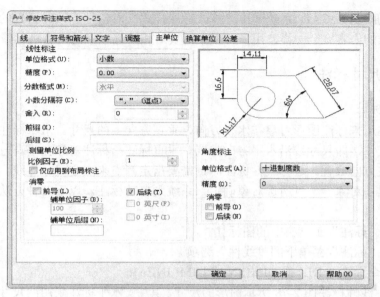

图 2-76 "主单位"选项卡

(6) "换算单位"选项卡。"换算单位"选项卡用于确定换算单位的格式，只有选择"显示换算单位"后才能进行设置。操作步骤与主单位设置基本相同，但对国内用户来说一般不用设置。

(7) "公差"选项卡。单击"公差"选项卡，对话框变为如图 2-77 所示的内容。使用该选项卡，用户可以设置尺寸公差标注方式。

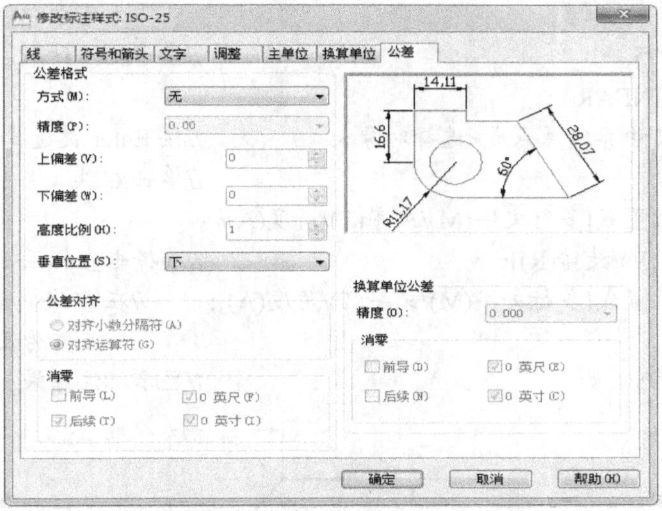

图 2-77 "公差"选项卡

完成尺寸标注样式设置后，单击"确定"按钮，返回"标注样式管理器"对话框，此时在该对话框的样式列表中就显示了新创建的尺寸标注样式的名称。

标注样式设定后，可能会出现与设计者意图不同的地方，AutoCAD 提供了对标注样式修改的功能。首先选取需要修改的标注样式，再单击"标注样式管理器"对话框中的"修改(M)..."按钮，AutoCAD 系统弹出"修改标注样式"对话框。该对话框的内容与新建标注样式对话框的内容完全一样，用户可根据需要对相应选项卡的内容进行修改。

2.9.3 创建尺寸标注

1. 线性标注

线性标注用来标注图形对象在水平方向、垂直方向上的尺寸。水平标注指标注对象在水平方向的尺寸，即尺寸线沿水平方向放置。垂直标注指标注对象在垂直方向的尺寸，即尺寸线沿垂直方向放置。进行线性标注时，需要指定两点来取定尺寸界线。也可以直接选取需标注的尺寸对象，一旦所选对象确定，系统则自动标注。以下三种方法可激活"线性标注"命令：

(1) 单击"标注"工具栏中的图标 ⊢┤。
(2) 选择"标注"菜单下的"线性"选项。
(3) 在命令行输入 DLI 或 DIMLIN 或 DIMLINEAR。

例 2-24 线性标注图 2-78 所示图形的尺寸，其中，水平标注采用两尺寸界线起点的方法标注，垂直标注采用指定对象方法标注。

命令：DIMLINEAR
指定第一条延伸线原点或<选择对象>：　　　　　　//拾取 A 点
指定第二条延伸线原点：　　　　　　　　　　　　//拾取 B 点
指定尺寸线位置或[多行文字(M)/文字(T)/角度(A)/
水平(H)/垂直(V)/旋转(R)]：　　　　　　　　　　//在 AB 线的水平正上方拾取一
　　　　　　　　　　　　　　　　　　　　　　　　点作为尺寸线位置
标注文字 = 195　　　　　　　　　　　　　　　　//显示标注结果
命令：DIMLINEAR
指定第一条尺寸界线原点或<选择对象>：　　　　　//按 Enter 键选择要标注的对象
选择标注对象：　　　　　　　　　　　　　　　　//单击 C 线
指定尺寸线位置或[多行文字(M)/文字(T)/角度(A)/
水平(H)/垂直(V)/旋转(R)]：v　　　　　　　　　//选择垂直标注
指定尺寸线位置或[多行文字(M)/文字(T)/角度(A)]：　　//在 C 线的垂直方向左侧拾取
　　　　　　　　　　　　　　　　　　　　　　　　一点作为尺寸线位置
标注文字 = 195　　　　　　　　　　　　　　　　//显示标注结果

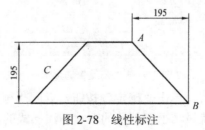

图 2-78　线性标注

2. 对齐标注

对齐标注又称平行标注，是指尺寸线始终与标注对象保持平行，若是圆弧，则使尺寸标注的尺寸线与圆弧的两个端点所产生的弦保持平行。以下三种方法可激活"对齐标注"命令：

(1) 单击"标注"工具栏中的图标 ↖ 。

(2) 选择"标注"菜单下的"对齐"选项。

(3) 在命令行输入 DAL 或 DIMALI 或 DIMALIGNED。

例2-25 对齐标注图2-79所示直角三角形斜边的长度。

命令：DIMALIGNED

指定第一条延伸线原点或<选择对象>：	//拾取 A 点
指定第一条延伸线原点：	//拾取 B 点
指定尺寸线位置或[多行文字(M)/文字(T)/角度(A)]：	//在平行于 AB 线的上方拾取一点作为尺寸线的位置
标注文字 = 530	//显示标注结果

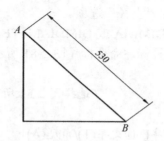

图2-79 对齐标注

3. 角度标注

角度标注用于标注两直线间的夹角、圆弧的圆心角、圆上任意两点间圆弧的圆心角以及由三点所确定的角度。以下三种方法可激活"角度标注"命令：

(1) 单击"标注"工具栏中的图标 △ 。

(2) 选择"标注"菜单下的"角度"选项。

(3) 在命令行输入 DAN 或 DIMANG 或 DIMANGULAR。

例2-26 标注两直线间的夹角，如图2-80所示。

命令：DIMANGULAR

选择圆弧、圆、直线或<指定顶点>：	//选择 AB 线
选择第二条直线：	//选择 BC 线
指定标注弧线位置或[多行文字(M)/文字(T)/角度(A)/象限点(Q)]：	//在 AB 线与 BC 线所夹锐角侧拾取一点
标注文字 = 58	

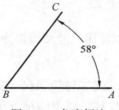

图2-80 角度标注

4. 半径和直径标注

在设计绘图时，常需要对圆、圆弧等对象标注半径或直径，这就需要用到半径和直径尺寸标注命令来完成。

1) 半径标注

半径标注用于标注弧形对象的半径尺寸，以下三种方法可激活"半径标注"命令：

(1) 单击"标注"工具栏中的图标 。

(2) 选择"标注"菜单下的"半径"选项。

(3) 在命令行输入 DRA 或 DIMRAD 或 DIMRADIUS。

2) 直径标注

直径标注用于标注弧形对象的直径尺寸，以下三种方法可激活"直径标注"命令：

(1) 单击"标注"工具栏中的图标 。

(2) 选择"标注"菜单下的"直径"选项。

(3) 在命令行输入 DDI 或 DIMDIA 或 DIMDIAMETER。

例 2-27　分别用半径和直径标注命令标注图 2-81 所示图形中圆弧与圆的尺寸。

命令：DIMRADIUS

选择圆弧或圆：　　　　　　　　　　　//选择图 2-81 所示图形中的 *AB* 弧

标注文字 = 10

指定尺寸线位置或[多行文字(M)/文字(T)/角度(A)]：　//在圆弧外侧拾取一点作为
　　　　　　　　　　　　　　　　　　　　　　　　尺寸线位置

命令：DIMDIAMETER

选择圆弧或圆：　　　　　　　　　　　//选择如图 2-81 所示图形中的圆

标注文字 = 9

指定尺寸线位置或[多行文字(M)/文字(T)/角度(A)]：　//在圆的外侧拾取一点作为
　　　　　　　　　　　　　　　　　　　　　　　　尺寸线位置

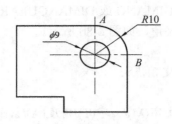

图 2-81　半径和直径标注

2.9.4　编辑尺寸标注

如果标注的尺寸不合要求，可以使用尺寸编辑命令对标注的文字及形式进行编辑修改。

1. DIMEDIT——尺寸编辑

尺寸编辑命令的作用是用新尺寸文字替换原尺寸文字、改变尺寸文字的旋转角度、使尺寸界线倾斜一个角度、恢复尺寸原样。以下两种方法可激活"尺寸编辑"命令：

(1) 选择"标注"菜单下的"倾斜"选项。

(2) 在命令行输入 DED、DIMED 或 DIMEDIT 命令。

例2-28 利用尺寸编辑命令分别将图2-82(a)的尺寸标注效果编辑修改成图2-82(b)、(c)所示的样式。

命令：DIMEDIT

输入标注编辑类型[默认(H)/新建(N)/旋转(R)/倾斜(O)/]<默认>：N
//选择N，使用[多行文字编辑器]重新输入标注文字，
将标注文字的字体由原来仿宋改为华文隶书

选择对象：　　　　　　　　//选择原尺寸标注，按回车键，效果如图2-82(b)所示

指定尺寸线位置或[多行文字(M)/文字(T)/角度(A)]：//在圆弧外侧拾取一点作为尺寸线
位置

命令：DIMEDIT

输入标注编辑类型[默认(H)/新建(N)/旋转(R)/倾斜(O)/]<默认>：R　　//激活旋转命令

指定标注文字的角度：45　　//输入标注文字的旋转角度

选择对象：　　　　　　　　//选择原尺寸标注，按回车键，效果如图2-82(c)所示

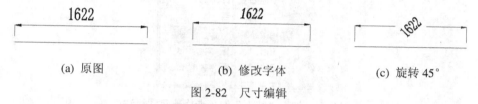

(a) 原图　　　　　　　　(b) 修改字体　　　　　　　(c) 旋转45°

图2-82　尺寸编辑

2. DIMTEDIT——修改尺寸文字位置

修改尺寸文字位置命令用于修改尺寸文字的位置。当用户选择要修改的尺寸后，移动光标时尺寸文字和尺寸线便随光标移动，在适当位置按左键，就确定了尺寸文字和尺寸线的位置。以下三种方法可激活"修改尺寸文字位置"命令：

(1) 单击"标注"工具栏中的图标 ⬐ 。

(2) 选择"标注"菜单下的"对齐文字"选项。

(3) 在命令行输入 DIMTED 或 DIMTEDIT 命令。

例 2-29 利用修改尺寸文字位置命令将图 2-83(a)的尺寸文字编辑修改成图 2-83(b)所示的样式。

命令：DIMTEDIT

选择标注：　　　　　　　　//用鼠标点击图 2-83(a)所示尺寸标注

为标注文字指定新位置或[左对齐(L)/右对齐(R)/居中(C)/默认(H)/角度(A)]：L
//选择L，按回车键，效果如图2-83(b)所示

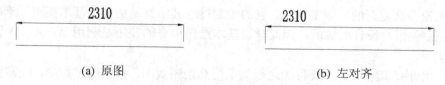

(a) 原图　　　　　　　　　　　　　　(b) 左对齐

图2-83　修改尺寸文字位置

3. PROPERTIES——特性

尺寸标注的编辑也可通过"特性"选项卡来进行。在绘图区中选中要修改的尺寸标注，然后单击"标准"工具栏中的 ▣ 图标，打开"特性"选项卡，在该选项卡中即可修改尺寸标注的各个参数，如直线、箭头、文字、单位等，如图 2-84 所示。

图 2-84 通过"特性"选项卡修改尺寸标注

本 章 小 结

1. 工程图纸绘制的工作量很大而且技术复杂，尽管有标准图例可供参考，但要靠手工把它们有机地组合在一起，要求准确、整齐、美观并不是一件简单的事情，何况还要经过描图、晒图等过程，因而图纸质量不稳定，绘图效率低，导致设计周期延长。

随着计算机的普及使用，在通信工程制图中，也已开始使用计算机辅助制图来代替原有的手工制图。目前，最广泛使用的制图软件就是 AutoCAD。因此，要想学会计算机辅助绘制通信工程图纸，必须要先学习使用 AutoCAD 软件，熟练掌握各种常用命令和制图方法。

2. 在利用 AutoCAD 软件进行绘图时，首先要了解 AutoCAD 软件界面、各工具栏功能，并能够对初始绘图环境依据绘图要求进行设置。因为利用 AutoCAD 在屏幕上绘图就如同用工具在图纸上作图一样，要根据所画图形大小选择图纸的幅面、绘图单位以及确定线型等。

3. 无论多么复杂的一幅工程图，它的绘制过程其实就是由多个基本图形元素(如线段、圆、角、弧等)组合设计而成的，因此学习基本绘图命令的使用是利用 AutoCAD 软件绘图的基本功。

4. 利用计算机绘图的主要目的之一就是提高绘图效率，在绘图过程中，经常会出现需要删减的线条、重复绘制的图形，AutoCAD 软件提供了丰富的图形编辑命令，充分掌握这些命令并灵活使用它们，就会大大减少绘图工作量，节省绘图时间，提高绘图效率和质量。

5. 书写文字是工程图纸上的一项不可缺少的内容，因为绘制图纸最根本的目的就是准确地传达设计意图，当仅依靠图形化的信息无法准确表达出设计思想时，就要借助文字来进一步传达信息。在工程图纸中，文字输入通常用于注释、标题、技术要求说明等。能够按照要求格式进行文字的输入与编辑是进行计算机软件绘图的又一基本要求。

6. 在工程图纸中所绘制的图形是用于反映真实物体的形状，而物体各部分真实大小和各部分之间的确切位置关系，只有通过标注尺寸才能准确地表达出来。要想使所绘制的图纸能够正确指导实践，尺寸标注必须要严格规范。AutoCAD 具有很强的尺寸标注功能，而且操作简便，经过设置尺寸样式的操作，标注出的尺寸基本符合我国的标准。因此，要想能够完整地绘制工程图纸，必须要熟练掌握尺寸标注的方法。

知 识 测 验

一、填空题

1. 绘制直线的命令是_____，绘制构造线的命令是_____，绘制多段线的命令是_____。

2. 若要通过命令行控制线条宽度，可在命令行中执行_____命令。

3. 绘制圆弧的命令是_____，绘制圆的命令是_____。

4. 若要使用构造线命令绘制一个角的角平分线，可在命令行提示信息中选择_____选项。

5. 在 AutoCAD 中对图形进行倒角，主要有_____和_____两种类型。

6. 在 AutoCAD 中，文字标注分为单行文字标注和_____。

7. 使用_____命令标注的文本，不能用文字编辑命令修改其字体、高度、宽度等特性。

8. 若要在文字中插入"Φ"，则在标注文字时，应该输入该符号的代码为_____。

9. 一个完整的尺寸标注一般由标注文字、_____、_____、尺寸箭头、中心标记等几个部分组成。

10. 使用_____命令标注对象后，尺寸是与标注对象相平行的。

二、判断题

1. 在 AutoCAD 中，LINE、ARC、PLINE 命令都具有绘制闭合图形的功能。　（　）

2. 在缩放视图显示过程中，不会改变任何对象在绘图区中的实际位置。　（　）

3. 若以指定三点方式绘制圆形，这三个点指的是：直径的一个端点、直径的另一个端点和圆心。　（　）

4. 使用 PLINE 命令绘制圆弧可以设定圆弧本身的宽度，而使用 ARC 命令绘制圆弧不能设定圆弧本身的宽度。　（　）

5. 在偏移弧形对象时，可以绘制出与原对象具有同心结构的形体。　（　）

6. 一条闭合的线段只能被打断一次，不能进行二次打断操作。　（　）

7. 若要使用某个标注样式，需将该标注置为当前才可以使用。　（　）

8．在"新建标注样式"对话框中可对创建的标注样式的参数进行设置，如尺寸线线宽、标注箭头类型等。　　　　　　　　　　　　　　　　　　　　　（　）

三、简答题

1．创建一个新的图形文件，将其保存为"yy.dwg"文件。

2．在 AutoCAD 软件中主要有哪几种命令执行方式？至少列举两种。

3．如何将绘图区的某局部放大显示？

4．简述为图形创建填充图案的操作步骤。

5．简述拉伸命令和延伸命令的区别。

6．简述标注样式的创建步骤，并根据通信工程制图的具体要求设置各项参数。

7．如何修改文字内容和文字属性？

8．COPY、MOVE、OFFSET 三个命令有什么异同点？

四、绘图题

1．使用多段线命令将图 2-85 所示矩形边线的宽度增加为 10。

图 2-85

2．利用所学命令，按图 2-86 所示尺寸大小绘制下面图形。

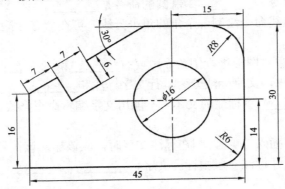

图 2-86　绘制图形

3．对图 2-87(a)所示图形进行图案填充，其中，填充图案为用户定义，角度为 125°，间距为 2，使其填充后结果如图 2-87(b)所示。

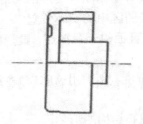

(a)　为图形创建填充图案

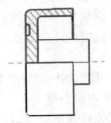

(b)　创建填充图案后效果

图 2-87　填充图案

4. 创建一个新的文字样式，其名称为"通信工程制图"，字体为"仿宋_GB2312"，字高为 80，字体倾斜 45°。

技 能 训 练

1. 训练内容
绘制图 2-88 所示图形，并对其进行标注尺寸，要求尺寸文字大小设置恰当。

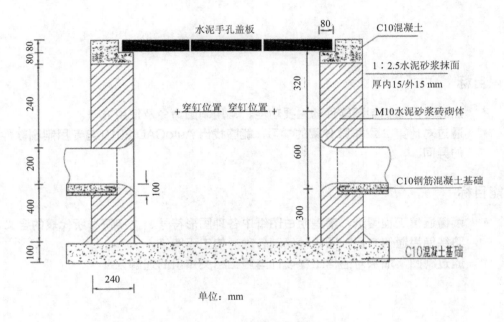

图 2-88 绘制图形

2. 训练目的
通过本次实训能够学会 AutoCAD 软件中主要绘图命令、编辑命令的使用；能够利用所学命令绘制平面图形；能够进行文字的样式设置以及文字的输入与编辑；学会根据要求进行尺寸样式设置以及能够熟练地对图形进行线形标注和角度标注等。

第 **3** 章

通信制图专用软件使用介绍

知识目标

☞ 熟悉专用通信制图软件的主要功能、常用制图命令及使用方法。

☞ 通过对比第 2 章和第 3 章的学习，能够找出 AutoCAD 2010 与专用制图软件之间的异同。

技能目标

☞ 读懂通信工程图纸，清楚明白图纸中各种图形符号、文字符号所代表的含义。

☞ 熟练使用通信专用制图软件绘制各种通信工程图纸。

☞ 通过制图，加深对通信工程设计与施工相关知识的理解。

3.1　通信制图专用软件简介

目前，利用 AutoCAD 软件来进行工程制图，较以往手工绘图方便了很多，大大提高了工作效率。但通信工程制图具有很强的专业性，如绘制通信线路中的电杆、管道、人孔、手孔、通信线路周围地形、参照物等，这些通信实体都无法利用现有普通 AutoCAD 软件绘制出来，或者是很难绘制。因此，设计开发人员结合通信工程自身特点，在原有 AutoCAD 软件内部嵌入通信工程制图专用图库，对原有 AutoCAD 软件进行扩充和二次开发，使该软件更有利于通信工程制图。但基本操作命令和软件使用方法还是依照 AutoCAD 标准进行，未有根本性的改变。目前，专用的通信工程制图软件很多，有的是通信设计和施工单位根据自己的设计施工标准和习惯而内部自行开发的，也有软件公司结合通信工程标准而设计的。本章以成捷迅通信线路设计软件 2013 为例，向大家介绍它的主要功能及使用方法。该软件的特色在于：

(1) 全面支持 AutoCAD 2010、2011、2012 等版本，支持 32 位或 64 位系统，从而将计算机硬件的优势发挥到极致。

(2) 该软件完全遵循工程设计人员和工程管理人员在实际工作中的思路进行开发，给广大用户提供了一套切合实际的、高效的、便于使用和掌握的计算机辅助设计和绘图工具，而且该软件还增加了 GPS 数据导入时的经纬度标注、深化纵断图分幅输出以及字体智能替换等创新功能。

3.2 软 件 安 装

3.2.1 安装平台

1．本系统对硬件的基本要求

(1) CPU 为 P Ⅳ或双核更高型号的微机。

(2) 内存为 256 MB 以上，硬盘 20 GB 以上。

(3) 显示卡为 1024×768 或更高配置。

(4) 软件授权锁。

2．本系统对软件的基本要求

(1) 操作系统：中文 Windows XP/ Vista/7/8。

(2) 支持平台：需要 AutoCAD 2010 或更高版本。

3.2.2 软件安装

进入成捷迅通信工程线路设计软件 2013 的软件安装界面，如图 3-1 所示。

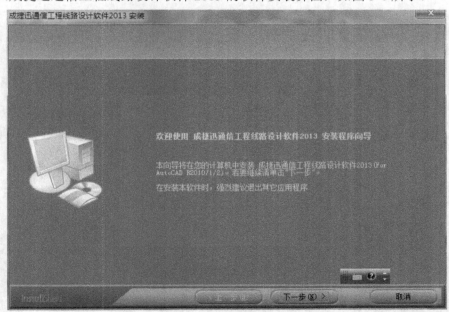

图 3-1　软件安装界面

点击"下一步"按钮后，进入安装目录选择界面，如图 3-2 所示。点击"浏览"按钮可更改默认的安装路径。

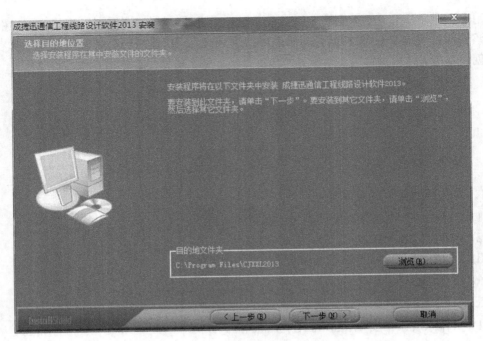

图 3-2　安装目录选择界面

　　点击"下一步"按钮后，系统显示如图 3-3 所示的界面。在此界面中选择要安装的功能。对于用户来说，选择组件主要是指"单机版文件"或"普通网络版文件"或"网页控制网络版"三个组件。用户根据实际购买情况勾选相应组件。

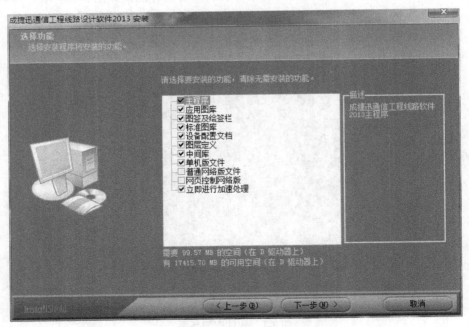

图 3-3　安装的功能选择界面

　　设定完毕后，点击"下一步"按钮，系统开始安装并显示如图 3-4 所示的界面。

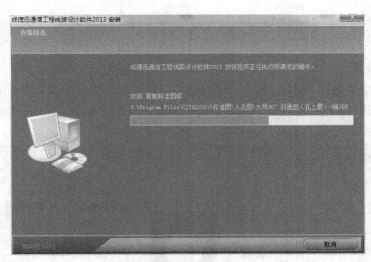

图 3-4　软件安装界面

安装完毕后，显示如图 3-5 所示界面。点击"完成"按钮，确认安装完毕。

图 3-5　软件安装完毕

3.3 杆 路 图

　　杆线就是架设光(电)缆所用的电杆及附属设备。从电杆的材质分，有木电杆和水泥杆。木电杆一般均应经防腐处理，已延长使用年限，但现今很少使用。对于架空线路来说，就是将光(电)缆加挂在距地面有一定高度电杆上的一种线路建筑方式，它与地下敷设相比，虽然较易受到外界影响，不够安全，也不美观，但架设方便，建设费用低，所以在离交换局较远、用户数较少而变动较大、敷设地下光(电)缆有困难的地方仍被广泛应用。

　　绘制杆路图的菜单主要由绘电杆、设吊线、拉线、撑杆、电杆附属、根部加固、其他设置等菜单项组成。

3.3.1 杆路

1. 参数设置

在软件菜单中选择"杆路图"→"绘杆路"，系统自动弹出如图 3-6 所示的"绘制电杆和吊线"对话框，包括"电杆"、"吊线"和"选项"三个选项卡，点击左上角"吊线"、"选项"可切换至相应功能选项页。

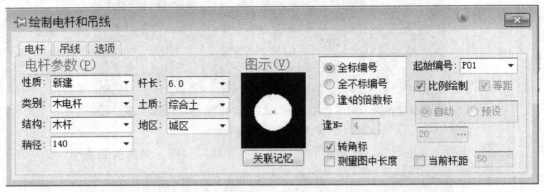

图 3-6　"绘制电杆和吊线"对话框

1）"电杆"选项卡

（1）电杆参数(P)：该栏中可以输入电杆的性质、类别、结构、稍径、杆长、土质、地区等电杆参数。需要注意的是，上述这些属性参数在图面上基本不反映出来，而在工程量或定额中会体现。用户在该命令绘制过程中可以随时调整设置。

（2）图示(V)：用于更换电杆图例。点击电杆图例(黑色区域内)，出现如图 3-7 所示的"选择图例符号"对话框。在这里用户可以选择绘制电杆所需的图形符号，点击"确定"按钮后，关闭当前对话框，从而完成图例的更换。在以后的操作中，此图例都与此结构的电杆相对应，可通过点击"关联记忆"按钮来使电杆图例与指定结构的电杆相关联。这样，当用户下次再选择此结构的电杆时，系统将自动调用关联的电杆图例。

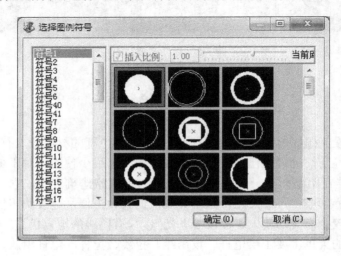

图 3-7　"选择图例符号"对话框

(3) 编号设置区域：负责设置电杆编号的标注规则及绘制杆路的方式。编号设置如图 3-8 所示。

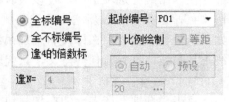

① 编号标注：控制电杆编号是否标注。可分为以下几种选项：

· 全标编号：选择此选项，绘制的电杆全部标注编号。

· 全不标编号：选择此选项，绘制的电杆全部不标注编号。

图 3-8　编号设置

· 逢 X 的倍数标：选择此选项，绘制的电杆将按"逢 N = X"中 X 的值的倍数来标注电杆编号。如逢 4 的倍数标，则标注编号为 4、8、12 的电杆。

· 起始编号：在此处设置起始的电杆编号。

② 绘制方式：控制杆路的绘制方式，包括以下几种选项：比例绘制或等距。

当勾选"比例绘制"选项时，绘制杆路时就是按比例绘制，按设置的绘图比例在图中成图。例如，绘图比例为 1∶1000，杆距为 50 米，则在图中显示为 50 个图形单位(毫米)。不勾选此选项则是不按比例绘制，以用户输入的距离代替实际距离。

当客户不按比例绘制时，可以勾选"等距"选项，可控制不按比例绘制多根电杆时，每个杆距显示的长短是否相同。例如，在视图区域确认杆路的总距离，在命令行输入距离为 30 + 60 + 90，如果之前已勾选此选项，则所绘制杆路中三个杆间距是相同的，如果不勾选，绘制出的杆间距是在总长度一定条件下按不同长度比例分配来确认间距。以上面数据为例，显示出来的距离第一条最短，第二条是第一条的二倍，第三条是第一条的三倍。

a. 自动：此选项只有在不勾选比例绘制时才可以选择，表示在不按比例绘制杆路时，在图中点击以确认杆间距，标注及工程量等以当前杆距或命令行输入的长度为准。

b. 预设：此选项只有在不勾选比例绘制时才可以选择，表示在不按比例绘制杆路时，选择此选项，可以在下方文本框中输入距离，此距离是图中显示的杆间距。

c. 转角标：只要选择此选项，都标注转角处的电杆编号。

d. 测量图中长度：勾选此选项，绘图过程中软件自动根据此图设置的比例计算出当前所选的两点之间的距离。

e. 当前杆距：在勾选"比例绘制"时，当前杆距后面文本框中的数值即实际图中杆间距的长度。不按比例时，当前杆距中的数值是图中标注出来的距离。

2) "吊线"选项卡

点击"吊线"选项卡切换到吊线设置页面，如图 3-9 所示。

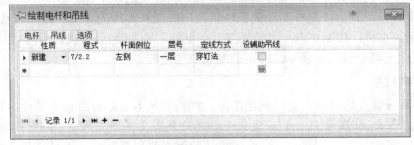

图 3-9　吊线设置

在"吊线"选项卡中，可以设置吊线的参数，直接将鼠标放到空白条上或点击增加按钮"+"，选择参数以新增吊线，要删除吊线，点击删除按钮"－"可删除当前选择吊线。如果当前栏中均为空白即没有增加吊线，则绘出的杆路中以红色的杆间线代替吊线，杆间线不是吊线，不具有任何意义，只代表两根电杆相连。

3) "选项"选项卡

点击"选项"选项卡切换到其他控制选项，如图 3-10 所示。

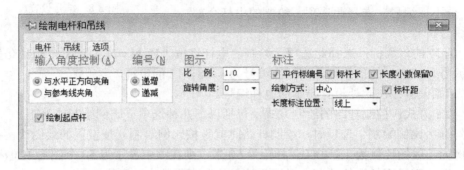

图 3-10　其他控制选项

(1) 输入角度控制(A)：在视图中除可以鼠标确认方向外，还可以采用输入角度的方式。

· 与水平正方向夹角：按笛卡尔坐标规则，命令行输入的角度是电杆方向与水平方向(即 X 轴)逆时针旋转的夹角角度。此时也可以直接在视图中通过鼠标点击确认方向。

· 与参考线夹角：前根电杆与吊线方向的延长线为 0°，在命令行输入的是当前电杆与前根电杆与吊线延长线的逆时针角度。

(2) 编号(N)：控制电杆编号的数字部分是递增还是递减。

(3) 图示：控制电杆图例的大小与角度。

· 比例：设置电杆图例在图中的大小，如 2.0 是放大 2 倍，0.5 是缩小一半。

· 旋转角度：设置电杆图例在图中的旋转角度。

(4) 标注：控制电杆及杆间距的标注，包括以下几种选项：

· 平行标编号：勾选此选项，电杆的编号与电杆平行排列；反之，不勾选此项，电杆的编号与电杆图例垂直排列。

· 标杆长：勾选此选项，则标注电杆的长度；反之，不标注。

· 长度小数保留 0：勾选此选项，如果杆间距的长度为整数，则保留小数点后的零。

· 绘制方式：点击此下拉列表，可以控制吊线在图中的显示方式。

· 标杆距：勾选此选项，标注电杆之间的距离；反之，不标注。

· 长度标注位置：控制杆间距的标注是在吊线或杆间线的线上、线间或线下。

· 绘制起点杆：控制在点击"绘杆路"命令后，是否绘制起点的电杆。如果起点选择在电杆上，此选项会自动虚显示，即不绘制起点的电杆。

2. 绘制杆路

杆路参数设置完成以后，返回到绘图区，在绘图区点取绘杆路命令后命令行显示：

命令：绘制起点[参考点(R)]　<退出>：//不论是否交互设置上述杆路对话框的参数，

此时在绘图区即刻点击起点开始绘制杆路

在绘制过程中，需要注意以下几个方面：

(1) 如果发现绘制错误，可以直接点击命令行显示的"回退"按钮来撤销上一步操作，一直可以撤销到点击此命令之前的起点。

(2) 如果需要调整参数设置，直接将鼠标放到对话框上，修改参数后，再将鼠标移动到绘图区中，系统按修改后的参数绘制杆路，即改即绘，不必重新打开命令。

(3) 如果方向已确定，想批量输入杆距，不要勾选"当前杆距"选项，在视图中确认方向后，通过在命令行直接输入。例如，3 * 50 + 60 + 70，表示先绘制 3 段 50 米，然后绘制 1 段 60 米，再绘制一段 70 米，没有个数限制。

(4) 如果勾选"当前杆距"选项，在视图中，只要而且只能确认方向，如果需要更改长度，只能在当前杆距后修改文本框数值。

(5) 绘制完毕后，点击命令行的"退出"按钮，或点击对话框右上角的关闭按钮，或在没有勾选"当前杆距"选项时用鼠标右键或按回车键都可以退出此命令。

3.3.2 吊线

在软件菜单中选择"杆路图"→"绘制吊线"，系统自动弹出如图 3-11 所示的"绘制吊线"对话框。

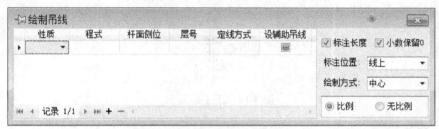

图 3-11 "绘制吊线"对话框

对话框的左侧表格栏中编辑增加吊线的基本信息，方法见绘杆路的"吊线"选项卡。

(1) 标注位置：共有线上、线间、线下三种标注位置可选。

(2) 绘制方式：控制吊线的显示方式，对应绘制吊线对话框中的参数，将绘制方式分别设为中心、自动、左侧、右侧、两侧、中心 + 两侧绘制如图 3-12 所示的吊线显示方式。

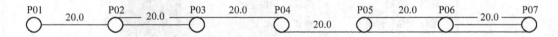

图 3-12 吊线显示方式

设定参数完毕后，返回到绘图区，选择绘制起点直接绘制，绘制完毕按右键或回车键退出。需要注意的是，如果是按比例绘制，系统自动检测距离，没有提示输入；如不按比例绘制，系统在命令行显示自动检测出的长度，并提示用户输入。

3.3.3 吊线结

吊线结是丁字结或十字结以文字标注的形式进行显示，在菜单中选择"杆路图"→"吊线结"，系统自动弹出如图 3-13 所示的"吊线结绘制"对话框。

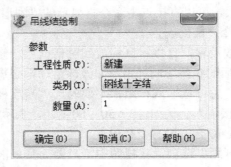

图 3-13   "吊线结绘制"对话框

在设定参数后，点击"确定"按钮后，在绘图区点击吊线交汇处，以确定起点，再点击文字起点，即完成吊线结的标注。例如，丁字结显示如图 3-14 所示。

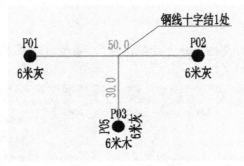

图 3-14   丁字结显示

3.3.4   拉线

在软件菜单中选择"杆路图"→"电杆加固"→"拉线"，系统弹出如图 3-15 所示的"拉线"对话框。

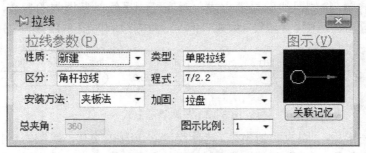

图 3-15   "拉线"对话框

在拉线参数中设置拉线基本参数，包括拉线性质、拉线类型、各类拉线的区分、拉线程式、拉线安装方法及拉线加固方法等。当区分为双方、三方、四方拉线时，总夹角高亮显示，可以输入其角度值，默认为 360°。两根拉线之间的角度为：总夹角/拉线的根数。如为三方拉线时，总夹角为 360°时，相邻两根拉线之间的角度为 120°；总夹角为 180°时，相邻两根拉线之间的角度为60°。

将参数设定完毕后，返回绘图区，选择一根要布置拉线的电杆，视图中出现拉线图例并提示输入拉线角度(相对水平位置)或用鼠标确认方向，此时如果参数发生变化，可即时更改参数，将鼠标移至绘图区域，可实时看到相对应参数图例的变化。确认方向后，拉线准确在图中绘出，点击下一根电杆以继续绘制。

3.4 电 缆 图

电缆图菜单可以绘制主干电缆图、配线电缆图、成端电缆图，用户可通过多种方式绘制或生成电缆，可由管道电缆生成管孔展开图，可用多种方式绘制分电设备等。

3.4.1 绘制电缆

在软件菜单中选择"电缆图"→"绘制电缆"，系统显示如图3-16所示的"绘制电缆"对话框。

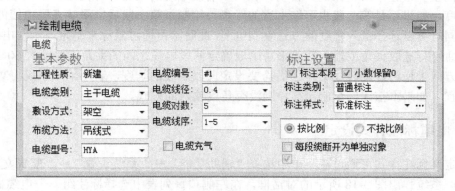

图 3-16 "绘制电缆"对话框

(1) 基本参数：用于输入电缆的性质、类别、敷设方式等，不同敷设方式对应不同的布缆方法。当敷设方式为"管道"时，在对话框上方可以看到"人孔符号"选项卡；当敷设方式为"埋式"时，可看到埋式附加栏。

(2) 标注设置：用于设定电缆在图中显示的标注内容及格式，软件中提供了多种电光缆的标注样式，用户可任意选择。如果软件中的所用样式都没有符合用户要求的，用户可自己定制需要的标注样式。

选择"按比例"时标题显示为"按比例绘制电缆"；选择"不按比例"时标题显示为"不按比例绘制电缆"。

设置敷设方式为"管道"，"绘制电缆"对话框上方出现"人孔符号"选项卡。点击"人孔符号"选项卡，切换到如图3-17所示的界面。图3-17中各项含义如下：

- 绘制人孔：勾选此选项，则绘制管道电缆的人孔标识。
- 标注位置：指人孔编号的显示在图中人孔旁的相对位置，包括在左上角、右下角。
- 人孔编号：指定电缆间人孔的编号，直接输入编号数值。

- 绘制人孔编号：勾选此选项，则标注人孔的编号。
- 虚线长度：指人孔在图中显示的虚线的长度，用户可以直接输入或点选常用值。
- 垂直绘制：勾选此选项，人孔标识线与电缆垂直。
- 编号控制：控制人孔编号规则是"递增"或是"递减"。

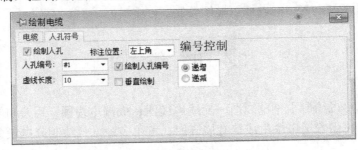

图 3-17 "人孔符号"选项卡

若是比例绘电缆，各项参数设定完成后，点取电缆绘制起点，根据命令行提示，此时可在命令行设定电缆绘制的参考点，或直接点取电缆绘制下一点以确认长度，系统将根据当前图框参数设置中所设比例，自动计算出当前段电缆的长度，可在命令行输入数值确认电缆长度，如果不是第一段也可取上次的距离，绘制了第一段后，系统点取电缆的绘制下一点的同时可以选择输入角度的方式绘制电缆，此时除可通过鼠标来确定下一段电缆方向，也可在命令行选取夹角或输入数值来精确地确定两段电缆之间的夹角，如输入 60，则表示在当前方向上逆时针旋转 60°，之后需要设定此段电缆的长度，若不输入系统将默认为上次的设置。如果不按比例绘制电缆，则没有角度输入的方式。

3.4.2 电缆标注样式设定

自定义标注样式可通过在菜单中选择"辅助功能"→"系统设置"→"配置文本编辑"来实现，系统弹出图 3-18 所示的对话框，在左侧项目列表中选择标注组——电缆标注。

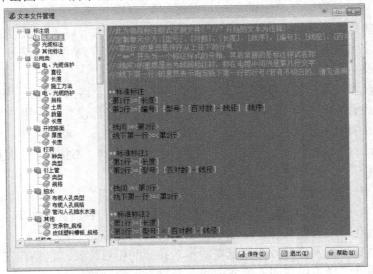

图 3-18 "文本文件管理"对话框中的电缆标注

在图3-18右侧上方详细介绍了维护电缆标注的方法。在图下方列出每一个标注的内容，可通过拖动上下、左右的滚动条来查看全部内容。修改或增加新的标注样式时，需要注意的是，样式要与原来的文字样式相同。

可标注的全部字段已经在右侧上方列出，包括[型号]、[对数]、[长度]、[线序]、[编号]、[线径]、[百对数]、[总长度]、[敷设方式]、[布缆方法]、[实际长度]、[总实际长度]。其中有部分未在图中显示出来及意义不明确，说明如下：

- [长度]：显示每根电缆的每一段的长度。
- [总长度]：显示每根电缆的所有段的合计长度。
- [敷设方式]：显示电缆的敷设方式，默认为埋式敷设电缆时显示为"埋"，为架空电缆时显示为"吊"管道电缆不显示，还有其他敷设方式，可通过本功能对话框——标注组——其他标注来查看与修改默认标注文字，修改时也要注意与原文字的样式相同。
- [布缆方法]：显示电缆的布缆方法。默认显示为布缆方法的第一个字。例如，管道电缆的人工布缆显示为"人"，架空和墙壁的电缆吊线式都显示为"吊"。
- [敷设方式-布缆方法]：显示指定敷设方式的电缆的布缆方法，默认显示为布缆方法的第一个字，与[布缆方法]相同，但可以更改，如架空和墙壁的电缆吊线式都显示为"吊"，可通过本功能对话框——标注组——其他标注来查看与修改默认标注文字。如：修改架空的吊线式改为显示"吊线"，应如此书写：<架空-吊线式> = 吊线。
- [实际长度]：通过"设置电缆增长"命令，可设置增长了的电缆，如果想显示增长后每段电缆的长度，可采用此字段标注。
- [总实际长度]：通过"设置电缆增长"命令，设置增长了的电缆，如果想显示增长后的每一根电缆的总长度，可采用此字段标注。

增加新的标注样式，建议直接复制一个新的标注样式，在空白位置粘贴，然后在其上修改。注意保持样式与原标注样式的一致。增加或修改完毕后，点击对话框上方的"保存"按钮，可保存当前操作。

可通过在菜单中选择"电缆图"→"电缆标注样式设置"功能来加载增加或修改的标注样式。点击该命令，系统显示如图3-19所示的对话框。

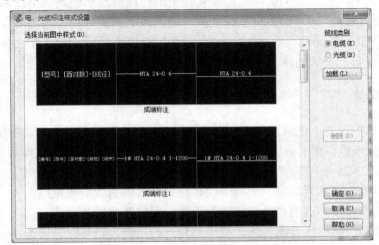

图3-19　"电、光缆标注样式设置"对话框

选择当前图中样式，列出当前图纸中所有的标注样式及其标注内容。

在缆线类别中可切换"电缆"或"光缆"的标注样式，分别适用于电缆、光缆的标注样式加载。

点击"加载"按钮可显示软件中所有标注样式，其对话框如图 3-20 所示。选择修改或新增的标注样式，使其呈蓝色底显示，点击"确定"按钮，则加载成功。如果是加载以前就有的标注样式，则系统会提示是否重新加载，点击"是(Y)"按钮即可加载。

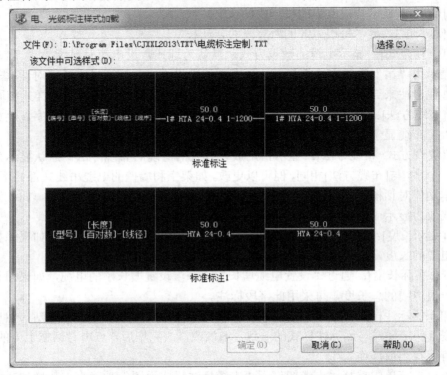

图 3-20　"电、光缆标注样式加载"对话框

需要注意的是，在此处加载，只是将软件中的标注样式加载到当前图纸中，如果是新建图纸需要这种标注样式，仍需再重新加载一遍，为了更加方便，用户可以将新的标注样式加载到 CAD 默认的图纸模板(acad.dwt)中。具体操作是打开 acad.dwt 文件，在其中仍选择此命令，加载自己新加的标注样式，然后保存并关闭当前文件。

3.4.3　电缆接续

在软件菜单中选择"电缆图"→"电缆接续"→"电缆接续设定"。点击命令后，先点取电缆接头的插入点，然后分别选择近端电缆、远端电缆，如有分歧电缆再选择分歧电缆，则系统显示如图 3-21 所示的"电缆接续"对话框。

- 近端电缆：指靠近局站的一端电缆，也可以理解为大对数电缆。
- 分歧电缆：指与近端电缆相接续的电缆，同样为小对数电缆。
- 远端电缆：指相比近端电缆，离局站较远的电缆，也可以理解为小对数电缆。

需要说明的是，软件已自动提取各电缆参数并显示在对话框左侧。对近端电缆的参数不能进行更改。对于远端电缆和分歧电缆，显示出来的参数都可进行维护。

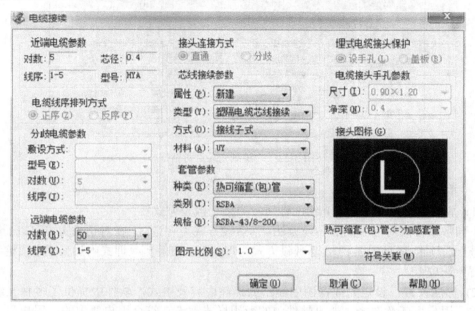

图 3-21   "电缆接续"对话框

• 电缆线序排列方式：用于控制分歧电缆与远端电缆的排序规则。正序：按分歧电缆小线序，远端电缆大线序排列；反序：按远端电缆小线序，分歧电缆大线序排列。

• 接头连接方式：根据图中是否有分歧电缆，系统自动生成接头连接方式。用户不能手动更改。

• 芯线接续参数：根据电缆的敷设方式、型号、分歧电缆与远端电缆的线序，系统自动生成相应参数，用户可手动进行更改。

• 套管参数：根据电缆的敷设方式、型号及接续对数，系统自动生成相应参数，用户可手动更改。

• 埋式电缆接头保护：只有在埋式电缆做接续时才能设定此选项，可以设定接头保护的类型为"设手孔"或"盖板"。

• 电缆接头手孔参数：埋式电缆接续并设手孔保护时，才能设定此参数。可以设定手孔的尺寸和净深。

3.5   光   缆   图

利用光缆图菜单可以按不同方式绘制光缆以及定位桩、标石等。

3.5.1   绘制光缆

在软件菜单中选择"光缆图"→"绘制光缆"命令，系统显示如图 3-22 所示的"绘制光缆"对话框，可以实现用多种方式绘制光缆。

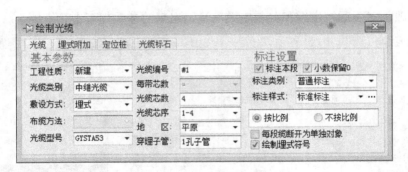

图 3-22   "绘制光缆"对话框

1．光缆

(1) 基本参数：可以输入光缆的性质、类别、敷设方式等。

不同敷设方式对应不同的布缆方法。当敷设方式为管道时，在对话框上方可以看到"人孔符号"选项卡(详见图 3-17)，当敷设方式为埋式时，可看到"埋式附加"、"定位桩"、"光缆标石"选项卡。

(2) 标注设置：设定光缆在图中显示的标注内容及格式，软件中提供了多种光缆的标注样式，用户可任意选择。如果软件中的所用样式都没有符合用户要求的，用户可自己定制需要的标注样式，详见电缆标注样式设定。(注意：对应光缆操作，操作方法与电缆相同。)

是否按比例绘制由"按比例"和"不按比例"两个单选项控制。

2．埋式附加

点击"埋式附加"，切换到"埋式附加"选项页，如图 3-23 所示。在其中可以输入挖沟的沟顶宽度、沟底宽度、沟深、填土方式、土质区分。各参数直接关系到埋式光缆的开挖土方。

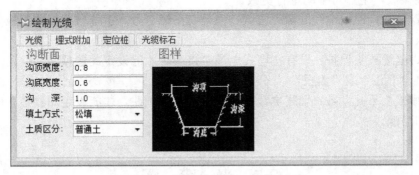

图 3-23   绘制光缆——埋式附加

3．定位桩

点击"定位桩"，切换到"定位桩"选项页，如图 3-24 所示。

(1) 绘制定位桩：勾选"绘制定位桩"选项，可以在图中绘制埋式光缆的同时，在每段电缆端点处绘制定位桩。

(2) 图样："图样"中显示出当前定位桩图示，可以通过点击"圆"或"直线"两选项切换图示。

(3) 桩参数：可以输入定位桩的桩号与累计公里数。在累计公里数中，输入小数，小数点后的数值显示为"+"后的数字。

(4) 桩号：其增减规则由"递增"、"递减"选项控制。

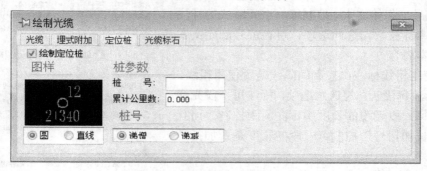

图 3-24　绘制光缆——定位桩

4．光缆标石

点击"光缆标石"，切换到"光缆标石"选项页，如图 3-25 所示。

(1) 绘制标石：勾选"绘制标石"选项，可以在绘制埋式光缆的同时绘制光缆标石。

(2) 标石类型：从列表中选择标石的类型。

(3) 标石编号：输入标石的编号。

点击右侧图例右侧下拉按钮，从列表中选择当前标石的样式。系统对应不同样式，插入不同图例。

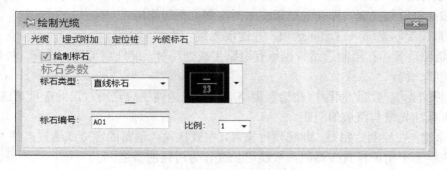

图 3-25　绘制光缆——光缆标石

3.5.2　绘制埋式光缆

在软件菜单中选择"光缆图"→"绘制埋式光缆"，执行命令后，系统显示如图 3-26 所示的"埋式光缆绘制"对话框。

(1) 光缆参数：选择或输入光缆的基本参数。

(2) 标注每一段光缆：可以标注本条光缆中的每一段。当一条光缆中只需要标注一段时，最好不要勾选此选项。绘制完毕后在光缆的对象特性中进行单独标注。

- 标注样式：选择光缆的标注样式。
- 标注类别：控制光缆标注的位置。

(3) 距离分隔标注：控制埋式光缆的标注样式。

- 标注间距：输入间隔线的间隔距离。

- 起始距离：第一条间隔线距光缆起点的距离。

- 编号加起始文本：控制每一个间隔线的标注是否加文本标注，勾选此选项，可在编号起始文本中输入文本内容。

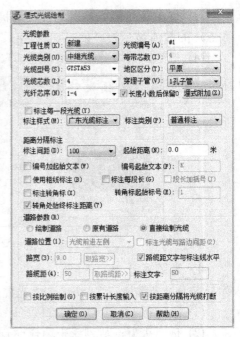

图 3-26　"埋式光缆绘制"对话框

- 使用粗线标注：控制间隔线是否使用粗线。

- 标注每段长：勾选此选项，标注每一段光缆的长度，每一段光缆的长度由标注间距控制，而且可由"段长加括号"控制每一段的长度是否加括号标明。

- 标注转角标：勾选此选项，转角处标注文本编号，系统设置文本为 J。在转角标起始编号中输入标注的起始编号。

- 转角处始终标注距离：勾选此选项，转角处始终标注光缆截止到当前段的总长度。道路参数中选择或输入与光缆平行的道路参数。

(4) 道路参数：

- 绘制道路：点选此选项，在绘制光缆的同时，绘制道路。

- 原有道路：点选此选项，光缆路由可由原有道路平行生成。注意选择此选项，只能进行不按比例绘制光缆，即使勾选☑按比例绘制也不起作用。

- 直接绘制光缆：点选此选项，只绘制光缆，不绘制道路。

- 道路位置：在绘制道路或由原有道路生成光缆时，此选项可进行选择，控制光缆是在道路的哪一侧。

- 标注光缆与路边间距：在绘制道路或由原有道路生成光缆时，此选项可进行选择。控制是否标注光缆与路边的间距。

- 路宽：在绘制道路时，此选项可输入，在直接输入道路的宽度或通过点击"取路宽"按钮，在屏幕中用鼠标直接画线，取线段长度作为道路的宽度。

- 路缆距：在绘制道路或由原有道路生成光缆时，此选项可输入。可直接输入道路与光缆的间距或通过点击"取路缆距"按钮，在屏幕中用鼠标直接画线，取线段长度作为道路与光缆的间距长度。

(5) 按比例绘制：勾选此选项，可按比例绘制光缆。各项参数设定完成后，返回绘图区。在绘制光缆时，如果不由道路生成光缆，选择"直接绘制光缆"或"绘制道路"的操作方法与绘制光缆相同。当点选"原有道路"时，系统提示，选择原有道路的一边，输入本段光缆的长度，系统将按道路长度生成光缆，工程量长度以输入的长度为准。再按顺序选择道路的下一条边，继续生成光缆。

3.5.3　局站绘制

在软件菜单中选择"光缆图"→"光缆绘图辅助"→"局站绘制"，执行此命令，系统显示如图 3-27 所示的"局站绘制"对话框。

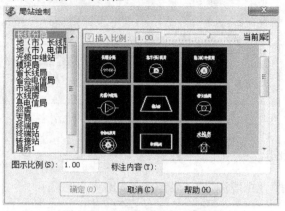

图 3-27　"局站绘制"对话框

在对话框左侧列表中选择局站的类型或在对话框右侧直接选择所需局站图例。在"图示比例"中输入插入的局站图例大小。在"标注内容"中输入局站的名称或其他需要标注的文字。此时"确定"按钮才亮显。点击"确定"按钮，在图中点击局站的插入点及旋转角度，即可插入局站。

3.5.4　穿放子管

在软件菜单中选择"光缆图"→"光缆附属设施"→"穿放子管"，执行命令后，可实现管孔中子管的设定，系统显示如图 3-28 所示的"穿放子管"对话框。

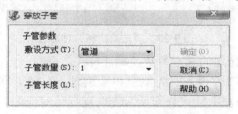

图 3-28　"穿放子管"对话框

在"敷设方式"中设定光缆的敷设方式。在"子管数量"中输入一根管孔中子管的数量。在"子管长度"中输入子管的长度。点击"确定"按钮后，在图中选择穿放子管标注的插入点及引出位置，即完成了子管的设定。

3.5.5　光缆交接箱

在软件菜单中选择"光缆图"→"绘制光缆交接箱"，执行命令后，可实现光缆交接箱的绘制，系统显示如图 3-29 所示的"绘制光缆交接箱"对话框。在"交接箱参数"中选择或输入交接箱的性质、类型、容量、编号及安放位置。

在参数输入完毕后，返回绘图区，在图中的插入点，输入或用鼠标左键点击交接箱的引出方向，然后输入交接箱的横向比例，以扩大或缩小交接箱的图例宽度。输入后即完成交接箱的绘制。

图 3-29　"绘制光缆交接箱"对话框

3.5.6　绘制光缆路由

在软件菜单中选择"光缆图"→"绘制光缆路由"。执行命令后，系统显示如图 3-30 所示的对话框。

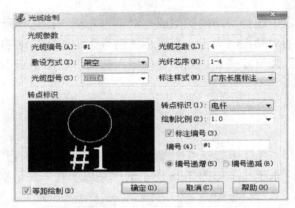

图 3-30　"光缆绘制"对话框

(1) 光缆参数：输入光缆的基本参数及标注样式。

(2) 转点标识：当光缆敷设方式为架空和管道时，在转点标识列表框中显示对应图例名称，同时转点标识图例框中默认分别显示其转点标识对应图例，此标识图例不可修改。但可以在转点标识列表框中切换。

(3) 等距绘制：勾选此选项，确定两点，在输入多段距离时，无论光缆每段距离是否相同，均按相同距离绘制。例如，输入距离为：30、60、90，不勾选此项时，距离不同，显示为 30 段最小、60 段是 30 段的 2 倍、90 段是 30 段的 3 倍；如勾选此项，则三段显示距离相同。

在参数设置完毕后，点击"确定"按钮，返回绘图区，选择光缆起点及终点，然后输入两点间每段光缆的长度，此长度也可以只为一段，每段长度采用"，"分开，如有几段长度相同，可以直接用段数×距离的方式，如 3×50 表示有 3 段 50 米的光缆。

3.6　管道平面图

在管道平面图中可绘制多种管道，引线标注路面开挖、抽水等工程量等，并可通过工程量菜单的管道工程量查询及统计来查看及生成工作量表或概预算文件。

3.6.1 绘制管道和人孔

在软件菜单中选择"管道平面图"→"绘制管道和人孔"后,可以实现多种方式绘制人孔和管道。系统自动弹出如图 3-31 所示的对话框,包括人(手)孔、管道、选项三部分,点击左上角三个选项卡可切换相应功能的选项卡。

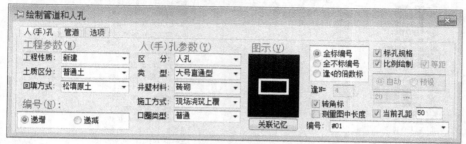

图 3-31 "绘制管道和人孔"对话框

在"人(手)孔参数"栏中可编辑工程性质、土质区分、回填方式,人孔的区分、类型、井壁材料、施工方式、口圈类型等人(手)孔参数,设置人孔编号的标注规则及绘制人孔管道的方式。点击左上角"管道"选项卡切换到管道设置页面,如图 3-32 所示。

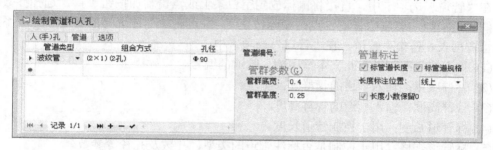

图 3-32 管道设置

(1) 管道类型:可以选择水泥管、波纹管、栅格管、硅芯管、镀锌钢管等。

(2) 组合方式:包括了管孔摆放形式及孔数。

(3) 孔径:根据前两项的情况选择。

需要说明的是,用户可以自定义管孔组合等参数,方法见下面说明。

在菜单中选择"辅助功能"→"系统设置"→"配置文本编辑",系统弹出如图 3-33 所示的"文本文件管理"对话框。

选择"管道类"→"管道"→"管孔组合",右侧栏则显示相应的管孔组合分类。在光标所在位置,点击右侧栏的"+"按钮,可增加一空行,输入要添加的管孔组合表达式,点击"保存"按钮,在绘图时,即可选取此属性值。点击"删除"按钮,可删除自定义的管孔组合属性值。

管孔组合表达式示例:(1X1)1 孔,0.2,0.2 表达式分为三段:第一段为管孔组合描述,包括管孔摆放形式及孔数;第二段表示该组合净宽;第三段表示该组合侧高。管道的净宽侧高数值将对工程量统计产生影响。

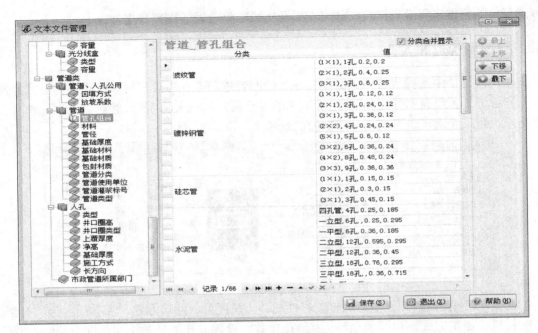

图 3-33　"文本文件管理"对话框

在"管道"选项卡中，直接将鼠标放到空白条上或点击增加按钮"+"，选择参数以增加新的管道类型，要删除管道，点击删除按钮"−"可删除当前选择的管道。一般不建议增加管道列表，作集束管道。在"管道"选项卡中：

(1) 管道编号：可以在此文本框中输入管道的编号。

(2) 管群底宽：输入管道的管群底部宽度。

(3) 管群高度：输入管道的管群高度。

(4) 标管道长度：用于控制管道长度。

(5) 标管道规格：用于控制是否标注管道的类型、孔数及孔径等参数。

点击其他选项卡可以切换到其他控制选项，如图 3-34 所示。这些控制项主要是针对人孔图例的绘制位置、大小、旋转角等设置。

图 3-34　其他控制选项

3.6.2　按路由绘制管道人孔

按路由绘制管道人孔主要是指绘制管道路由线或由道路线(包括 Line 线和 Pobyline 线)生成管道路由线，由路由线再生成管道，并可在管道上插入人(手)孔。

1. 管道路由设定

在菜单中选择"管道平面图"→"按路由绘制管
道人孔"→"管道路由设定",执行该命令,主要是
完成由 Line 线生成或直接绘制管道路由线,系统显
示如图 3-35 所示的"管道路由设定参数"对话框。

定线方法:对管道路由线的生成有两种方法。

(1) 任意:选择此选项,可直接绘制管道路由线。

(2) 平行:选择此选项,可由道路线等 Line 线平
行生成管道路由线。

图 3-35 "管道路由设定参数"对话框

如选择"任意",与绘制 PolyLine 线方法类似。如果选择"平行",点击"确定"按钮
后,需选择一条道路线,并输入或通过鼠标点击数字,确认由道路线与平移的管道路由线
之间的间距,系统即自动按道路线及输入的距离生成管道路由线。接着选择下一条道路线
可继续生成,如到转点处,可选择命令行列出的"管道转点",可直接绘制转角处的弧度(此
时此命令就是直接绘制线),再点击命令行的参考线,可再次选择道路线进行平行复制。

2. 管道路由连接

在菜单中选择"管道平面图"→"按路由绘制管道人孔"→"管道路由连接"。执行命
令后,在绘图区连续选择两条需要连接的管道路由的相连端点,系统自动将选择的两端连
接起来,合并为一条管道路由。

3. 绘制管道路由人孔

在菜单中选择"管道平面图"→"按路由绘管道人孔"→"绘制管道路由人孔",该命
令主要实现在管道上插入人孔,系统显示如图 3-36 所示的"绘制人(手)孔"对话框。

图 3-36 "绘制人(手)孔"对话框

各参数说明见图 3-31 "人(手)孔参数"设置界面。设定参数后,在管道上选择人孔的
插入点,并输入蓝色显示段的长度,用户可按回车确认或自己输入该段的确切长度;系统
将自动计算人孔另一侧的管道长度,即完成人孔的插入。若不在管道上插入人孔,也可以
在任意位置绘制人孔。

4. 路由生成管道

在软件菜单中选择"管道平面图"→"按路由绘管道人孔"→"路由生成管道",该命
令主要实现由管道路由线生成管道,执行命令后,选择需要转换为管道的管道路由线,系
统显示如图 3-37 所示的"编辑管道参数"对话框。各参数说明分别如图 3-31 和图 3-32 所
示。输入参数后,点击命令行的"是 Y"按钮或直接输入 Y 即可把选择的管道路由线生成

为指定参数的管道。

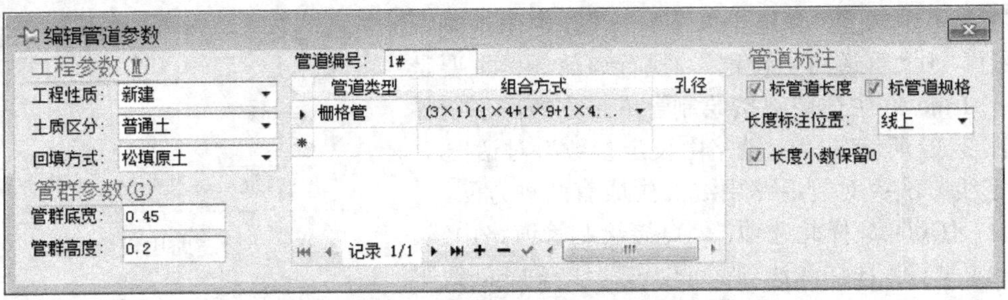

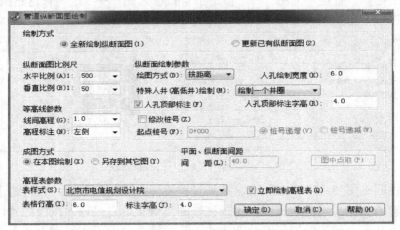

图 3-37　"编辑管道参数"对话框

3.7　管道断面图

管道断面图主要是对管道平面图的参数进行设定以生成管道横、纵断面图及工程量。管道平面图中，管道绘制完成后，系统会自动给其赋予管道横断面默认值，通过管道断面图相应参数设定功能更改默认值，以生成准确的管道横、纵断面图及工程量。

3.7.1　自动绘制纵断面图

在菜单中选择"管道断面图"→"自动绘制纵断面图"，该命令可以实现按管道及人孔的参数自动生成纵断面图。选择起始及终止人孔后，系统显示如图 3-38 所示的对话框。

图 3-38　自动绘纵断面图

(1) 纵断面图比例尺：可以输入绘制纵断面图的横纵缩放比例。水平比例即横向比例，垂直比例即纵向比例，系统已提供默认值，处理比较美观，建议用户直接使用默认值。

(2) 等高线参数：可以输入等高线的线间高程，即每条等高线之间的距离。高程标注有"左侧"、"右侧"、"两侧"共三种选项，用来控制标注的位置。

(3) 纵断面绘制参数：控制绘图的方式和人孔的宽度。

· 绘图方式：有两种方式可以选择，分别是"按距离"和"按投影"。"按距离"即按实际长度绘制；"按投影"即按平面图中人孔的位置，在人孔下面投影生成人孔。

- 人孔绘制宽度：输入纵断面图中人孔的宽度。
- 特殊人井(高低井)绘制：对于特殊人井，可以控制绘制一个或两个井圈。
- 人孔顶部标注：勾选此选项，在人孔的上方标注人孔的类型及桩号。
- 人孔顶部标注字高：在此输入人孔标注字高。
- 修改桩号：勾选此选项，可以修改人孔的桩号，并按"桩号递增"或"桩号递减"的规则排序。
- 成图方式：控制生成的纵断面图在本图绘制或另存到其他图。

(4) 平面、纵断面间距，在绘图方式中选择为"按投影"时，可以输入管道平面图与纵断面图之间的间距。点击其后的"图中点取"，可在图中直接点取一段距离作为平面图与纵断面图之间的距离。

(5) 立即绘制高程表：勾选此选项，则在纵断面图的下方直接绘制高程表。如不勾选，则暂时不生成高程表，对纵断面图进行修改之后，可使用"生成纵断面图高程表"功能生成高程表。

(6) 高程表参数：可以控制表样式、表格行高等高程表的参数。

- 表样式：选择表格的样式。表格的样式可以在"纵断面图高程表定制"中进行增加。
- 表格行高：输入表格中每行的高度。
- 标注字高：输入表格中标注的文字高度。

参数设置完成后，点击"确定"按钮后，如选择绘图方式为"按投影"，则直接在管道平面图下成图。当绘图方式为"按距离"时，则需在图中选取纵断面的插入点。图 3-39 即为"按投影"生成管道纵断面图。

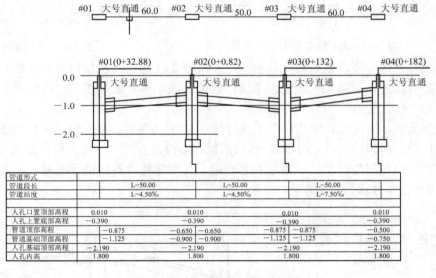

图 3-39　管道纵断面图及高程表

对于生成后的管道纵断面图，仍然可以进行修改，但修改的参数值只存留于纵断面图，为保证参数值的统一以及统计工程量的需要，可通过纵断图数据返平面功能来将数据写回到平面图中的管道和人孔。同样高程表中的数据也不会变，通过生成纵断图高程表功能将高程表按纵断图中的数据重新生成。

如果用户在平面图中没有交互路面高程，软件也支持生成纵断面图，此时默认的测点高程为 0，如图 3-40 所示。初始生成的管道中心高程一律在测点高程上，用户可以选取管道利用两端的夹点将其拖动到合适的位置，如图 3-41 所示。也可以在属性框中修改管道特性，如直接输入管道高程，包括前管底高程、后管底高程等，还可直接修改管道类别，如图 3-42 所示。

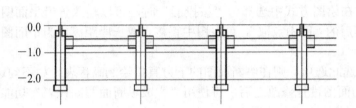

图 3-40　默认参数下生成的管道纵断面图

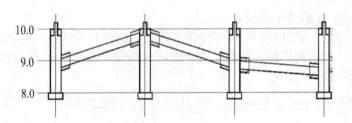

图 3-41　夹点操作后的管道纵断面图

图 3-42　管道属性栏

目前软件初始生成的纵断面默认在两端各添加 2 m 的包封和加钢筋的基础。如果用户的实际情况有差异，可以在纵断面上编辑修改或删除，其方法是直接对包封或基础的属性栏进行操作。

以包封为例，按住 Ctrl 键的同时点选管道包封(因为包封、基础均属于自对象，无法用鼠标直接选中，必须同时按 Ctrl 键)，然后点鼠标右键，打开"特性"栏，如图 3-43 所示，则可以在"管道包封"特性栏中对包封起始点、长度等特性直接进行编辑，则系统直接生成编辑后的包封，如图 3-44 所示。

图 3-43　"管道包封"特性栏

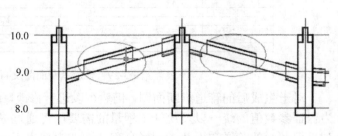

图 3-44　修改特性后的"管道包封"

3.7.2　添加管道包封

运行命令后，用户在管道断面图中选择需要添加包封数据的管道断面，系统弹出"设置管道包封"对话框，如图 3-45 所示。用户进行对应设置后，系统自动绘制出管道包封，如图 3-46 所示。

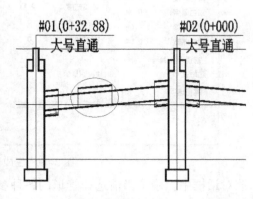

图 3-45　"设置管道包封"对话框　　　　　　　图 3-46　添加管道包封

3.7.3　添加管道基础

运行命令后，用户在管道断面图中选择需要添加基础数据的管道断面，系统弹出"设置管道基础"对话框，如图 3-47 所示。进行对应设置后，系统自动绘制出管道基础，如图 3-48 所示。

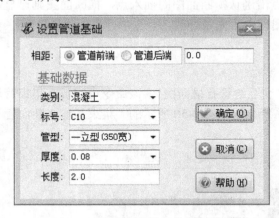

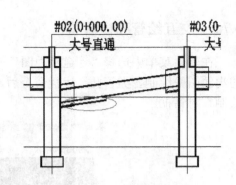

图 3-47　"设置管道基础"对话框　　　　　　　图 3-48　添加管道基础

3.7.4　生成管道横断面图

在软件菜单中选择"管道断面图"→"生成管道横断面图"，该命令可实现按当前图中的某段管道参数生成其横断面图。运行命令后，选择要生成横断面图的管道后，系统显示如图 3-49 所示"管道横断面图绘制参数"的对话框。

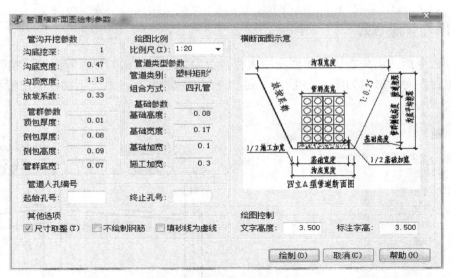

图 3-49　生成管道横断面图

该对话框中显示了当前选择管道的各种参数，同时可以设定绘横断面图的绘图比例，即比例尺的值(一个毫米需要图中多少个图形单位来表示)。比例越大，图则越大。

若这条管道的路由中有多段连续路由的管道参数相同，可在管道人孔编号中输入起始孔号与终止孔号，以表明指定人孔间的管道都是本横断面图。

在其他选项中，可以勾选是否"尺寸取整"、"不绘制钢筋"、"填砂线为虚线"。

在绘图控制中，可以输入横断面图的标题文字的高度，即文字高度。标注字高即各长度值标注的文字高度。

点击"绘制"按钮后，在绘图区域中点击确认横断面图的插入点，横断面图则已显示在图中。注意系统提供的横断面图需要在图库中事先做好的。

3.7.5　交互绘管孔横断图

在软件菜单中选择"管道断面图"→"交互绘管孔横断图"，该命令可实现在集束管道的沟面图中绘制各类管孔，运行命令后，系统显示如图 3-50 所示的"集束管道横断面管孔绘制"对话框。

图 3-50　交互绘管孔横断图

点击"管孔断面选择"的黑色区域，可选择管孔的组合方式，在"管孔外框控制"中可以控制是否保留管孔外面的方框，在"绘图控制"中输入比例，点击"确定"按钮后，在集束管道的沟面中点取管孔的插入点，集束管道组合方式包含多种，可多次运行此命令插入管孔组合。

3.8 辅助功能

3.8.1 图层颜色定制

在软件菜单中选择"辅助功能"→"系统设置"→"图层颜色定制"，该命令可用于设定专业对象图层的颜色。系统中各专业对象都有相应的图层，我们可以通过此命令来设定各专业对象在图中显示的颜色。运行命令后，系统显示如图 3-51 所示的"层颜色定制"对话框。点击对象名称右侧的颜色，在打开的颜色选择对话框中修改此对象的颜色。点击"应用"按钮，以后所绘对象显示为当前所设颜色。点击"应用到当前图"按钮，则当前图中已经绘制的对象将变为此处所设颜色。直接点击"确定"按钮，则应用当前设置并退出对话框。

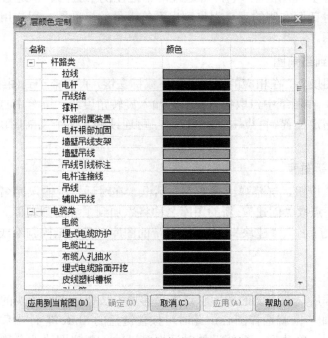

图 3-51 "层颜色定制"对话框

3.8.2 图库管理

在软件菜单中选择"辅助功能"→"图库管理"，该命令可以用于维护各专业对象对应的图例。运行命令后，系统显示如图 3-52 所示的"图库管理"对话框。

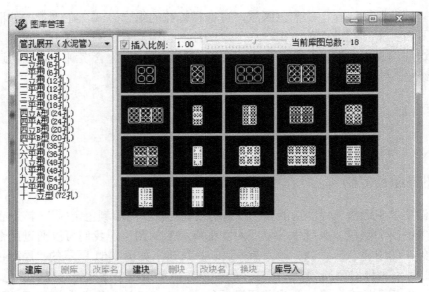

图 3-52 "图库管理"对话框

本系统已提供了电杆、拉线、撑杆、管孔排列、钢管断面、水泥断面、分线设备、交接箱、光缆子管等多种图例(图块),可通过对话框左侧下拉列表框进行选择。选取需要的图块类别后,在对话框右侧的列表中将列出系统提供的标准图,用户用鼠标右键单击相应图标可见放大图示。

1. 调取图例到当前图

选取需要的图块后,在相应的图块上按下鼠标左键,直接拖动到图纸空间("图库管理"对话框暂时隐藏),在图纸中点取插入点后,输入旋转角度或在屏幕中点取方向,则所需图块就按需插入到指定位置。再点击下一插入点,可连续插入多个当前图块。点击键盘的 ESC 键可返回对话框。

2. 自己建立新图库

点击"建库"按钮,屏幕弹出建新库对话框。在对话框中输入库名,如有重复图库名程序会自动判断,点取"创建",新的图库名称将添加到主界面列表框。对自己建的库我们可以"删库"、"改库名"、"建块",对系统自带的图库,我们无权删除或修改,但可增加新的图例。

3. 自己建块

先将图例绘好后,在需要的图库中点击"建块"按钮,点取图块的插入点,一般选择图例的中心位置(如为圆就选择圆心),此时可按住键盘的 Shift 键 + 鼠标右键,以捕捉选项。然后选择整个图例,确认后,系统返加对话框,以输入新建图块的名称。确定后,图块则创建成功并被加入到当前库中。对于自定义图块,系统允许"删块"、"改块名"及"换块"操作,对系统提供的图块,我们无权对其进行"删块"、"改块名"及"换块"操作。

注意:绘制新图例前,最好是调出库中的一个图例,使所绘图例大小尽量与其相仿,以保证绘制出来的图例美观协调。图例中有文字时不要使用多行文字,否则造成图例与线条不能完全连接。

3.8.3 标准图库

在软件菜单中选择"辅助功能"→"标准图库",可调出标准人孔图及光缆断面图,系统显示如图 3-53 所示的"标准图插入"对话框。

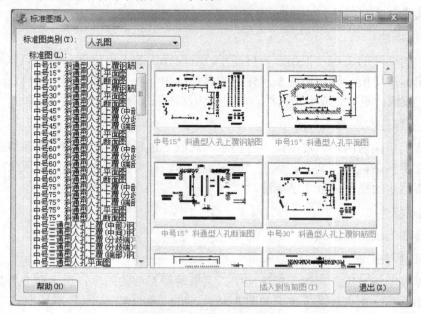

图 3-53 "标准图插入"对话框

首先在上方标准图类别中选择是人孔图还是光缆的断面图,然后在左侧栏选择需要的标准图,右侧对应的预览图则高亮显示。点击"插入到当前图"按钮,在绘图区选择一个插入点,输入插入比例即可完成。

3.8.4 常用标注

在软件菜单中选择"辅助功能"→"常用标注",可进行文本标注。运行命令后,系统显示如图 3-54 所示的"标注选择"对话框。系统提供了直接标注文字、引出标注、线上标注、线间标注、等距标注这五个常用标注方式,可选择使用。

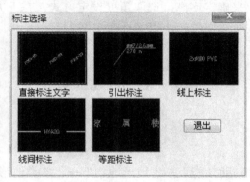

图 3-54 常用标注

1. 直接标注文字

点取上图中的"直接标注文字"图标，根据命令行提示，点取标注文字起点，设定标注角度，可在命令行输入也可通过鼠标在图中确定角度，在系统弹出的对话框中设定文字字高、输入标注文字，点击"确定"按钮，即可完成文字标注。此时可再次点取文字标注位置，继续进行文字标注。

2. 引出标注

点取引出标注的图示，根据命令行提示，点取标注的引出位置，然后点取标注文字的起点，设定标注角度，确认后在系统弹出的对话框中输入上端标注和下端标注的文字，点击"确定"按钮，即可完成引出标注。此时可再次点取引出标注位置，继续进行引出标注。

3. 线上标注

点取线上标注的图示，根据命令行提示，选取要进行标注的线路，在系统弹出的对话框中输入文字字高、标注文字，点击"确定"按钮，即可在所选线路上标注文字，此时可继续选取要标注的线路进行文字标注。

4. 线间标注

线间标注与线上标注类似。

5. 等距标注

等距标准即按一定距离等距标注文字。点取等距标注的图示，根据命令行提示，点取标注的起始点和终止点，系统弹出如图 3-55 所示的"标注输入框："对话框。

图 3-55　等距标注

可通过在屏幕上点取来确定字高，选取角度设定方式，在下方输入要标注的文字，点击"确定"按钮，即可按所选取的起止点等标注文字。

3.9　地　形　地　物

3.9.1　各类地形线

在软件菜单中选择"辅助功能"→"地形地物"→"各类地形线"，该命令用来绘制各类地形线标志。运行命令后，系统显示如图 3-56 所示的"各类地形线"对话框。对话框中列出了各类地形线名称及它们的图示，拖动滚动条可翻看其他地形线。

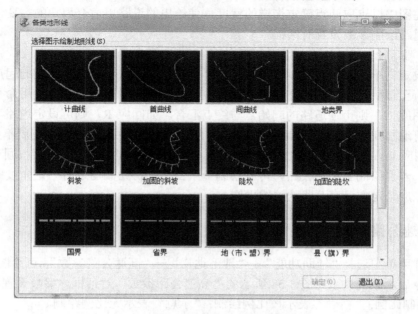

图 3-56 "各类地形线"对话框

点取需要的线型图例后，点击"确定"按钮，返回绘图区。分别在图中点取绘制线条的起点、下一点，一直到终点，用鼠标右键或回车键确认命令结束。线型可自动进行曲线化处理。若选取的是带坡线的地形线(斜坡、加固的斜坡、陡坎、加固的陡坎)，则在按回车键或用鼠标右键确认终点后，需要在绘制坡线的一侧点击鼠标左键，这时所绘出的曲线会变得平滑美观。

3.9.2 公路

在菜单中选择"辅助功能"→"地形地物"→"道路参数"，该命令可用于绘制公路。运行命令后，系统显示如图 3-57 所示的"道路参数"对话框。

图 3-57 "道路参数"对话框

参数设置如下：

(1) 绘制比例："精确"表示按比例绘制街道；"示意"表示不按比例绘制。街道大多数为示意性表示，故默认为"示意"。

(2) 中心线：控制是否绘制道路中心线，在本系统中绘制的道路中心线为红色线条。

(3) 道路宽度：直接输入街道的宽度(默认值为 7.5)，也可通过点取"屏幕定路宽"按钮，直接在图中以点取两点确定街道的宽度，使绘出的道路更适合用户的需要，确定后屏幕又弹出道路绘制参数设置对话框。

(4) 转弯半径：输入街道转弯处圆弧的半径(默认值为 9)。

参数设定完毕，点取"绘制"按钮，在屏幕上点取一点作为道路绘制的起点，再点取下一点，直至最后一点。在绘制道路时我们应注意命令行的提示，对应使用命令行不同的参数。如回应 C，则可使道路的起始点与终点汇合。如回应 R，则可设定道路半径；如回应 U，则可退回到上一步操作。不断地回应 U，则可不断地回退，这样我们就不必担心误操作了。如回应 W，则可重新设定路宽。用户可连续点取道路的过程点，最后按回车键结束。

注意：若要绘制丁字形公路，可先绘制一条公路，再绘制与之有一定角度的公路，其起点或终点应选定在已有公路的边线内侧。

3.9.3 高速公路绘制

在软件菜单中选择"辅助功能"→"地形地物"→"高速公路参数"，可绘制高速公路。执行此命令后，系统显示如图 3-58 所示的"高速公路参数"对话框。参数设置如下：

(1) 绘制比例："精确"表示按比例绘制；"示意"表示无比例绘制。

(2) 路半宽：输入高速公路的护网内侧到绿化隔离带之间的宽度，即示意图中的 l。

(3) 绿化隔离带：输入绿化隔离带的宽度，即示意图中的 d。

(4) 护网距路边宽：输入护网到路边的宽度，即示意图中的 w。

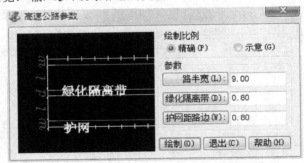

图 3-58　"高速公路参数"对话框

设定参数后，点击"绘制"按钮，在图中点取绘制起点及下一点后，如果选择比例为"精确"，则此时需要输入两点间的距离。按回车键则默认系统测试的两点距离。然后输入此段高速公路相对于 X 轴方向旋转的角度。在命令行输入 P 来重新设定路面参数，若继续绘制，则点取下一点。最后按回车键退出。

3.9.4 河流

在软件菜单中选择"辅助功能"→"地形地物"→"河流绘制"，可绘制河流。运行命令后，系统显示如图 3-59 所示的"河流绘制"对话框。根据成图样式不同，对话框中显示有四种绘制河流的方式。绘制方式是控制在绘制河流时的鼠标绘制的线条是河流的哪一边界，即左边、中心或右边。

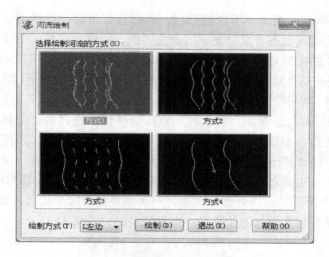

图 3-59　"河流绘制"对话框

在"河流绘制"对话框中选择一种绘制方式后，点击"绘制"按钮后，需要先输入河流的宽度，或通过鼠标在屏幕中点击两点确定。然后再点击河流的起点、下一点直到终点。绘制完毕后点击鼠标右键或按回车键退出操作。同时系统自动以刚才在对话框中选择的河流方式填充河流。若为第四种方式，到终点按回车键确认后，需要确认一下箭头的插入点及旋转角度。

3.9.5　高洼地、湖泊、池塘、沼泽

在软件菜单中选择"辅助功能"→"地形地物"→"高洼地、湖泊、池塘、沼泽"，该命令可绘制高洼地、湖泊、池塘、沼泽。运行命令后，系统显示如图 3-60 所示的"高洼地、湖泊、池塘、沼泽"对话框。

图 3-60　"高洼地、湖泊、池塘、沼泽"对话框

参数设置如下：

(1) 插入比例：输入地界预制图块(如右侧示意框)的插入比例值(以一个图形单位为参照)。

(2) 插入图案轮廓：将当前轮廓图插入到图中。点击此按钮，在图中点取一点作为图案放置的位置点，在命令行输入旋转角度或通过鼠标确认轮廓的绘制方向。然后系统重新弹出"高洼地、湖泊、池塘、沼泽"对话框，可继续对图案进行具体操作。

(3) 放缩图形：对插入的地形轮廓进行放大或缩小。点取该按钮，在图中点取图案轮廓，在屏幕上合适的位置点取一点，然后可以直接键入放大比例(如 2.0)或缩小比例(如 0.5)，也可以拖动鼠标，随着鼠标的移动，屏幕上的图形也随之放大或缩小。

(4) 调整轮廓线：可用来调整图形形状，点取该按钮后，选择需要调整的图形，系统自动在该图形的轮廓线上各节点处显示出蓝色方框，点取要位移的节点，蓝方框变为红色方框，拖动至所要的位置处即改变了图形的外轮廓，同时保持与图形未动部分相连。重复上述操作，即可完成图外轮廓的调整。调整完毕后，按回车键或用鼠标右键可再次显示"高洼地、湖泊、池塘、沼泽"对话框。

(5) 测算面积：测算选择图形的面积。点击该按钮，选择需要测算面积的地形轮廓即可。完成此操作之后，系统再次重新弹出"高洼地、湖泊、池塘、沼泽"对话框，同时在命令行，系统将自动计算出当前图形的面积，供参考。

当上述编辑工作完成之后，点取"定义图案形式"按钮，则屏幕弹出"定义图案形式"对话框，如图 3-61 所示。从该对话框中选择一种需要的图案形式后，该对话框自动隐藏，此时在图中选择需要填充图案的轮廓线，则系统自动完成填充。

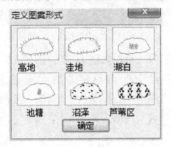

图 3-61   "定义图案形式"对话框

3.9.6   其他地形符号填充

在软件菜单中选择"辅助功能"→"地形地物"→"其他地形符号填充"，运行命令后，系统显示如图 3-62 所示的"地形图案示意"对话框。该对话框显示出各种地形符号填充图例，在其中点取需要的地形，则屏幕弹出"填充操作"对话框，如图 3-63 所示。在"填充比例"栏内，可输入比例值，然后就可选择填充区域。有三种选择："矩形区域"、"任意区域"或"图形区域"。

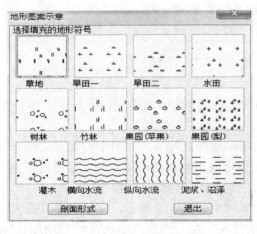

图 3-62   "地形图案示意"对话框

图 3-63   "填充操作"对话框

(1) 点击"矩形区域"按钮，直接在指定位置拖动鼠标拉出一个矩形方框，则系统自动对该矩形区域进行填充。之后，屏幕重新弹出"地形图案示意"对话框。

(2) 点击"任意区域"按钮，在符合要求的地方点取第一点、下一点，直至轮廓线完成。(请用户注意，如果是闭合的轮廓线，用户在最后一步交互时，可以键入 C，则系统自动将最后一点与第一点闭合，推荐使用此功能。)按回车键，则系统自动进行填充，之后屏幕重新弹出"地形图案示意"对话框。

(3) 点击"图形区域"按钮，选择屏幕已存在的图形边界作为填充区域的边界。选择完毕后，系统自动进行填充。最后回到"地形图案示意"对话框。

在"地形图案示意"对话框中，除当前显示的这些地形符号，系统还提供剖面地形，点击"剖面形式"按钮，则屏幕弹出"剖面地形图案示意"对话框，如图 3-64 所示。

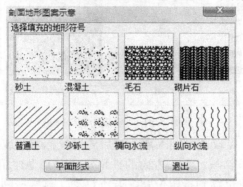

图 3-64   "剖面地形图案示意"对话框

剖面地形的使用方法与平面地形图案示意图相同。若想回到平面形式的地形图案示意图，点击"平面形式"按钮即可。如果不再交互其他内容，点击"退出"按钮退出。

3.9.7 建筑参照物

1. 矩形建筑

在软件菜单中选择"辅助功能"→"建筑参照物"→"布置矩形建筑物"，运行命令后，系统显示如图 3-65 所示的"布置矩形建筑物"对话框。

点击参数选项后的"图中定尺寸"按钮，可在图中点取矩形建筑的两个角点。或者点击参数选项后的"…"按钮，可在图中点取两点，确定一段长度为当前选项的长度。

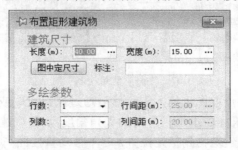

图 3-65   "布置矩形建筑物"对话框

输入参数后，将鼠标移到图中就可以看到变化。在图中点取矩形插入点，然后通过鼠标点取或在命令行直接输入矩形的旋转角度(矩形与水平正方向的夹角角度)，矩形则显示在图中，此时可通过鼠标点击移动矩形到指定位置，若不移动直接按回车键，则矩形绘制完毕。此时命令仍在运行中，点取下一点可继续绘制矩形(将鼠标移动到对话框中，可修改图形参数)，若不再绘制，按回车键或用鼠标右键退出。

2．L型建筑物

在软件菜单中选择"辅助功能"→"建筑参照物"→"L型建筑绘制"，运行命令后，系统显示如图3-66所示的"L型建筑绘制"对话框。设置各参数，点击参数选项后的"…"按钮，可在图中点取两点，确定一段长度为当前选项的长度。

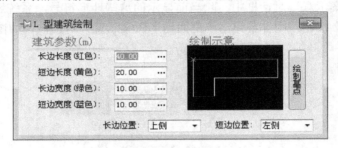

图3-66　"L型建筑绘制"对话框

输入参数后，在图中点取图形插入点，然后通过鼠标点取或在命令行直接输入L型建筑物的旋转角度(L型建筑物与水平正方向的夹角角度)，L型建筑物则显示在图中，此时可通过鼠标点击移动L型建筑物到指定位置，若不移动，直接按回车键，则L型建筑物绘制完毕。此时命令仍在运行中，点取下一点可继续绘制L型建筑物(将鼠标移动到对话框中，可修改图形参数)，若不再绘制，按回车键或用鼠标右键退出。

3．凸型建筑物

在软件菜单中选择"辅助功能"→"建筑参照物"→"凸型建筑绘制"，运行命令后，系统显示如图3-67所示的"凸型建筑绘制"对话框。设置各参数，点击参数选项后的"…"按钮，可在图中点取两点，确定一段长度为当前选项的长度。

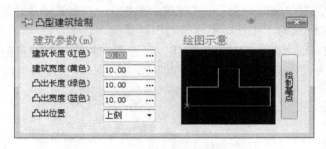

图3-67　"凸型建筑绘制"对话框

输入参数后，在图中点取图形插入点，然后通过鼠标点取或在命令行直接输入凸型建筑物的旋转角度(凸型建筑物与水平正方向的夹角角度)，凸型建筑物则显示在图中，此时可通过鼠标点击移动凸型建筑物到指定位置，若不移动直接回车，则凸型建筑物绘制完毕。此时命令仍在运行中，点取下一点可继续绘制凸型建筑物(将鼠标移动到对话框中，可修改图形参数)，若不再绘制，按回车键或用鼠标右键退出。

4．凹型建筑物

在菜单中选择"辅助功能"→"建筑参照物"→"凹型建筑绘制"，运行命令后，系统显示如图 3-68 所示的"凹型建筑绘制"对话框。设置各参数。点击参数选项后的"…"按钮，可在图中点取两点，确定一段长度为当前选项的长度。

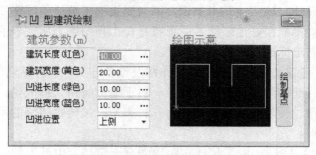

图 3-68 "凹型建筑绘制"对话框

输入参数后，在图中点取图形插入点，然后通过鼠标点取或在命令行直接输入凹型建筑物的旋转角度(凹型建筑物与水平正方向的夹角角度)，凹型建筑物则显示在图中，此时可通过鼠标点击移动凹型建筑物到指定位置，若不移动直接按回车键，则凹型建筑物绘制完毕。此时命令仍在运行中，点取下一点可继续绘制凹型建筑物(将鼠标移动到对话框中，可修改图形参数)，若不再绘制，按回车键或用鼠标右键退出。

5．交互绘建筑物

在菜单中选择"辅助功能"→"建筑参照物"→"交互绘建筑物"，运行命令后，系统显示如图 3-69 所示的"建筑参数设置"对话框。

在"宽度"中输入所绘建筑物的线条宽度，点击"确定"按钮，在屏幕上点取一点作为绘制的起点，继续点击下一点作为绘制的下一点，并不断重复这一步骤，也可利用命令行系统所提供的功能：[A 弧/C 闭合/S 捕捉/U 回退/W 宽度]，最后可在命令行键入 C 闭合建筑物，即可绘出任意形状的建筑物。

图 3-69 "建筑参数设置"对话框

本 章 小 结

1．通信工程制图是利用国标和通信行标所发布的专用通信图形符号，按照一定的要求和规定来绘制的图纸，用以指导通信工程施工。尽管利用 AutoCAD 软件来进行工程制图，较手工绘图方便了很多，但普通 AutoCAD 软件无法绘制通信专业图形符号或者绘制起来非常困难。专用通信工程制图软件是在普通 AutoCAD 软件内部嵌入通信工程制图专用图库，使该软件更有利于通信工程制图。因此作为一名通信工程设计人员或绘图员，必须要掌握一种专用通信制图软件的使用方法。

2．成捷迅通信线路绘图软件是一种专用通信工程制图软件，该软件在用户界面、命令格式及操作方法上均与 AutoCAD 2010 基本相同，只是在菜单栏中多了几项专用于各类通信工程制图的菜单项。该软件具有完备的图库和便捷的绘图工具，能方便、快速、标准、准确地制图；能自动统计图纸上的常用数据；能自动计算通信工作量及工程所需主要材料数量，为专业制图提供了极大的方便。

3．要想能够准确地绘制通信工程图纸，不仅要熟练掌握专业制图软件的使用方法，而且要掌握通信工程设计与施工的基本知识。因为如果不了解通信线路工程和通信设备安装工程的相关知识，就不能很好地理解各图形符号在工程图纸上所代表的含义，就不能按照具体工程的要求绘制出标准规范的工程图纸。

4．简单地说，通信工程就是通信系统布网及设备施工，它包括通信线路架设或敷设、通信设备安装调试、通信附属设施的施工等。对于通信线路工程来说，按敷设方式不同，具体可分为架空线路、管道线路和直埋线路三种类型；按传输线路的用途可分为长途线路工程和市话线路工程。

5．架空光(电)缆是将光(电)缆架挂在距地面有一定高度电杆上的一种线路建筑方式，由于它架设简便，建设费用低，所以在离局较远，用户数较少而变动较大，敷设地下光(电)缆有困难的地方仍被广泛应用。由于光(电)缆本身有一定的重量，机械强度较差，所以除自承式光(电)缆外，必须另设吊线，并用挂钩把线路托挂在吊线下面。

6．架空线路所用吊线的程式通常为 7/2.2、7/2.6 和 7/3.0 的镀锌钢绞线。选用吊线程式应根据所挂线路重量、杆档距离、所在地区的气象负荷及其发展情况等因素决定。吊线一般采用三眼单槽夹板(简称吊线夹板)固定在电杆上，夹板在电杆上的位置，应能使所挂光(电)缆符合最小垂直距离，吊线夹板至杆梢的最小距离一般不小于 50 cm。

7．管道是用以穿放通信光(电)缆的一种地下管线建筑，它是由人孔、手孔、管路三部分构成的，按照使用性质和分布段落分类，可分为用户管道和局间中继管道。管道材料以混凝土管和塑料管为主，因为混凝土管成本低，所以使用非常广泛。而塑料管由于重量轻、管壁光滑、接续简单、水密性好、绝缘性能好等优点，近年来得到广泛应用。

8．两个相邻人孔中心线间的距离，叫做管道段长。直线管道允许段长一般应限制在 150 m 内，在实际工作中通常按 120～130 m 为一个段长，弯曲管道应比直线管道相应缩短。人孔分为直通型人孔、拐弯型人孔、分歧型人孔、扇型人孔、局前人孔和特殊型人孔等。直通型人孔有长方形人孔和腰鼓形人孔两种。

知 识 测 验

一、填空题

(1) 通信工程是指通信系统布网及设备施工，它包括＿＿＿＿＿＿＿、＿＿＿＿＿＿＿和＿＿＿＿＿＿＿。

(2) 架空线路是指将＿＿＿＿＿加挂在距＿＿＿＿＿＿＿上的一种线路建筑方式。

(3) 利用成捷迅软件绘制杆路图时，系统默认杆距为＿＿＿＿＿米。

(4) 通信管道是由＿＿＿＿＿、＿＿＿＿＿、＿＿＿＿＿三个部分构成的。

(5) 在绘制建筑参照物时，系统给出＿＿＿＿＿、＿＿＿＿＿、＿＿＿＿＿、＿＿＿＿＿

_____五种建筑物绘制方法。

(6) 使用_____命令可以激活系统的"地形地物"图库。

(7) 人孔按类型可分为_____、_____、_____、_____、局前人孔和特殊型人孔等。

二、判断题

(1) 管道的管孔断面排列组合，通常应遵守宽大于高的原则。　　　　　　　　( )

(2) 选用管孔时总的原则是按先上后下、先中央后两侧的顺序安排使用。( )

(3) 人孔通常设置于电话站前，作为引入光(电)缆之用，也可设置在光(电)缆的分支、接续转换、光(电)缆的转弯处等特殊场合。　　　　　　　　　　　　　　( )

(4) 绘制架空线路的吊线时，在成捷迅软件中系统给出的吊线程式有7/2.2、7/2.4和7/3.0三种。　　　　　　　　　　　　　　　　　　　　　　　　　　( )

(5) 画机房平面图时系统默认绘图单位为毫米，画线路图时系统默认绘图单位为米。
　　　　　　　　　　　　　　　　　　　　　　　　　　　　( )

(6) 通信电缆、光缆都必须施行充气维护。　　　　　　　　　　　　　　( )

三、简答题

1．简述直埋光(电)缆敷设的施工步骤。

2．成捷迅通信线路设计绘图软件的特点是什么？

3．简述利用成捷迅通信线路设计绘图软件绘制一条架空光缆线路图的操作步骤。

4．画一管道线路图，已知管道为新敷设3孔子管管道线路，人孔用斜线表示，人孔内含有积水，请说出绘制该线路图的参数设置过程。

5．在绘制机房平面图时，如何在图纸上反映出机房内各设备的摆放位置和朝向？

6．如何利用成捷迅通信线路设计绘图软件绘制标准图衔？

7．为什么要在绘制线路施工图和机房平面图时加入指北针，如何绘制指北针？

8．在绘制线路施工图时，沿线的地形及其参照物是否需要和通信线路按相同比例来绘制，为什么？

9．在绘制工程图时，如果遇到某些设备没有现成的符号时，采用什么方法来解决？

技 能 训 练

1．训练内容

(1) 依照所给图纸(如图3-70所示)绘制通信机房平面图。

(2) 依照所给图纸(如图3-71所示)绘制通信线路施工图。

2．训练目的

通过本次实训要求掌握识图的技能，了解所给通信图纸的用途，各种图形符号的含义；能够利用专业制图软件进行通信机房平面图、线路施工图、设备安装图等各种工程图纸的绘制；能够在绘制工程图纸的过程中，学习掌握通信工程施工的基本知识。

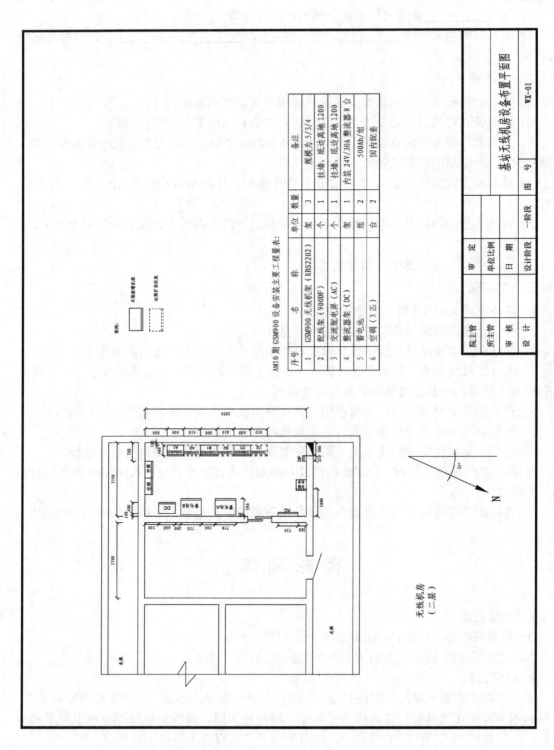

图 3-70 通信机房平面图

AM10 墩 GSM900 设备安装主要工程量表：

序号	名 称	单位	数量	备 注
1	GSM900 无线机架（RBS2202）	架	3	规模为 5/3/4
2	配线架（900DF）	个	1	挂墙，底边离地 1200
3	交流配电屏（AC）	个	1	挂墙，底边离地 1200
4	整流器架（DC）	架	1	内装 24V/30A 整流器 8 台
5	蓄电池	组	2	500Ah/组
6	空调（3 匹）	台	2	国内配套

院主管		审 定	
所主管		单位比例	
审 核		日 期	设计阶段 一阶段
设 计			

基站无线机房设备布置平面图

图 号 WX-01

无线机房
（二层）

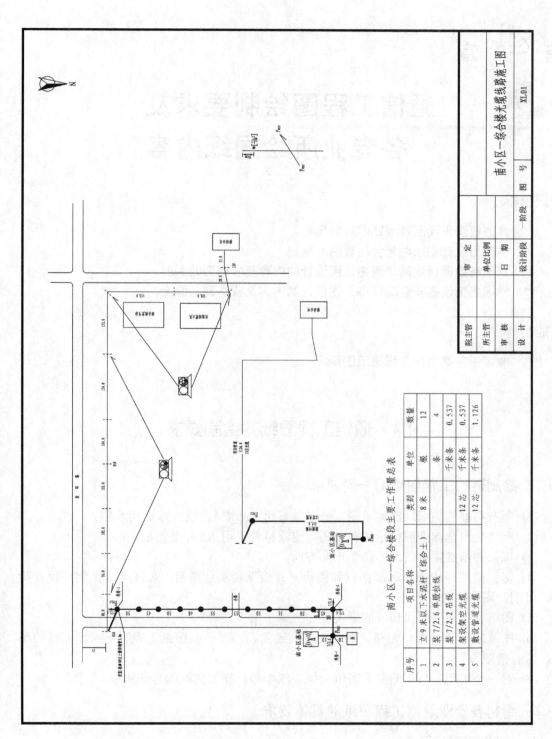

南小区——综合楼段主要工作量总表

序号	项目名称	类别	单位	数量
1	立9米以下水泥杆（综合土）	8米	根	12
2	装7/2.6单眼拉线		条	4
3	装7/2.2吊线		千米条	0.537
4	架设架空光缆	12芯	千米条	0.537
5	敷设管道光缆	12芯	千米条	1.126

图 3-71 通信线路施工图

第 章

通信工程图绘制要求及
各专业所绘图纸内容

知识目标

☞ 掌握机房平面图及线路图绘制要求。
☞ 了解出设计图纸时常会出现的问题。
☞ 掌握有线通信线路工程施工图设计的内容及应达到的深度。
☞ 掌握通信设备安装工程施工图设计的内容及应达到的深度。

技能目标

☞ 能读懂各类通信工程施工图纸。

4.1　通信工程图纸的绘制要求

4.1.1　绘制通信工程图纸的一般要求

(1) 所有类型的图纸除勘察草图以外必须采用 AutoCAD 软件按比例绘制。

(2) 严禁采用非标准图框绘图和出图，建议尽量采用 A3 标准图框。

(3) 每张图纸必须有指北针指示正北方向。

(4) 每张图纸外应插入标准图框和图衔，并根据要求在图衔中加注单位比例、设计阶段、日期、图名、图号等。

(5) 图纸整体布局要协调、清晰美观。

(6) 图纸应标注清晰、完整，图与图之间连贯，当在一张图纸上画不下一副完整的图时，需有接图符号。

(7) 对一个工程项目下的所有图纸应按要求编号，相邻图纸编号应相连。

4.1.2　绘制各专业通信工程图纸的具体要求

1. 绘制勘察草图要求

(1) 绘制草图时尽可能地按照比例记录。

(2) 图中标明线路经过的村、镇名称。如果经过住户，需要标明门牌号。

(3) 对 50 m 以内明显标志物要标注清楚。

(4) 管线所经过的交越线路、庄稼地，经济作物用地等要标注清楚。

(5) 草图要标注清楚标桩的位置、障碍的位置和处理方式(应记录障碍断面)、管道离路距离、路的走向和名称、正北方向和转角、周围的大型参照物以及其他杆路、地下管线、电力线路。

(6) 桩号编写原则为编号以每个段落的起点为 0，按顺时针方向排列。测量以及编号应当以交换局方向为起点。

2. 绘制直埋线路施工图的要求

(1) 绘制线路图要注重通信路由与周围参照物之间的统一性和整体性。

(2) 如需要反应工程量，要在图纸中绘制工程量表。

(3) 埋式光缆线路施工图应以路由为主，将路由长度和穿越的障碍物绘入图中。路由 50m 以内的地形、地物要详绘，50 m 以外要重点绘出与车站、村庄等的距离。

(4) 当光电缆线路穿越河流、铁道、公路、沟坎时，应在图纸上绘出所采取的各项防护加固措施。

(5) 通常直埋线路施工图按 1∶2000 的比例绘制，并按比例补充绘入地形地物。

3. 绘制架空杆路图的要求

(1) 架空线路施工图需按 1∶2000 比例绘制。

(2) 在图上绘出杆路路由、拉线方向，标出实地量取的杆距、每根电杆的杆高。

(3) 绘出路由两侧 50 m 范围内参照物的相对位置示意图，并标出乡镇村庄、河流、道路、建筑设施、街道、参照物等的名称及道路、光电缆线路的大致方向。

(4) 必须在图中反映出与其他通信运营商杆线交越或平行接近情况，并标注接近处线路间的隔距及电杆杆号。

(5) 注明各段路由的土质及地形，如山地、旱地、水田等。

(6) 线路的各种保护盒处理措施、长度数量必须在图纸中明确标注。特殊地段必须加以文字说明。

4. 绘制通信管道施工图的要求

(1) 绘出道路纵向断面图，并标出道路纵向上主要地面和地下建筑设施及相互之间距离。

(2) 绘出管道路由图，标出人手孔位置和人孔编号、管道段长，人手孔位置需标清三角定标距离和参照物。

(3) 绘出管道两侧 50 m 内固定建筑设施的示意图，并标出路名、建筑设施名称等。

(4) 在图上表明各段路面的程式、土质类别。

(5) 新建通信管道设计图纸比例横向 1∶500，纵向 1∶50。

5. 绘制机房平面图的要求

(1) 要求图纸的字高、标注、线宽应统一。

(2) 机房平面图中墙的厚度规定为 240 mm。

(3) 平面图中必须标有"XX 层机房"字样。

(4) 画平面图时应先画出机房的总体结构，如墙壁、门、窗等并标注尺寸。

(5) 图中必须有主设备尺寸以及主设备到墙的尺寸，并且注意画机房设备时图线的选取，新建设备用粗实线表示，原有设备用细实线表示，改造、扩容设备用粗虚线表示。

(6) 画出机房走线架的位置并标明尺寸大小。

(7) 画出从线缆进线洞至综合配线架间光电缆的走向。

(8) 机房平面图中需要添加设备表、添加机房图例及说明，用以说明本次工程情况、配套设备的位置、机房楼层及梁下净高等。

4.1.3 出设计时图纸中常见问题

在绘制通信工程图纸方面，根据以往的经验，常会出现以下问题，下面总结出来，以便借鉴：

(1) 图纸说明中序号会排列错误。

(2) 图纸说明中缺标点符号。

(3) 图纸中出现尺寸标注字体不一或标注太小。

(4) 图纸中缺少指北针。

(5) 平面图或设备走线图在图衔中缺少单位：mm。

(6) 图衔中图号与整个工程编号不一致。

(7) 出设计时前后图纸编号顺序有问题。

(8) 出设计时图衔中图名与目录不一致。

(9) 出设计时图纸内容中内容颜色有深浅。

4.2 通信工程设计中各专业所需主要图纸

4.2.1 光(电)缆线路工程

光(电)缆线路工程设计所需图纸包括有：

(1) 路由总图，它包括杆路图和管路图。

(2) 光缆系统配置图，它主要反映敷设方式、各段长度、光缆光纤芯数型号、局站交接箱名称等。

(3) 光缆线路施工图，它包括光缆引接图、光缆上列端子图、光纤分配图、特殊地段线路施工安装图，如采用架空飞线、桥上光缆等。

(4) 电缆线路施工图，它包括主干电缆施工图、总配线架上列图、配线区设备配置地点位置设计图、配线电缆施工图、交接箱上列图。

(5) 进局光(电)缆及成端光(电)缆施工图。

(6) 主要局站内光电缆安装图，包括配线架安装位置。

(7) 若有交接箱，则画交接箱安装图。

(8) 通用图，包括电杆辅助装置图、管道及架空光(电)缆接头盒安装图、光(电)缆预留装置图等。

4.2.2 通信管道工程

通信管道工程设计所需图纸包括有：

(1) 管道位置平面图、管道剖面图、管位图。

(2) 管道施工图，包括平/断面图、高程图(4 孔以下管群可不画高程图)。

(3) 特殊地段管道施工图。

(4) 管道、人孔、手孔结构及建筑施工采用定型图纸，非定型设计应附结构及建筑施工图。

(5) 在有其他地下管线或障碍物的地段，应绘制剖面设计图，标明其交点位置、埋深及管线外径等。

4.2.3 通信设备安装工程

(1) 数字程控交换工程设计：应附市话中继方式图、市话网中继系统图、相关机房平面图。

(2) 微波工程设计：应附属全线路由图、频率极化配置图、通路组织图、天线高度示意图、监控系统图、各种站的系统图、天线位置示意图及站间断面图。

(3) 干线线路各种数字复用设备、光设备安装工程设计：应附传输系统配置图、远期及近期通路组织图、局站通信系统图。

(4) 移动通信工程设计：

① 移动交换局设备安装工程设计：应附全网网路示意图、本业务区网路组织图、移动交换局中继方式图、网同步图。

② 基站设备安装工程设计：应附全网网路结构示意图、本业务区通信网路系统图、基站位置分布图、基站上下行传输损耗示意方框图、机房工艺要求图、基站机房设备平面布置图、天线安装及馈线走向示意图、基站机房走线架安装示意图、天线铁塔示意图、基站控制器等设备的配线端子图、无线网络预测图纸。

(5) 寻呼通信设备安装工程设计：应附网路组织图、全网网路设意图、中继方式图、天线铁塔位置示意图。

(6) 供热、空调、通风设计：应附供热、集中空调、通风系统图及平面图。

(7) 电气设计及防雷接地系统设计：应附高、低压电供电系统图、变配电室设备平面布置图。

4.3 通信制图范例

4.3.1 通信设备安装工程图

(1) 基站无线机房设备布置平面图如图 4-1 所示。

(2) 传输机房设备布置平面图如图 4-2 所示。

(3) 传输机房走线架安装示意图如图 4-3 所示。

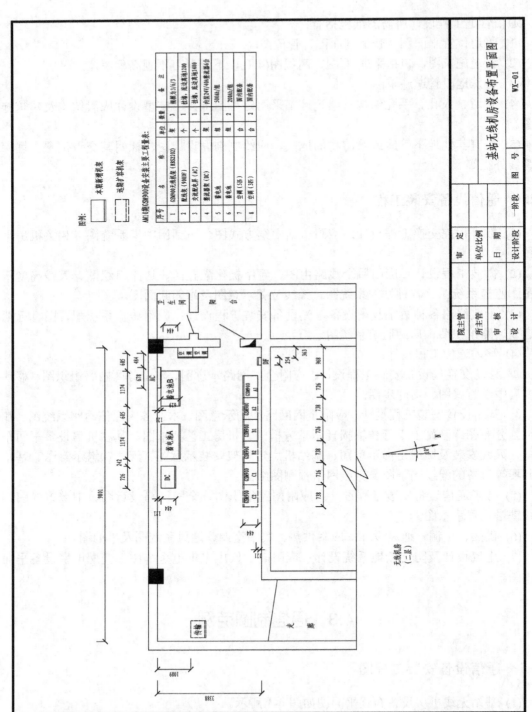

图 4-1 基站无线机房设备布置平面图

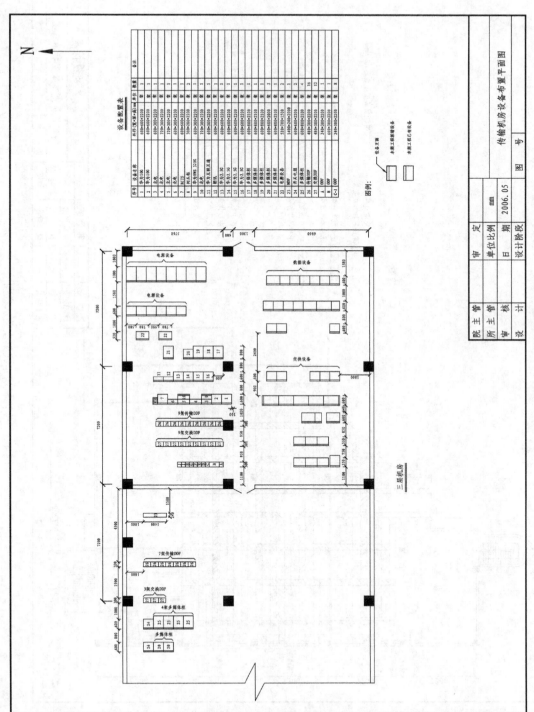

图 4-2 传输机房设备布置平面图

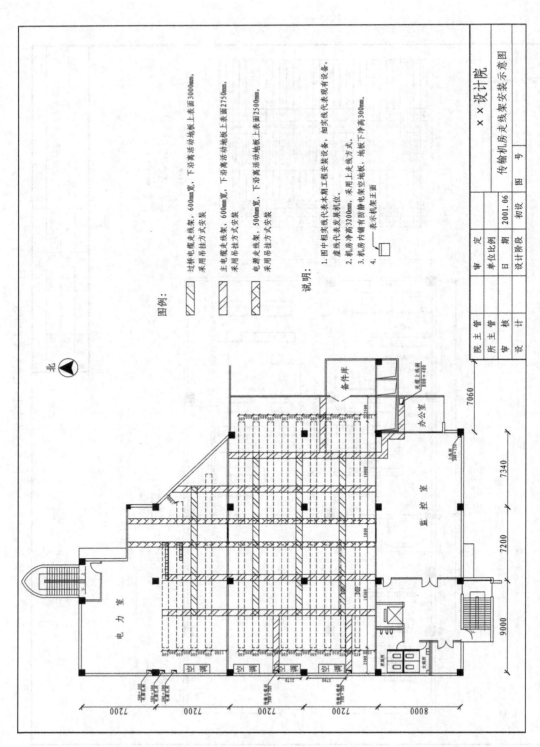

图 4-3 传输机房走线架安装示意图

4.3.2 通信设备面板布置图

(1) 综合柜面板布置图如图 4-4 所示。

图 4-4 综合柜面板布置图

(2) 华为 Metro1000 SDH 传输设备面板图如图 4-5 所示。

HUAWEI 155/622H(Metro1000)

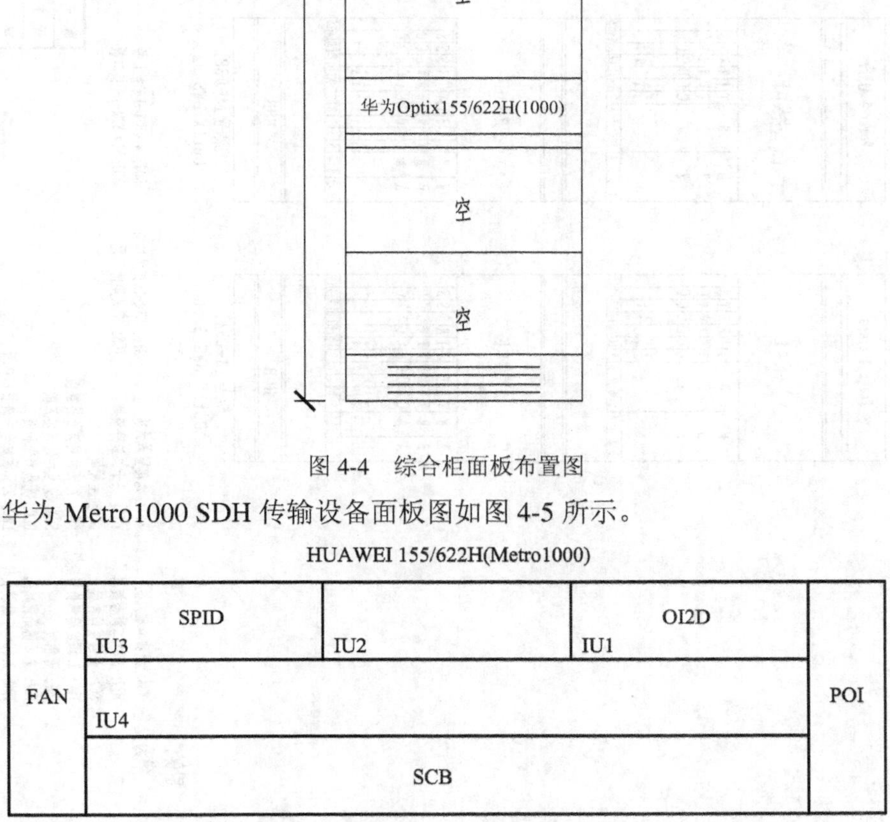

FAN	SPID		OI2D		POI
	IU3	IU2	IU1		
	IU4				
	SCB				

图 4-5 华为 Metro1000 SDH 传输设备面板图

(3) 简易机房二干传输设备面板布置图如图 4-6 所示。

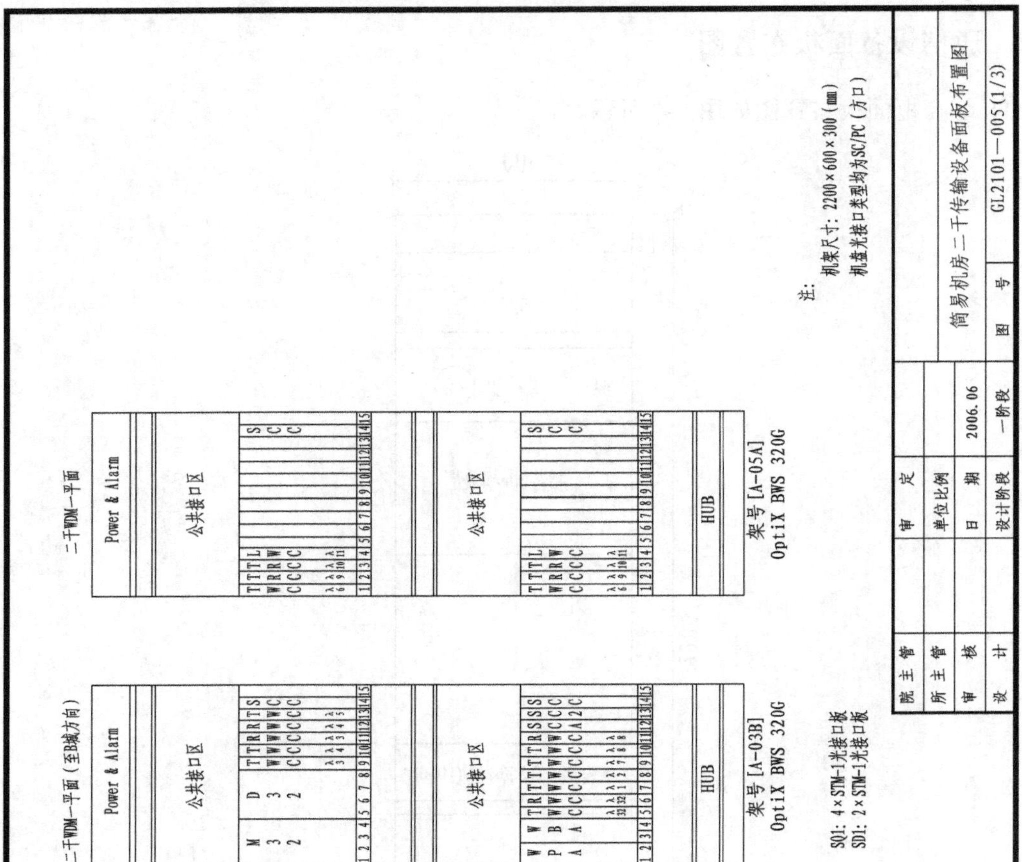

图 4-6 简易机房二干传输设备面板布置图

4.3.3 通信线路工程图

1. 架空光缆线路施工图

架空光缆线路施工图一和图二分别如图 4-7 和图 4-8 所示。

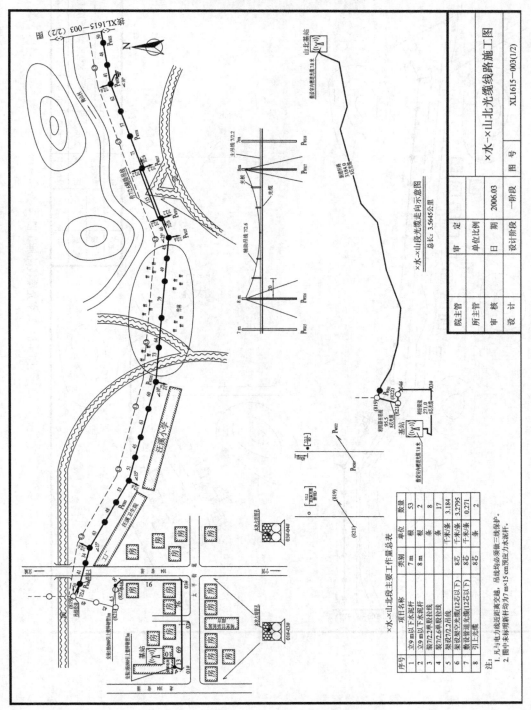

图 4-7 架空光缆线路施工图一

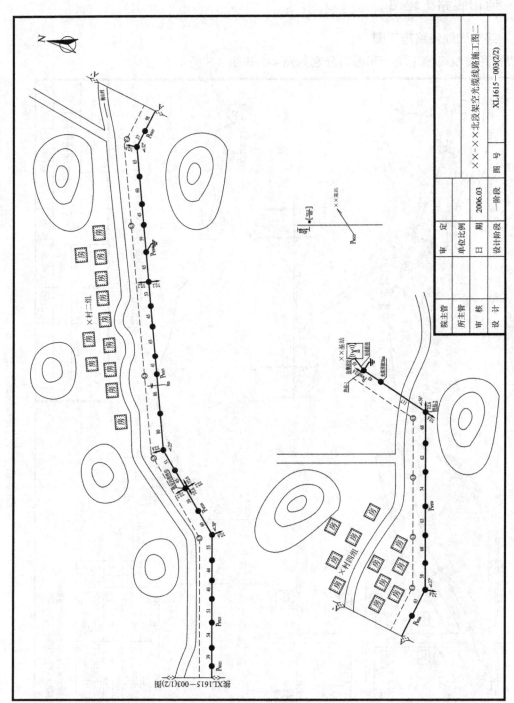

图 4-8 架空光缆线路施工图二

2. 管道线路工程图

(1) 新建管道光缆线路图如图 4-9 所示。

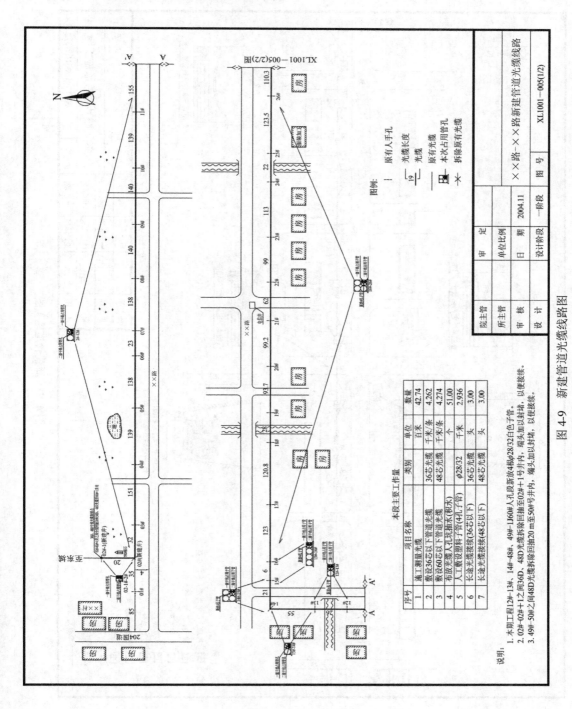

图 4-9　新建管道光缆线路图

(2) 新建管道施工图如图 4-10 所示。

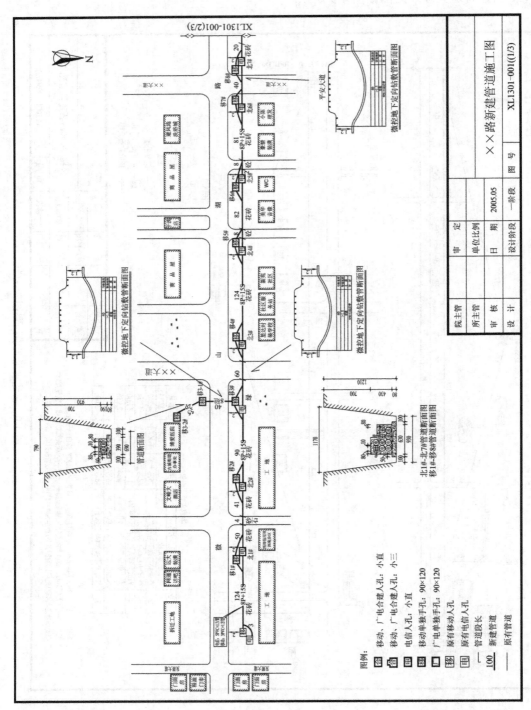

图 4-10 新建管道施工图

(3) 改迁光缆线路施工图(含各人孔内管孔占用示意图)如图 4-11 所示。

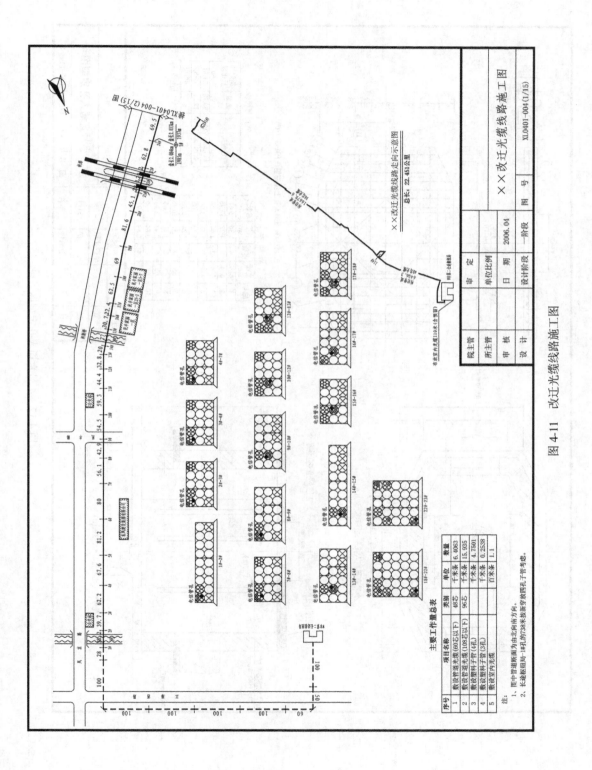

图 4-11 改迁光缆线路施工图

(4) 小号直通人孔定型图如图 4-12 所示。

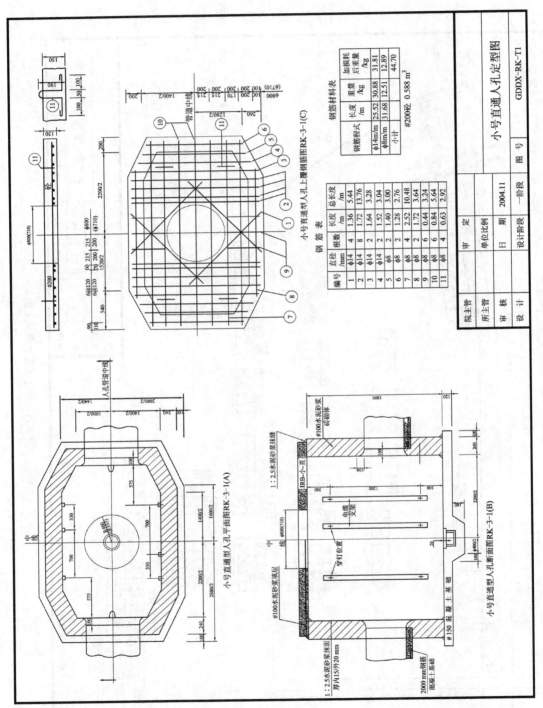

图 4-12　小号直通人孔定型图

(5) 小号三通人孔定型图如图 4-13 所示。

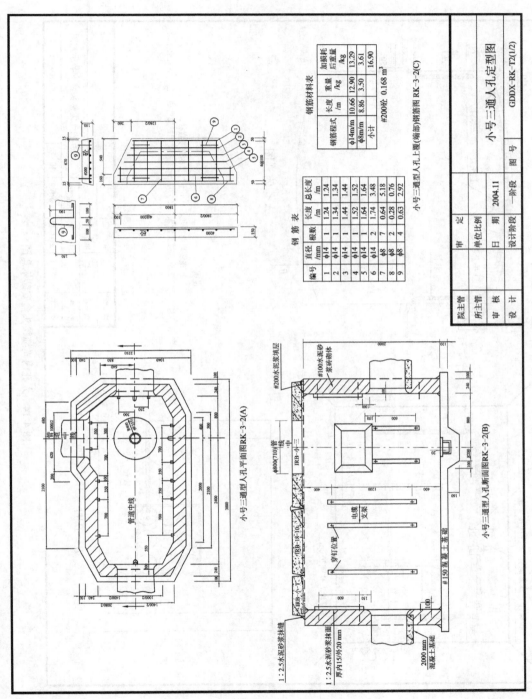

图 4-13 小号三通人孔定型图

(6) 人孔内光缆接头盒安装示意图如图 4-14 所示。

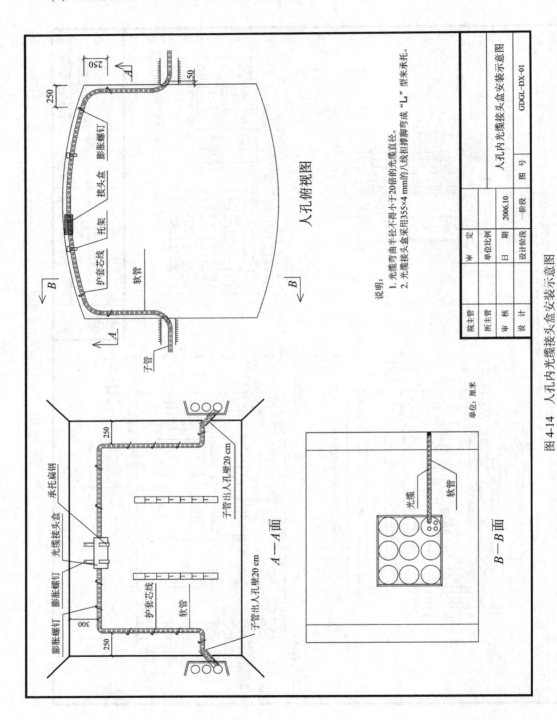

图 4-14 人孔内光缆接头盒安装示意图

(7) 引上手井结构定型图如图 4-15 所示。

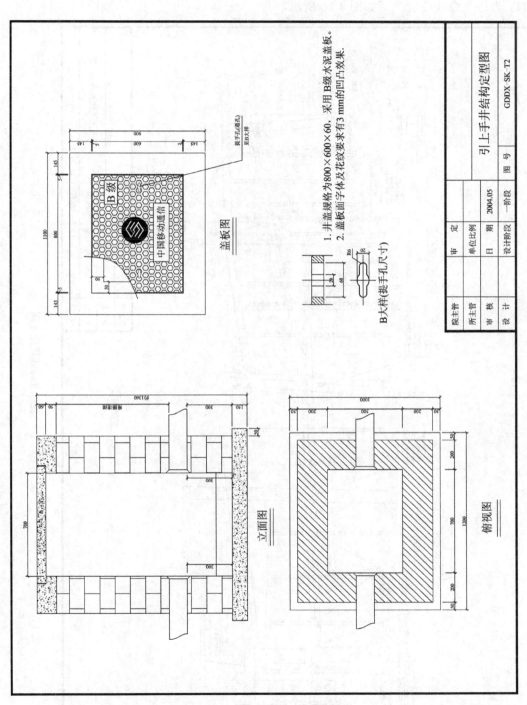

图 4-15 引上手井结构定型图

3. 直埋线路工程图

(1) 直埋光缆线路施工图如图 4-16 所示。

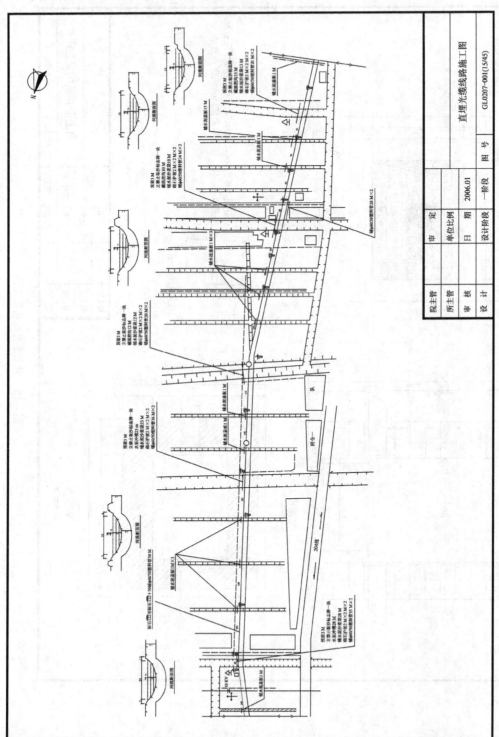

图 4-16 直埋光缆线路施工图

(2) 挖沟深度、沟底的处理图如图 4-17 所示。

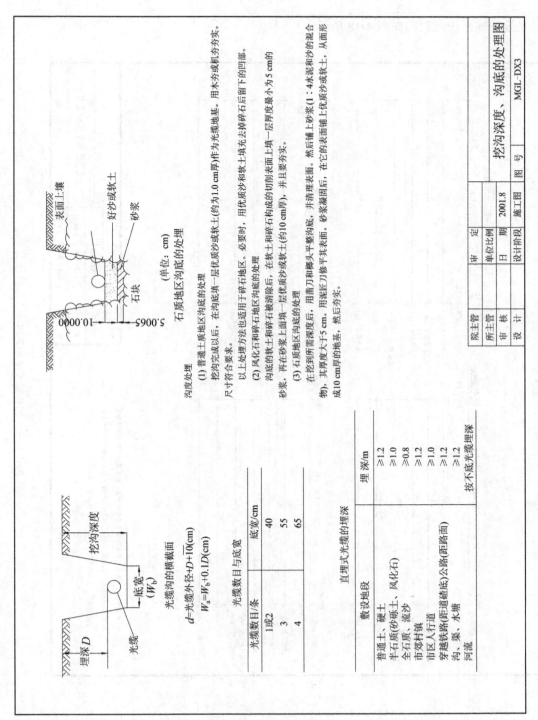

图 4-17 挖沟深度、沟底的处理图

4.3.4 光缆传输系统配置图

光缆传输系统配置图如图4-18所示。

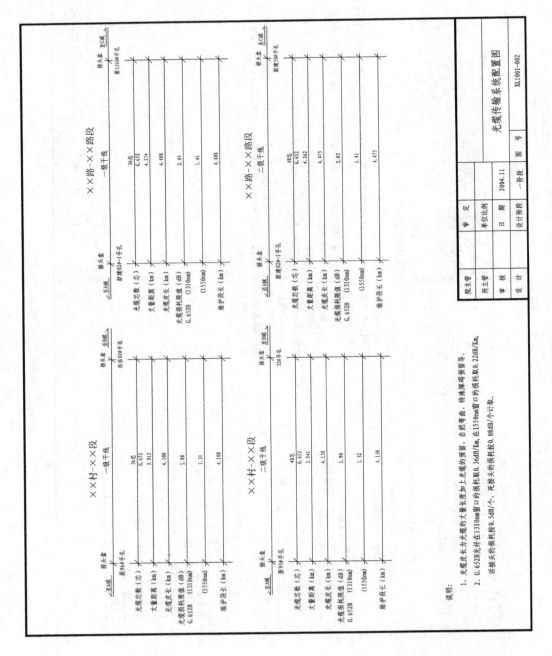

图4-18 光缆传输系统配置图

4.3.5　通信网络结构图

(1) G 网本期话路网组织示意图如图 4-19 所示。

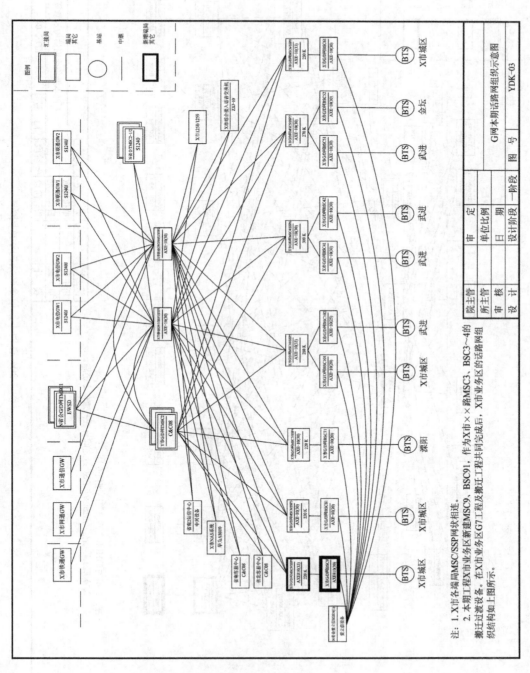

图 4-19　G 网本期话路网组织示意图

(2) G 网本期信令网结构示意图如图 4-20 所示。

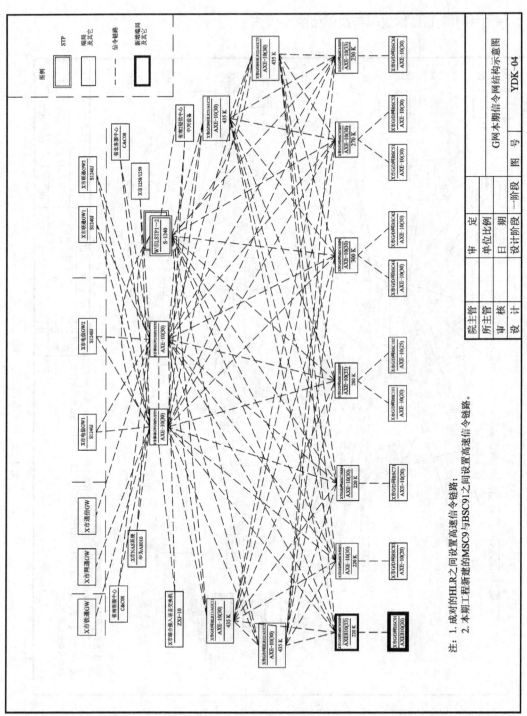

图 4-20 G 网本期信令网结构示意图

本 章 小 结

1. 通信工程主要分为线路工程和通信设备安装工程两大部分。对于不同类型的工程设计，其工程制图的绘制要求及制图所应达到的深度也有所不同。在本章中，分别针对有线通信线路工程和通信设备安装工程这两大部分，介绍各项单项工程中，需要绘制哪些图纸以及要求达到的设计深度。

2. 通信线路施工图纸是施工图设计的重要组成部分，它是指导施工的主要依据。施工图纸包含了诸如路由信息、技术数据、主要说明等内容，施工图应该在仔细勘察和认真搜集资料的基础上绘制而成。

3. 通信主干线路的施工图纸的内容主要包括：主干线路施工图、管孔图、杆路图、总配线架上列图和交接箱上列图等。配线线路工程施工图设计一般有新建配线区和调改配线区两种。新建配线区配线线路施工图原则上以一个交接箱为单位作为一个设计文本。通信配线线路工程施工图主要包括：配线线路施工图、配线管路图、交接箱上列图等。

4. 通信设备安装工程主要包括数字程控交换设备安装工程、微波安装工程、干线线路各种数字复用设备、光设备安装工程以及移动交换局设备安装工程和基站设备安装工程等。对于不同的通信设备安装工程，也要配置相应的工程图纸来指导施工。

5. 在绘制线路施工图时，首先要按照相关规范要求选用适合的比例，为了更为方便的表达周围环境情况，可采用沿线路方向按一种比例，而周围环境的横向距离采用另外一种比例或基本按示意性绘制。

6. 在绘制工程图时，要按照工作顺序、线路走向或信息流向进行排列，线路图纸分段按起点至终点、分歧点至终点的原则划分。

7. 对于线路图、机房平面图等在绘制时必须加入指北针。

8. 在绘制机房平面布置图时，要求不仅能在图纸上反映出设备的摆放位置，还有能反映出设备的正面所朝方向。

知 识 测 验

一、填空题

1. 在绘制机房平面图时，机房墙的厚度规定为_____。

2. 有线通信线路工程主干线路施工图纸主要包括：_____、_____、_____、_____和_____等。

3. 数字程控交换工程设计中，应配备的主要工程图纸有：_____、_____、_____。

4. 干线线路光设备安装工程施工图纸主要包括：_____、_____、_____。

5. 在绘制线路工程施工图时，应按照_____顺序制图，线路图纸分段应按照从_____至_____，从_____至_____的原则划分。

二、选择题

1．在绘制建筑平面图时，采用的绘图单位为(　　)。

A．mm B．cm C．m D．km

2．在绘制下面哪个图时，不需要加入指北针(　　)。

A．机房平面图 B．线路施工图 C．网络结构示意图 D．架空杆路图

3．在画线路图时，当一张图纸没有画完，再接入下一张图纸继续画时，应用下面哪个符号进行连接两幅图纸(　　)。

A. 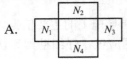 B.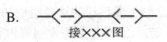

C. ■—•—■—•—■ D.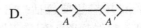

4．在绘图过程中，当所要表述的含义不便于用图示的方法完全清楚地表达时，可在图中加入(　　)来进一步加以说明。

A．图例 B．指北针 C．数字 D．注释说明

5．在对平面布置图、线路图和区域规划性质的图纸进行绘制时，依照国标没有设定的比例标准是(　　)。

A．1∶1000 B．1∶200 C．1∶400 D．1∶2000

三、简答题

1．请对下面图形的含义及相应数据做出解释。

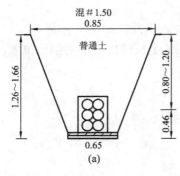 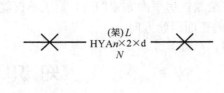

(a) (b)

2．在绘制机房平面图时，需要具备哪几个要素？

3．如何在所绘制的线路施工图中加入工程量表？

4．机房平面图中的设备配置表应包含哪些内容？

5．在绘制平面布置图时，都需要标注哪些尺寸？

6．请解释 4.3.1 节中两张机房平面图的含义。

7．请解释 4.3.3 节中架空光缆线路施工图的含义。

8．请解释 4.3.3 节中新建管道光缆线路图的含义。

第 章

通信建设工程与定额

知识目标

☞ 了解建设项目的基本构成。

☞ 了解通信工程建设程序。

☞ 掌握工程设计阶段的划分方法及每个设计阶段与编制概预算之间的对应关系。

☞ 掌握定额的概念与分类。

☞ 掌握现行通信建设工程预算定额的构成及编制原则。

技能目标

☞ 学会通信建设工程预算定额的查找方法。

☞ 能够根据工程已知条件对定额中人工工日、主要材料和机械、仪表台班消耗量做相应调整。

5.1 通信建设工程

5.1.1 通信建设项目

1. 建设项目的基本概念及构成

建设项目是指按一个总体设计进行建设，经济上实行统一核算，行政上有独立的组织形式并实行统一管理的建设单位。凡属于一个总体设计中分期分批进行的主体工程和附属配套工程、综合利用工程等都应作为一个建设项目。当建设项目为跨省项目或将省内多个城市划分为若干个分建设单位进行建设管理的项目，称为分建设项目。不能把不属于一个总体设计的工程，按各种方式归算为一个建设项目；也不能把同一个总体设计内的工程，按地区或施工单位分为几个建设项目。建设项目构成示意图如图 5-1 所示。

单项工程是建设项目或分建设项目的组成部分，是指具有单独设计文件，建成后能够独立发挥生产能力或效益的工程。工业建设项目的单项工程一般是指能够生产出符合设计规定的主要产品的车间或生产线；非工业建设项目的单项工程一般是指能够发挥设计规定主要效益的各个独立工程，如教学楼等。

单位工程是单项工程的组成部分，是指具有独立的设计，可以独立组织施工，但不可以独立发挥生产能力或效益的工程。例如，住宅工程中的土建工程、给排水工程等。

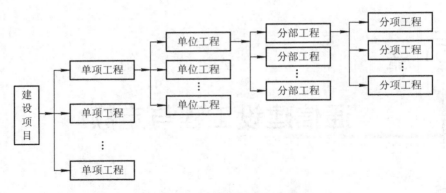

图 5-1　建设项目构成示意图

分部工程是单位工程的组成部分。分部工程一般按工种来划分，如土石方工程、装饰工程等。也可按单位工程的构成部分划分，如基础工程、屋面工程等。

分项工程是分部工程的组成部分，一个分部工程可以划分为若干个分项工程。例如，基础工程还可以划分为基槽开挖、基础垫层、基础浇筑、基础防潮层、基槽回填土、土方运输等分项工程。

根据工信部 YDT5211－2011《邮电基本建设工程设计文件编制和审批办法》的规定，通信建设项目的工程设计可按不同通信系统或专业，划分为若干个单项工程进行设计。对于内容复杂的单项工程，或同一单项工程中分由几个单位设计、施工时，还可分为若干个单位工程。单位工程是根据具体情况由设计单位自行划分。

2．建设项目分类

为了加强建设项目管理，正确反映建设项目的内容及规模，建设项目可按不同标准、原则或方法进行分类，如图 5-2 所示。

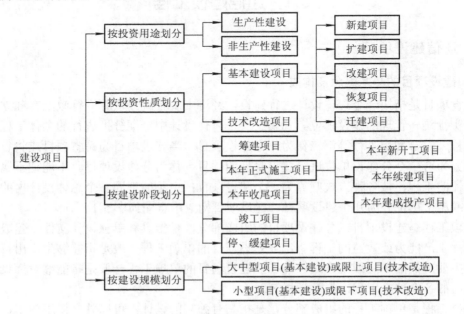

图 5-2　建设项目分类示意图

(1) 按照投资的用途不同划分，建设项目可分为生产性建设和非生产性建设两类。

① 生产性建设。生产性建设是指直接用于物质生产或为满足物质生产需要的建设，包括工业建设、建筑业建设、农林水利气象建设等。

② 非生产性建设。非生产性建设一般是指用于满足人民物质生活和文化生活需要的建设，包括住宅建设、文教卫生建设、科学实验研究建设、公用事业建设、其他建设。

(2) 按照投资性质不同划分，建设项目可分为基本建设和技术改造两类。

① 基本建设项目。基本建设是指利用国家预算内基建拨款投资、国内外基本建设贷款、自筹资金以及其他专项资金进行的，以扩大生产能力为主要目的的新建、扩建等工程的经济活动。例如，长途传输、卫星通信、移动通信、电信用机房等的建设。具体包括以下几个方面：

A. 新建项目。新建项目是指从无到有，新开始建设的项目。有的建设项目原有基础很小，重新进行总体设计，经扩大建设规模后，其新增加的固定资产价值超过原有固定资产价值三倍以上的，也属于新建项目。

B. 扩建项目。扩建项目是指原有企业和事业单位为扩大原有产品的生产能力和效益，或增加新产品的生产能力和效益，而新建的主要生产车间或工程。

C. 改建项目。改建项目是指原有企业和事业单位，为提高生产效率，改进产品质量，或改进产品方向，对原有设备、工艺流程进行技术改造的项目。有些企、事业单位为了提高综合生产能力，增加一些附属和辅助车间或非生产性工程，以及工业企业为改变产品方案而改装设备的项目，也属于改建项目。

D. 恢复项目。恢复项目是指企、事业单位的固定资产因自然灾害、战争或人为的灾害等原因已全部或部分报废，而后又投资恢复建设的项目。不论是按原来规模恢复建设，还是在恢复同时进行扩建的都属恢复项目。

E. 迁建项目。迁建项目是指原有企、事业单位由于各种原因迁到另外的地方建设的项目。搬迁到另外地方建设，不论其建设规模是否维持原来规模，都是迁建项目。

② 技术改造项目。技术改造是指利用自有资金、国内外贷款、专项基金和其他资金，通过采用新技术、新工艺、新设备和新材料对现有固定资产进行更新、技术改造及其相关的经济活动。通信技术改造项目范围主要包括：

A. 现有通信企业增装和扩大数据通信、程控交换、移动通信等设备以及营业服务的各项业务的自动化、智能化处理设备，或采用新技术、新设备的更新换代及相应的补缺配套工程。

B. 原有电缆、光缆、有线和无线通信设备的技术改造、更新换代和扩容工程。

C. 原有本地网的扩建增容、补缺配套以及采用新技术、新设备的更新和改造工程。

D. 其他列入技术改造计划的工程。

(3) 按建设阶段划分，建设项目可划分为筹建项目、本年正式施工项目、本年收尾项目、竣工项目、停缓建项目五大类。

① 筹建项目。筹建项目是指尚未正式开工，只是进行勘察设计、征地拆迁、场地平整等为建设做准备的项目。

② 本年正式施工项目。本年正式施工项目是指本年正式进行建筑安装施工活动的建设项目。包括本年新开工的项目、以前年度开工跨入本年继续施工的续建项目、本年建成投

产的项目和以前年度全部停、缓建，在本年恢复施工的项目。具体又细分为：

A．本年新开工项目。本年新开工项目是指报告期内新开工的建设项目。

B．本年续建项目。本年续建项目是指本年以前已经正式开工，跨入本年继续进行建筑安装和购置活动的建设项目。以前年度全部停缓建，在本年恢复施工的项目也属于续建项目。

C．本年建成投产项目。本年建成投产项目是指报告期内按设计文件规定建成主体工程和相应配套的辅助设施，形成生产能力或工程效益，经过验收合格，并且已正式投入生产或交付使用的建设项目。

③ 本年收尾项目。本年收尾项目是指以前年度已经全部建成投产，但尚有少量不影响正常生产或使用的辅助工程或非生产性工程在报告期继续施工的项目。

④ 竣工项目。竣工项目是指整个建设项目按设计文件规定的主体工程和辅助、附属工程全部建成，并已正式验收移交生产或使用部门的项目。

⑤ 停、缓建项目。停、缓建项目是指经有关部门批准停止建设或近期内不再建设的项目。其包括全部停、缓建项目和部分停、缓建项目。

(4) 按建设规模不同划分，建设项目可划分为大中型和小型两类。

建设项目的大中型和小型是按项目的建设总规模或总投资确定的。针对通信固定资产投资计划项目规模，各类项目可做如下具体划分：

① 基建大中型项目和技改限上项目。基建大中型项目是指长度在 500 公里以上的跨省、区长途通信电缆、光缆，长度在 1000 公里以上的跨省、区长途通信微波，以及总投资在 5000 万元以上的其他基本建设项目。技术改造限上项目是指限额在 5000 万元以上技术改造项目。

② 基建小型项目和技改限下项目(即统计中的技改其他项目)。基建小型项目是指建设规模或计划总投资在大中型以下的基本建设项目。技术改造限下项目是指计划投资在限额以下的技术改造项目。

上述的划分并不是固定不变的，会根据各个时期经济发展水平和实际工作中的需要而有所变化，执行时以国家主管部门的规定为准。

5.1.2　通信建设工程设计

1．建设程序

通信工程的大中型和限额以上的建设项目从建设前期工作到建设、投产要经过立项、实施和验收投产三个阶段。

1) 立项阶段

立项阶段是通信工程建设的第一阶段，包括项目建议书、可行性研究。项目建议书是工程建设程序中最初阶段的工作，是投资决策前拟定该工程项目的轮廓设想，其包括：项目提出的背景、建设的必要性和主要依据；建设规模、地点等初步设想；工程投资估算和资金来源；工程进度、经济及社会效益估计。可行性研究是对拟建项目在决策前进行方案比较、技术经济论证的一种科学分析方法，是基本建设前期工作的重要组成部分。根据原邮电部拟订的《邮电通信建设项目可行性研究编制内容试行草案》的规定，凡是达到国家规定的大中型建设规模的项目，以及利用外资的项目、技术引进项目、主要设备引进项目、国际出口局新建项目、重大技术改造项目等，都要进行可行性研究。小型通信建设项目，进行可行性研究时，也要求参照本试行草案进行技术经济论证。可行性研究的步骤与内容如下：

(1) 筹划、准备及搜集资料。

(2) 现场条件调研与勘察。

(3) 确立技术方案。

(4) 投资估算和经济评价分析。

(5) 编写报告书。

(6) 项目审查与评估。

2) 实施阶段

实施阶段的主要任务就是工程设计和施工，这是建设程序最关键的阶段。它包括初步设计、年度建设计划、施工准备、施工图设计、施工招标或委托、开工报告、施工七部分组成。

3) 验收投产阶段

为了充分保证通信系统工程的施工质量，工程结束后，必须经过验收才能投产使用。这个阶段的主要内容包括初步验收、试运转和竣工验收三个方面。

2．工程设计

1) 设计在建设中的地位和作用

设计是一门涉及科学、技术、经济和方针政策等各个方面的综合性的应用技术科学。设计的主要任务就是编制设计文件并对其进行审定。设计文件是安排建设项目和组织施工的主要依据，因此设计文件必须由具有工程勘察设计证书和相应资质等级的设计单位编制。

设计是基本建设程序中必不可少的一个重要组成部分。在规划方案、项目方案和可行性研究等已定的情况下，它是建设项目能否实现多快好省的一个决定性的环节。

一个建设项目在资源利用上是否合理；场区布置是否紧凑、适度；设备选型是否得当；技术、工艺、流程是否先进及合理；生产组织是否科学、严谨；是否能以较少的投资取得产量多、质量好、效率高、消耗少、成本低、利润大的综合效果，在很大程度上取决于设计质量的好坏和水平的高低。

2) 设计阶段的划分

根据工程项目的规模、性质等情况的不同，可将工程设计划分为几个阶段。一般工业与民用建设项目按初步设计和施工图设计两个阶段进行，称为"两阶段设计"；对于大型、特殊工程项目或技术上复杂的项目可按初步设计、技术设计、施工图设计三个阶段进行，称为"三阶段设计"；对于规模较小、技术成熟，或套用标准设计的工程，可直接做施工图设计，称为"一阶段设计"。

(1) 初步设计。初步设计是根据批准的可行性研究报告以及有关的设计标准、规范，并通过现场勘察工作取得可靠的设计基础资料后进行编制的，是对建设项目的技术方案和投资规模进行细化和深入分析，确立项目建设的投资、组织和设备订货的依据。初步设计的主要任务是确定项目的建设方案、进行设备选型、编制工程项目的总概算。其中，初步设计中的主要设计方案及重大技术措施等应通过技术经济分析，进行多方案比较论证，未采用方案的简要情况及采用方案的选定理由均应写入设计文件。

每个建设项目都应编制总体部分的总体设计文件(即综合册)和各单项工程设计文件。在初步设计阶段，其内容深度要求如下：

① 总体设计文件内容包括设计总说明及附录，各单项设计总图，总概算编制说明及概算总表。

② 各单项工程设计文件一般由文字说明、图纸和概算三部分组成。

另外，在初步设计阶段还应另册提出技术规范书、分交方案，说明工程要求的技术条件及有关数据等。其中，引进设备的工程技术规范书应用中、外文编写。

(2) 技术设计。技术设计是根据已批准的初步设计，对设计中比较复杂的项目、遗留问题或特殊需要，通过更详细的设计和计算，进一步研究和阐明其可靠性和合理性，准确地解决各个主要技术问题。在技术阶段应编制修正概算。

(3) 施工图设计。施工图设计文件应根据批准的初步设计文件和主要设备订货合同进行编制，用于指导工程实施，应说明实施方案、突出设备的安装方法和验收指标或性能要求，一般由文字说明、图纸和预算三部分组成。在施工图设计文件中，要求绘制施工详图，标明房屋、建筑物、设备的结构尺寸，说明安装设备的配置关系、布线、施工工艺，提供设备、材料明细表，并编制施工图预算。

各单项工程施工图设计说明应简要说明该工程初步设计方案主要内容并对修改部分进行论述，注明有关批准文件的日期、文号及文件标题；提出详细的工程量表；测绘出完整线路；绘制建筑安装施工图纸、设备安装施工图纸，包括工程项目的各部分工程详图和零部件明细表等。它是初步设计(或技术设计)的完善和补充，也是施工的依据。

施工图设计的深度应满足设备、材料的定货、施工图预算的编制、设备安装工艺及其他施工技术要求等。施工图设计可不编总体部分的综合文件。

3. 工程设计的主要技术条件

工程设计的技术条件，就是赖以进行设计所必需的基础资料和数据，通常包括以下几项内容：

(1) 矿藏条件：矿藏资源的储量、成分、品味、性能及有关地质资料。

(2) 水源及水文条件。

(3) 区域地质和工程地质条件。

(4) 设备条件。

(5) 废物处理和要求。

(6) 职工生活区的安置方案及要求。

(7) 政策性规定。

(8) 其他条件：包括建设项目所在地区周围的机场、港口、码头、文物、交通及军事设施对工程项目的要求、限制或影响等方面的资料等。

5.1.3 通信建设工程项目划分

通信工程可按不同的通信专业分为 9 大建设项目，每个建设项目又可分为多个单项工程，初步设计概算和施工图预算应按单项工程编制。通信建设工程项目的划分如表 5-1 所示。

表 5-1 通信建设单项工程项目划分表

专 业 类 别		单项工程名称	备 注
通信线路工程		① ××光、电缆线路工程； ② ××水底光、电缆工程(包括水线房建筑及设备安装)； ③ ××用户线路工程(包括主干及配线光、电缆、交接及配线设备、集线器、杆路等)； ④ ××综合布线系统工程； ⑤ ××光纤到户工程	进局及中继光(电)缆工程可按每个城市作为一个单项工程
通信管道建设工程		××路(××段)、××小区通信管道工程	
有线通信设备安装工程	通信传输设备安装工程	××数字复用设备及光、电设备安装工程	
	通信交换设备安装工程	××通信交换设备安装工程	
	数据通信设备安装工程	××数据通信设备安装工程	
	视频监控设备安装工程	××视频监控设备安装工程	
无线通信设备安装工程	微波通信设备安装工程	数据通信设备安装工程	
	卫星通信设备安装工程	××地球站通信设备安装工程(包括天线、馈线)	
	移动通信设备安装工程	① ××移动控制中心设备安装工程； ② 基站设备安装工程(包括天线、馈线)； ③ 分布系统设备安装工程	
	铁塔安装工程	××铁塔安装工程	
电源设备安装工程		××电源设备安装工程(包括专用高压供电线路工程)	

5.2 定　　额

在生产过程中，为了完成某一单位合格产品，就要消耗一定的人工、材料、机具设备和资金。由于这些消耗受技术水平、组织管理水平及其他客观条件的影响，所以其消耗水平是不相同的。因此，为了统一考核其消耗水平，便于经营管理和经济核算，就需要有一个统一的平均消耗标准，于是便产生了定额。

5.2.1 定额的产生发展与地位

1. 定额的定义

定额是指在一定的生产技术和劳动组织条件下，完成单位合格产品在人力、物力、财力的利用和消耗方面应当遵守的标准。它反映行业在一定时期内的生产技术和管理水平，是企业搞好经营管理的前提，也是企业组织生产、引入竞争机制的手段，是进行经济核算和贯彻"按劳分配"原则的依据，它是管理科学中的一门重要学科。随着建设项目管理的深入和发展，定额已提到一个非常重要的位置。在建设项目建设的各个阶段采用科学的计价依据和先进的计价管理手段，是合理确定工程造价和有效控制工程造价的重要保证。定额属于技术经济范畴，是实行科学管理的基础工作之一。

2．定额的产生与发展

劳动定额成为企业管理的一门科学，始于 19 世纪末至 20 世纪初，当时美国工业发展很快，但由于采用传统的管理方法，工人劳动生产率低，无法与当时飞速发展的科学技术水平相适应。在这种背景下，美国工程师弗·温·泰罗(1856—1915 年)开始了企业管理的研究，其目的是要解决如何提高工人的劳动效率。他着重从工人的操作方法上研究工时的科学利用，把工作时间分成若干工序，并利用秒表来记录工人每一个动作及其消耗时间，制定出工时定额作为衡量工人工作效率的尺度。同时，还研究工人的操作方法，对工人在劳动中的操作和动作，逐一记录分析研究，把各种最经济、最有效的动作集中起来，制定出最节约工作时间的标准操作方法，并据以制定更高的工时定额。泰罗还对工具和设备进行了研究，使工人使用的工具、设备、材料标准化。

泰罗通过研究，提出了一整套系统的、标准的科学管理方法，形成著名的"泰罗制"管理体系。泰罗制的核心可以归纳为：制定科学的工时定额、实行标准的操作方法、强化和协调职能管理及有差别的计件工资。泰罗制给企业管理带来了根本性变革，使企业获得了巨大的效益，泰罗也因此被尊称为"科学管理之父"。

20 世纪 40 至 60 年代，随着企业管理的发展，定额的制定也随之不断向前发展。一方面，管理科学从操作方法、作业水平的研究向科学组织的研究上扩展；另一方面，充分利用现代自然科学的最新成就，如运筹学、电子计算机等科学技术手段进行科学管理。

20 世纪 70 年代，出现了行为科学和系统管理理论。前者从社会学、心理学的角度研究管理，强调和重视社会环境、人的相互关系来提高工效的影响；后者把管理科学和行为科学结合起来，以企业为一个系统，从事物的整体出发，对企业中人、物和环境等要素进行定性、定量相结合的系统分析研究，选择和确定企业管理最优方案，实现最佳的经济效益。

3．定额在现代管理中的地位

定额是管理科学的基础，是现代管理科学中的重要内容和基本环节，要实现工业化和生产的社会化、现代化，就必须充分认识定额在经济管理中的地位。

(1) 定额是节约社会劳动、提高劳动生产率的重要手段。定额为生产者和经济管理人员树立了评价劳动成果和经营效益的标准尺度，同时也使广大职工明确了自己应在工作中达到的具体目标，从而增强责任感和自我完善的意识，自觉地节约社会劳动和消耗，努力提高劳动生产率和经济效益。

(2) 定额是组织和协调社会化大生产的工具。随着生产力的发展，分工越来越细，生产社会化程度不断提高，任何一件产品都可以说是许多企业、许多劳动者共同完成的社会产品，因此必须借助定额实现生产要素的合理配置，以定额作为组织、指挥和协调社会生产的科学依据和有效手段，从而保证社会生产持续、顺利地发展。

(3) 定额是宏观调控的依据。通过一系列定额为预测、计划、调节和控制经济发展提供有技术根据的参数，提供可靠的计量标准。

(4) 定额在实现分配、兼顾效率与社会公平方面有巨大的作用。定额作为评价劳动成果和经营效益的尺度，也就成为个人消费品分配的依据。充分发挥定额的作用，是实现按劳分配的前提条件。

4. 建设工程定额管理在我国的发展过程

建设工程定额是指在工程建设中，单位合格产品所需人工、材料、机械的规定额度，它属于生产消费定额的性质。

建设工程定额是根据国家一定时期的管理体制和管理制度，根据不同定额的用途和适用范围，由指定的机构按照一定的程序制定的，并按照规定的程序审批和颁布执行。建设工程定额虽然是主观的产物，但是它应正确地反映工程建设和各种资源消耗之间的客观规律。

我国建设工程定额管理，经历了一个从无到有，从建立发展到被削弱破坏，又从整顿发展到改革完善的曲折道路。从发展过程来看，大体可以分为五个阶段。第一阶段，1950年至1957年，为建设工程定额的建立时期；第二阶段，1958年至1966年初是建设工程定额的弱化时期；第三阶段，1966年至1976年是建设工程定额的倒退时期；第四阶段，1976年至20世纪90年代初是建设工程定额整顿和发展时期，1985年至1986年国家计委陆续颁发了统一组织编制的两册基础定额和十五册"全国统一安装工程预算定额"，在这15册中，第四册《通信设备安装工程》和第五册《通信线路工程》是由原邮电部主编的，使用于通信工程；第五阶段，90年代初～至今是建设工程定额管理逐步进行改革时期。就通信行业而言，这个时期定额的发展先后经历了四次调整修订，分别是：第一次，1990年，原邮电部颁布的[1990]433号《通信工程建设概算预算编制办法及费用定额》和《通信工程价款结算办法》；第二次，1995年原邮电部颁布了[1995]626号《通信建设工程概算、预算编制办法及费用定额》、《通信建设工程价款结算办法》和《通信建设工程预算定额》(共三册)，它贯彻了"量价分离、技普分开"的原则，并且从全国统一定额中分离出来，使通信建设工程定额改革又前进了一步；第三次，为适应通信建设发展需要，合理和有效控制工程建设投资，规范通信建设概预算的编制与管理，根据国家法律、法规及有关规定，2008年，工信部颁布了[2008]75号《通信建设工程概算、预算编制办法》、《通信建设工程费用定额》、《通信建设工程施工机械、仪表台班费用定额》和《通信建设工程预算定额》(共五册)。该文件是对原邮电部[1995]626号定额进行的修订；第四次，如今，随着大数据、计算机、云计算、物联网以及智能家居等技术的迅速发展，通信业务在不断扩大，为了更好地适应信息通信建设发展需要，合理和有效控制工程建设投资，规范信息通信建设概算、预算的编制与管理工作,2016年底，工信部对原75号定额进一步修订，颁布通信[2016]451号文件，即《信息通信建设工程概预算编制过程》、《信息通信建设工程费用定额》和《信息通信建设工程预算定额》(共五册)，自2017年5月1日起正式施行。

5.2.2 建设工程定额分类及特点

1. 建设工程定额分类

建设工程定额是一个综合概念，是工程建设中各类定额的总称。为了对建设工程定额能有一个全面的了解，可以按照不同的原则和方法对它进行科学的分类。

(1) 按建设工程定额反映的物质消耗内容分类，可以把建设工程定额分为劳动消耗定额、机械消耗定额和材料消耗定额三种。

① 劳动消耗定额，简称劳动定额。在施工定额、预算定额、概算定额、概算指标等多种定额中，劳动消耗定额都是其中重要的组成部分。"劳动消耗"在这里仅只是活劳动的消耗，而不是活劳动和物化劳动的全部消耗。劳动消耗定额是完成一定的合格产品(工程实体或劳务)规定活劳动消耗的数量标准。由于劳动消耗定额大多采用工作时间消耗量来计算劳动消耗的数量，所以劳动消耗定额主要表现形式是时间定额，但同时也表现为产量定额。

② 材料消耗定额。简称材料定额。它是指完成一定合格产品所需要消耗材料的数量标准。材料是指工程建设中使用的原材料、成品、半成品、构配件等。材料作为劳动对象是构成工程的实体物资，需要数量大，种类繁多，所以材料消耗量多少，消耗是否合理，不仅关系到资源的有效利用，影响市场供求状况，而且对建设工程的项目投资、建筑产品的成本控制都起着决定性影响。

③ 机械(仪表)消耗定额，简称机械(仪表)定额。它是指为完成一定合格产品(工程实体或劳务)所规定的施工机械(仪表)消耗的数量标准。机械(仪表)消耗定额的主要表现形式是机械(仪表)时间定额，但同时也表现为产量定额。在我国机械(仪表)消耗定额主要是以一台机械(仪表)工作一个工作班(八小时)为计量单位的，所以又称为机械(仪表)台班定额。它与劳动消耗定额一样，在施工定额、预算定额、概算定额、概算指标等多种定额中，机械(仪表)消耗定额都是其中的组成部分。

(2) 按照定额的编制程序和用途分类，可以把建设工程定额分为施工定额、预算定额、概算定额、投资估算指标和工期定额五种。

① 施工定额。施工定额是施工单位直接用于施工管理的一种定额，是编制施工作业计划、施工预算、计算工料，向班组下达任务书的依据。施工定额主要包括:劳动消耗定额、机械(仪表)消耗定额和材料消耗定额三个部分。

施工定额是按照平均先进的原则编制的。它以同一性质的施工过程为对象，规定劳动消耗量、机械(仪表)工作时间(生产单位合格产品所需的机械、仪表工作时间，单位用台班表示)和材料消耗量。

② 预算定额。预算定额是编制预算时使用的定额，是确定一定计量单位的分部、分项工程或结构构件的人工(工日)、机械(台班)、仪表(台班)和材料的消耗数量标准。

每一项分部、分项工程的定额，都规定有工作内容，以便确定该项定额的适用对象，而定额本身则规定有：人工工人数(分等级表示或以平均等级表示)、各种材料的消耗量(次要材料可综合地以价值表示)、机械台班数量和仪表台班数量等三方面的实物指标。统一预算定额里的预算价值，是以某地区的人工、材料、机械、仪表台班预算单价为标准计算，称为预算基价，基价可供设计、预算比较参考。编制预算时，如不能直接套用基价，则应根据各地的预算单价和定额的工料消耗标准，编制地区估价表。

③ 概算定额。概算定额是编制概算时使用的定额，是确定一定计量单位扩大分部、分项工程的人工、材料、机械、仪表台班消耗量的标准，是设计单位在初步设计阶段确定建筑(构筑物)概略价值、编制概算、进行设计方案经济比较的依据。它也可供概略地计算人工、材料、机械和仪表台班的需要数量，作为编制基建工程主要材料申请计划的依据。其内容和作用与预算定额相似，但项目划分较粗，没有预算定额的准确性高。

④ 投资估算指标。投资估算指标是在项目建议书可行性研究阶段编制投资估算、计算

投资需要量时使用的一种定额。它往往以独立的单项工程或完整的工程项目为计算对象，其概括程度与可行性研究阶段相适应，主要作用是为项目决策和投资控制提供依据。投资估算指标虽然往往根据历史的预、决算资料和价格变动等资料编制，但其编制基础仍然离不开预算定额和概算定额。

⑤ 工期定额。工期定额是为各类工程规定的施工期限的定额天数，是评价工程建设速度、编制施工计划、签订承包合同、评价全优工程的可靠依据，它包括建设工期定额和施工工期定额两个层次。建设工期是指建设项目或独立的单项工程在建设过程中所耗用的时间总量，一般以月数或天数表示。它从开工建设时计起，到全部建成投产或交付使用时为止所经历的时间，但不包括由于计划调整或停缓建所延误的时间。施工工期一般是指单项工程或单位工程从开工到完工所经历的时间，它是建设工期的一部分。如单位工程施工工期，是指从正式开工起至完成承包工程全部设计内容并达到验收标准的全部有效天数。

(3) 按主编单位和管理权限分类，建设工程定额可分为行业定额、地区性定额、企业定额和临时定额四种。

① 行业定额。行业定额是指各行业主管部门根据其行业工程技术特点以及施工生产和管理水平编制，在本行业范围内使用的定额。例如，通信建设工程定额。

② 地区性定额(包括省、自治区、直辖市定额)。地区性定额是指各地区主管部门考虑本地区特点编制，在本地区范围内使用的定额。

③ 企业定额。企业定额是指由施工企业考虑本企业具体情况，参照行业或地区性定额的水平编制的定额。它只在本企业内部使用，是企业素质的一个标志。企业定额水平一般应高于行业或地区现行施工定额，才能满足生产技术发展、企业管理和市场竞争的需要。

④ 临时定额。临时定额是指随着设计、施工技术的发展，在现行各种定额不能满足需要的情况下，为了补充缺项由设计单位会同建设单位所编制的定额。设计中编制的临时定额只能一次性使用，并需向有关定额管理部门上报备案，作为修、补定额的基础资料。

2．现行通信建设工程定额的构成

目前，通信建设工程有预算定额和费用定额，由于现在还没有概算定额，在编制概算时，暂时用预算定额代替。2016 年，我国工业和信息化部对原颁布的 [2008] 75 号《通信建设工程概算、预算编制办法》及相关费用和预算定额进行修订。现在各种定额执行文件包括：工信部通信 [2016] 451 号颁布《信息通信建设工程概预算编制规程》、《信息通信建设工程费用定额》和《信息通信建设工程预算定额》(共五册)，分别是：第一册通信电源设备安装工程、第二册有线通信设备安装工程、第三册无线通信设备安装工程、第四册通信线路工程、第五册通信管道工程。

3．建设工程定额特点

1) 科学性

建设工程定额的科学性包括两重含义：一是指建设工程定额必须和生产力发展水平相适应，反映出工程建设中生产消费的客观规律；二是指建设工程定额管理在理论、方法和手段上必须科学化，以适应现代科学技术和信息社会发展的需要。建设工程定额的科学性，首先表现在要用科学的态度制定定额，尊重客观实际，力求定额水平高低合理；其次表现在制定定额的技术方法上，利用现代科学管理的成就，形成一套系统的、完整的、在实践中行之有效的方法；最后表现在定额制定和贯彻的一体化，制定是为了提供贯彻的依据，贯彻是为了实现管理的目标，也是对定额的信息反馈。

2) 系统性

建设工程定额是相对独立的系统，它是由多种定额结合而成的有机整体。它的系统性是由工程建设的特点决定的。按照系统论的观点，工程建设就是庞大的实体系统，建设工程定额是为这个实体系统服务的，因而工程建设本身的多种类、多层次就决定了以它为服务对象的建设工程定额的多种类、多层次。各类工程的建设都有严格的项目划分，如建设项目、单项工程、单位工程、分部分项工程，在计划和实施过程中有严密的逻辑阶段，如规划、可行性研究、设计、施工、竣工交付使用以及投入使用后的维修等，与此相适应必然形成建设工程定额的多种类、多层次。

3) 统一性

建设工程定额的统一性主要是由国家对经济发展的有计划的宏观调控职能决定的。为了使国民经济按照既定的目标发展，就需要借助于某些标准、定额、参数等，对工程建设进行规划、组织、调节、控制。而这些标准、定额、参数必须在一定范围内是一种统一的尺度，才能实现上述职能，才能利用它对项目的决策、设计方案、投标报价、成本控制进行比较、选择和评价。

建设工程定额的统一性按照其影响力和执行范围来看，有全国统一定额、地区性定额和行业定额等；按照定额的制定、颁布和贯彻使用来看，有统一的程序、原则、要求和用途。

4) 权威性和强制性

主管部门通过一定程序审批颁发的建设工程定额具有很大权威，在一些情况下它具有经济法规性质和执行的强制性。建设工程定额的权威性反映统一的意志和统一的要求，也反映信誉和信赖程度；强制性反映刚性约束和定额的严肃性。

建设工程定额的权威性和强制性的客观基础是定额的科学性。只有科学的定额才具有权威。在市场经济条件下，建设工程定额会涉及各有关方面的经济关系和利益关系，赋予其一定的强制性，对于定额的使用者和执行者来说，可以避开主观的意愿，必须按定额的规定执行。在当前市场不规范的情况下，这种强制性不仅是定额作用得以发挥的有力保障，也有利于理顺工程建设有关各方面的经济关系和利益关系。

5) 稳定性和时效性

建设工程定额中的任何一种都是一定时期技术发展和管理的反映，因而在一段时期内都表现出稳定的状态，根据具体情况不同，稳定的时间有长有短，保持建设工程定额的稳定性是维护其权威性所必需的，更是有效地贯彻建设工程定额所必需的。如果建设工程定额长期处于修改变动之中，那么必然会造成执行中的困难和混乱，容易导致建设工程定额权威性的丧失。

然而，建设工程定额的稳定性是相对的。任何一种定额，都只能反映一定时期的生产力水平，当生产力向前发展了，原有定额就会与发展了的生产力水平不相适应，使得它的作用被逐步弱化以致消失，甚至产生负效应。所以，建设工程定额在具有稳定性特点的同时又具有显著的时效性，当定额不再能起到促进生产力发展作用时，就要重新编写或修订。这样看来，定额在一段时期内是稳定的，从长远看，它又是变动的。

5.3 通信建设工程预算定额

5.3.1 预算定额的作用

(1) 预算定额是编制施工图预算、确定和控制建筑安装工程造价的计价基础。

(2) 预算定额是落实和调整年度建设计划,对设计方案进行技术经济分析比较的依据。

(3) 预算定额是施工企业进行经济活动分析的依据。

(4) 预算定额是编制标底、投标报价的基础。

(5) 预算定额是编制概算定额和概算指标的基础。

5.3.2 现行信息通信建设工程预算定额的编制及构成

1. 预算定额的编制依据

(1) 《建筑安装工程费用项目组成》(住建部 [2013] 44 号)等有关文件。

(2) 通信建设工程设计规范、施工及验收规范、通用图、标准图和有代表性的设计图纸等。

(3) 《信息通信建设工程概预算编制规程》(工信部通信 [2016] 451 号)。

(4) 《关于进一步放开建设项目专业服务价格的通知》(发改价格 [2015] 299 号)。

(5) 财政部、安全监管总局关于印发《企业安全生产费用提取和使用管理办法》的通知(财企 [2012] 16 号)。

(6) 人力资源社会保障部、财政部《关于调整工伤保险费率政策的通知》(人社部发 [2015] 71 号)。

(7) 通信设计、施工企业和建设单位专家提供的意见和资料。

2. 预算定额的编制方法

为保证预算定额的质量,充分发挥其在通信建设工程中的作用,预算定额的编制应体现通信行业的特点,其具体的编制原则和方法如下:

(1) 贯彻国家和行业主管部门关于修订通信建设工程预算定额相关政策精神,坚持实事求是,做到科学、合理、便于操作和维护。

(2) 贯彻执行"控制量"、"量价分离"和"技普分开"的原则:

① 控制量:指预算定额中的人工、主材、机械和仪表台班的消耗量是法定的,任何单位和个人不得擅自调整。

② 量价分离:指预算定额中只反映人工、主材、机械和仪表台班的消耗量,而不反映其单价。单价由主管部门或造价管理归口单位另行发布。

③ 技普分开:指凡是由技工操作的工序内容均按技工计取工日,由非技工操作的工序内容均按普工计取工日。

(3) 预算定额子目编号规则。预算定额子目编号由三部分组成:第一部分为三个汉语拼音缩写字母,表示预算定额所在具体分册名称,2008 版预算定额共五册,字母缩写代号分别是：第一册通信电源设备安装工程(TSD)，第二册有线通信设备安装工程(TSY)，第三册无线通信设备安装工程(TSW)，第四册通信线路工程(TXL)，第五册通信管道工程(TGD)；第二部分为一位阿拉伯数字，表示定额子目所在章内的章号；第三部分为三位阿拉伯数字，表示定额子目在章内的序号。以通信线路工程册为例，其预算定额子目编号方法如图 5-3 所示。

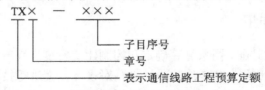

图 5-3　预算定额子目编号方法

例如，TXL1-001 表示通信线路工程册第一章的第一个"直埋光(电)缆工程施工测量"预算定额。

(4) 人工工日及消耗量的确定。预算定额中人工消耗量是指完成定额规定计量单位所需要的全部工序用工量，一般应包括基本用工、辅助用工和其他用工。

① 基本用工。由于预算定额是综合性的定额，每个分部、分项定额都综合了数个工序内容，各种工序用工工效应根据施工定额逐项计算，因此完成定额单位产品的基本用工量包括该分项工程中主体工程的用工量和附属于主体工程中各项工程的加工量。

通信工程预算定额项目基本用工的确定有三种方法：对于有劳动定额依据的项目，基本用工一般应按劳动定额的时间定额乘以该工序的工程量计算确定；对于无劳动定额可依据的项目，基本用工量的确定是参照现行其他劳动定额通过细算粗编，在广泛征求设计、施工、建设等部门的意见及施工现场调查研究的基础上确定的；对于新增加的定额项目且无劳动定额可供参考的，一般可参考相近的定额项目，结合新增施工项目的特点和技术要求，先确定施工劳动组织和基本用工过程，根据客观条件和工人实际操作水平确定日进度，然后根据该工序的工程量计算确定基本用工。

② 辅助用工。辅助用工是劳动定额未包括的工序用工量，包括施工现场某些材料临时加工用工和排除一般故障、维持必要的现场安全用工等。施工现场临时材料加工用工量计算，一般是按加工材料的数量乘以相应时间定额来确定。

③ 其他用工。其他用工是指劳动定额中未包括而在正常施工条件下必然发生的零星用工量，是预算定额的必要组成部分，在编制预算定额时必须计算。内容包括：

A．在正常施工条件下各工序间的搭接和工种间的交叉配合所需的停歇时间。

B．施工机械在单位工程之间转移及临时水电线路在施工过程中移动所发生的不可避免的工作停歇。

C．工程质量检查与隐蔽工程验收而影响工人操作的时间。

D．场内单位工程之间操作地点的转移，影响工人操作的时间，施工过程中工种之间交叉作业时间。

E．施工中细小的难以测定的不可避免的工序和零星用工所需的时间等。

其他用工一般按预算定额的基本用工量和辅助用工量之和的 10%计算。

(5) 主要材料及消耗量的确定。主要材料是指在建安工程中或产品构成中形成产品实体的各种材料。主要材料的消耗指标是根据编制预算定额时选定的有关图纸、测定的综合工程量数据、主要材料消耗定额、科学实验资料、有关理论计算公式等逐项综合计算得出的。即先算出净用量,再加上损耗量,以实用量列入预算定额。

① 主要材料净用量。主要材料净用量是指不包括施工现场运输和操作损耗,完成每一定额计量单位产品所需某种材料的用量,要根据设计规范、施工及验收规范、材料规格、理论公式和编制预算定额时测定的有关工程量数据等综合进行计算。

② 主要材料损耗量。

A．周转性材料摊销量。周转性材料摊销量是指施工过程中多次周转使用的材料,每次施工完成之后还可以再次使用,但在每次用过之后必然发生一定的损耗,经过若干次使用之后,此种材料报废或仅剩残值,这种材料就要以一定的摊销量分摊到部分分项工程预算定额中。例如,水底电缆敷设船只组装、机械顶钢管、管道沟挡土板所用木材等,一般按周转 10 次摊销。在预算定额编制过程中,对周转性材料应严格控制周转次数,以促进施工企业合理使用材料,充分发挥周转性材料的潜力,减少材料损耗,降低工程成本。

B．主要材料损耗量。主要材料损耗量指材料在施工现场运输和生产操作过程中不可避免的合理损耗量,要根据材料净用量和相应的材料损耗率计算。材料损耗量的大小直接影响预算定额的材料消耗水平,所以材料损耗率的确定与材料损耗量的计算,是编制预算定额中的关键问题。通信工程预算定额的主要材料损耗率的确定是按合格的原材料,在正常施工条件下,以合理的施工方法,结合现行定额水平综合取定的。

应当指出预算定额中的材料只反映主材,其辅材费可按费用定额的规定另行计算。

(6) 施工机械、仪表台班及消耗量的确定。通信工程中凡是单价在 2000 元以上,构成固定资产的施工机械、仪表,定额子目中均给定了台班消耗量。预算定额中施工机械(仪表)台班消耗量标准,包括完成定额计量单位产品所需要的各种施工机械(仪表)的台班数量。所谓机械(仪表)台班数量是指以一台施工机械(仪表)一天(八小时)完成合格产品数量作为台班产量定额,再以一定的机械幅度差来确定单位产品所需要的机械(仪表)台班量。基本用量的计算公式为

$$预算定额中施工机械(仪表)台班消耗量 = \frac{某单位合格产品数量}{每台班产量定额 \times 机械幅度差系数}$$

或

$$预算定额中施工机械(仪表)台班消耗量 = \frac{1}{每台班产量}$$

机械幅度差考虑的主要因素有:

① 初期施工条件限制所造成的工效差。

② 工程结尾时工程量不饱满,利用率不高。

③ 施工作业区内移动机械所需要的时间。

④ 工程质量检查所需要的时间。

⑤ 机械配套之间相互影响的时间。

3. 预算定额的构成

现行信息通信建设工程预算定额由总说明、册说明、章节说明、定额项目表和附录构成。

1) 总说明

总说明阐述定额的编制原则、指导思想、编制依据和适用范围，同时还说明编制定额时已经考虑和没有考虑的各种因素以及有关规定和使用方法等。在使用定额时应首先了解和掌握这部分内容，以便正确地使用定额。总说明的具体内容为：

(1) 《信息通信建设工程预算定额》(以下简称"预算定额")是完成规定计量单位工程所需要的人工、材料、施工机械和仪表的消耗量标准。

(2) 预算定额共分五册，包括：

第一册：通信电源设备安装工程(册名代号 TSD)。

第二册：有线通信设备安装工程(册名代号 TSY)。

第三册：无线通信设备安装工程(册名代号 TSW)。

第四册：通信线路工程(册名代号 TXL)。

第五册：通信管道工程(册名代号 TGD)。

(3) 预算定额是编制通信建设项目投资估算指标、概算、预算和工程量清单的基础；也可作为通信建设项目招标、投标报价的基础。

(4) 预算定额适用于新建、扩建工程，改建工程可参照使用。本定额用于扩建工程时，其扩建施工降效部分的人工工日按乘以系数 1.1 计取，拆除工程的人工工日计取办法见各册的相关内容。

(5) 预算定额是以现行通信工程建设标准、质量评定标准及安全操作规程等文件为依据，按符合质量标准的施工工艺、合理工期及劳动组织形式条件下进行编制的。具体要求如下：

① 设备、材料、成品、半成品、构件符合质量标准和设计要求。

② 通信各专业工程之间、与土建工程之间的交叉作业正常。

③ 施工安装地点、建筑物、设备基础、预留孔洞均符合安装要求。

④ 气候条件、水电供应等应满足正常施工要求。

(6) 定额子目编号原则。定额子目编号由三部分组成：第一部分为册名代号，由汉语拼音(字母)缩写而成；第二部分为定额子目所在的章号，由一位阿拉伯数字表示；第三部分为定额子目所在章内的序号，由三位阿拉伯数字表示。

(7) 关于人工的说明：

① 定额人工的分类为技术工和普通工。

② 定额的人工消耗量包括基本用工、辅助用工和其他用工，其中：

A．基本用工——完成分项工程和附属工程定额实体单位产品的加工量。

B．辅助用工——定额中未说明的工序用工量；包括施工现场某些材料临时加工、排除故障、维持安全生产的用工量。

C．其他用工——定额中未说明的而在正常施工条件下必然发生的零星用工量；包括工序间搭接、工种间交叉配合、设备与器材施工现场转移、施工现场机械(仪表)转移、质量检查配合以及不可避免的零星用工量。

(8) 关于材料的说明：

① 材料分为主要材料和辅助材料。定额中仅计列构成工程实体的主要材料，辅助材料以费用的方式表现，其计算方法按《信息通信建设工程费用定额》的相关规定执行。

② 定额中的主要材料消耗量包括直接用于安装工程中的主要材料净用量和规定的损耗量。规定的损耗量指施工运输、现场堆放和生产过程中不可避免的合理损耗量。

③ 施工措施性消耗部分和周转性材料按不同施工方法、不同材质分别列出一次使用量和一次摊销量。

④ 定额不含施工用水、电、蒸汽消耗量，此类费用在设计概算、预算中根据工程实际情况在建筑安装工程费中按相关规定计列。

(9) 关于施工机械的说明：

① 施工机械单位价值在 2000 元以上，构成固定资产的列入定额的机械台班。

② 定额的机械台班消耗量是按正常合理的机械配备综合取定的。

(10) 关于施工仪表的说明：

① 施工仪表单位价值在 2000 元以上，构成固定资产的列入定额的仪表台班。

② 定额的施工仪表台班消耗量是按通信建设标准规定的测试项目及指标要求综合取定的。

(11) 预算定额适用于海拔高程 2000 米以下，地震烈度为七度以下地区，超过上述情况时，按有关规定处理。

(12) 在以下的地区施工时，定额按下列规则调整：

① 在高原地区施工时，本定额人工工日、机械台班量乘以表 5-2 列出的系数。

表 5-2　高原地区调整系数表

海拔高程/米		2000 以上	3000 以上	4000 以上
调整系数	人工	1.13	1.30	1.37
	机械	1.29	1.54	1.84

② 在原始森林地区(室外)机沼泽地区施工时，人工工日、机械台班消耗量乘以系数 1.30。

③ 在非固定沙漠地带进行室外施工时，人工工日乘以系数 1.10。

④ 其他类型的特殊地区按相关部门规定处理。

以上四类特殊地区若在施工中同时存在两种以上情况时，只能参照较高标准计取一次，不应重复计列。

(13) 预算定额中带有括号表示的消耗量，系供设计选用；"＊"表示由设计确定其用量。

(14) 凡是定额子目中未标明长度单位的均指"mm"。

(15) 预算定额中注有"××以内"或"××以下"者均包括"××"本身；"××以外"或"××以上"者则不包括"××"本身。

(16) 本说明未尽事宜，详见各专业册章节和附注说明。

2) 册说明

通信建设工程预算定额包括五册，册说明阐述该册的内容，编制基础和使用该册应注意的问题及有关规定等。以第四册《通信线路工程》册为例，其册说明为：

(1) 《通信线路工程》预算定额适用于通信光(电)缆的直埋、架空、管道、海底等线路的新建工程。

(2) 通信线路工程，当工程规模较小时，人工工日以总工日为基数按下列规定系数进行调整：

① 工程总工日在 100 工日以下时，增加 15%。

② 工程总工日在 100～250 工日时，增加 10%。

(3) 本定额带有括号和以分数表示的消耗量，系供设计选用，"＊"表示由设计确定其用量。

(4) 本定额拆除工程，不单立子目，发生时按表 5-3 所示的规定执行。

表 5-3　拆除工程人工工日及机械台班折算办法

序号	拆除工程内容	占新建工程定额的百分比/%	
		人工工日	机械台班
1	光(电)缆(不需清理入库)	40	40
2	埋式光(电)缆(清理入库)	100	100
3	管道光(电)缆(清理入库)	90	90
4	各端电缆(清理入库)	40	40
5	架空、墙壁、室内、通道、槽道、引上光(电)缆(清理入库)	70	70
6	线路工程各种设备以及除光(电)缆外的其他材料(清理入库)	60	60
7	线路工程各种设备以及除光(电)缆外的其他材料(不需清理入库)	30	30

(5) 各种光(电)缆工程量计算时，应考虑敷设的长度和设计中规定的各种预留长度。

3) 章节说明

每册都包含若干章节，每章都有章节说明。它主要说明分部分项工程的工作内容，工程量计算方法和本章节有关规定、计量单位、起迄范围、应扣除和应增加的部分等。这部分是工程量计算的基本规则，必须全面掌握。不读懂章节说明，就无法正确计算出工程量，也就制定不出科学合理的工程预算。以第四册《通信线路工程》册第三章敷设架空光(电)缆为例，其章节说明为：

(1) 挖电杆、拉线、撑杆坑等的土质系按综合土、软石、坚石三类划分。其中综合土的构成按普通土 20%、硬土 50%、砂砾土 30%。

(2) 本定额中立电杆与撑杆、安装拉线部分为平原地区的定额，用于丘陵、水田、城区时应乘以 1.30 的系数；用于山区时应乘以 1.60 的系数。

(3) 更换电杆及拉线按本定额相关子目的 2 倍计取。

(4) 组立安装 L 杆，取 H 杆同等杆高定额的 1.5 倍；组立安装井字杆，取 H 杆同等杆高定额的 2 倍。

(5) 高桩拉线中电杆至拉桩间正拉线的架设，套用相应安装吊线的定额，立高桩套用相应立电杆的定额。

(6) 安装拉线如采用横木地锚时，相应定额中不含地锚铁柄和水泥拉线盘两种材料，需另增加制作横木地锚的相应子目。

(7) 本定额相关子目所列横木的长度，由设计根据地质地形选取。

(8) 架空明线的线位间如需架设安装架空吊线时，按相应子目的定额乘以 1.3 的系数。

(9) 敷设档距在 100 米及以上的吊线、光(电)缆时，其人工按相应定额的 2 倍计取。

(10) 拉线坑所在地表有水或严重渗水，应由设计另计取排水等措施费用。

(11) 有关材料的说明：

① 本定额中立普通品接杆高 15 米以内，特种品接杆限高 24 米以内，工程中电杆长度由设计确定。

② 各种拉线的钢绞线定额消耗量按 9 米以内杆高、距高比 1∶1 测定，如杆高与距高比根据地形地貌有变化，可据实调整换算其用量。杆高相差 1 米单条钢绞线的调整量如表 5-4 所示。

表 5-4 拉线定额消耗量调整

制　　　　式	7/2.2	7/2.6	7/3.0
调　整　量	±0.31 kg	±0.45 kg	±0.60 kg

4) 定额项目表

定额项目表是预算定额的主要内容，该项目表列出了分部分项工程所需的人工、主材、机械台班的消耗量。例如第四册《通信线路工程》册中第二章第二节中丘陵、水田、城区敷设埋式光缆的定额项目表如表 5-5 所示。

表 5-5 丘陵、水田、城区敷设埋式光缆

定额编号		TXL2-021	TXL2-022	TXL2-023	TXL2-024	TXL2-025	TXL2-026
项　　目		丘陵、水田、城区敷设埋式光缆/千米条					
		36 芯以下	72 芯以下	96 芯以下	144 芯以下	288 芯以下	288 芯以上
定额单位		千米条					
名　称	单位	数　　　　　　量					
人工	技　工	工日	7.44	10.05	12.76	15.30	17.88	22.10
	普　工	工日	30.58	33.69	36.52	38.44	41.25	45.00
主材	光缆	m	1005.00	1005.00	1005.00	1005.00	1005.00	1005.00
机械								
仪表								

5) 附录

预算定额的最后列有附录，供使用预算定额时参考。

5.4　通信建设工程概算定额

概算定额也称为扩大结构定额，它是指以一定计量单位规定的建安工程扩大结构、分

部工程或扩大分项工程所需人工、材料与机械的需要量。概算定额是在预算定额的基础上，以安装工程的主要分项工程的形象部位为主，根据若干个有代表的施工图统计，取定单位工程综合工程定额，所以比预算定额更具有综合性质。

5.4.1 概算定额的作用

(1) 概算定额是初步设计阶段编制建设项目概算和技术设计阶段编制修正概算的依据。

(2) 概算定额是设计方案比较的依据。目的是选择出技术先进可靠、经济合理的方案，在满足使用功能的条件下，达到降低造价和资源消耗的目的。

(3) 概算定额是编制主要材料需要量的计算基础。根据概算定额所列材料消耗指标计算工程用料数量，可在施工图设计之前提出供应计划，为材料的采购、供应做好准备。

(4) 概算定额是编制概算指标和投资估算指标的依据。

(5) 概算定额是工程招标承包制中，对已完工程进行价款结算的主要依据。

5.4.2 概算定额的编制

1. 概算定额的编制原则

概算定额应该贯彻社会平均水平和简明适用的原则。由于概算定额和预算定额都是工程计价的依据，所以应符合价值规律和反映现阶段生产力水平。在概、预算定额水平之间应保留必要的幅度差，并在概算定额的编制过程中严格控制。为了满足事先确定造价，控制项目投资，概算定额要尽量不留活口或少留活口。

2. 概算定额的编制依据

(1) 批准的可行性研究报告。

(2) 初步设计图纸及有关资料。

(3) 国家相关管理部门发布的有关法律、法规、标准规范。

(4) 《通信建设工程预算定额》(目前通信工程用预算定额代替概算定额编制概算)、《通信建设工程费用定额》、《通信建设工程施工机械、仪表台班费用定额》及其有关文件。

(5) 建设项目所在地政府发布的土地征用和赔补费等有关规定。

(6) 有关合同、协议等。

3. 概算定额的编制程序

因为概算定额的编制基础之一是预算定额，所以其编制程序基本与预算定额编制程序相同。本书中主要介绍工程预算定额的编制。

本 章 小 结

1. 建设项目是指按一个总体设计进行建设，经济上实行统一核算，行政上有独立的组织形式并实行统一管理的建设单位。凡属于一个总体设计中分期分批进行的主体工程和附属配套工程、综合利用工程等都应作为一个建设项目。一个建设项目一般可以包括一个或若干个单项工程。

2. 通信工程建设流程要经过立项阶段、实施阶段和验收投产阶段。立项阶段是通信工程建设的第一阶段，包括项目建议书、可行性研究；实施阶段由初步设计、年度建设计划、施工准备、施工图设计、施工招投标、开工报告、施工七个部分组成；验收投产阶段包括初步验收、试运转和竣工验收三个方面。

3. 根据工程项目的规模、性质等情况的不同，通信工程设计可分为三阶段设计、两阶段设计和一阶段设计。三阶段设计包括初步设计、技术设计、施工图设计三个阶段；两阶段设计包括初步设计和施工图设计两个阶段；一阶段设计直接进入施工图设计阶段。

4. 建设工程定额是指在工程建设中，单位合格产品所需人工、材料、机械、仪表的规定额度，它属于生产消费定额的性质。目前，通信建设工程有预算定额和费用定额，由于现在还没有概算定额，在编制概算时，暂时用预算定额代替。

5. 随着互联网+、大数据时代的到来，工信部管理职责也发生了扩展，即由原来主管通信工程扩展到负责通信及所有的信息工程，纳入了视频监控、智慧城市等信息工程内容。为适应扩大范围后的建设工程发展需要，加强管理监督职责，工信部颁布了通信 [2016] 451 号《信息通信建设工程概预算编制规程》、《信息通信建设工程费用定额》和《信息通信建设工程预算定额》(共五册)，自 2017 年 5 月 1 日起施行，原工信部规 [2008] 75 号定额同时废止。

6. 信息通信建设工程概算、预算应包括从筹建到竣工验收所需的全部费用，其具体内容、计算方法、计算规则应依据工业和信息化部发布的现行信息通信建设工程定额及其他有关计价依据进行编制。

7. 现行通信建设工程预算定额由总说明、册说明、章节说明、定额项目表和附录构成。

8. 在选用预算定额项目时要注意以下几点：

(1) 定额项目名称的确定。设计概、预算的计价单位划分应与定额规定的项目内容相对应才能直接套用。

(2) 定额的计量单位。在使用定额时必须注意计量单位的规定，避免出现小数点定位错误。

(3) 定额项目的划分。定额的项目划分是根据分项工程对象和工种的不同、材料品种不同、机械仪表类型不同而划分的，套用时要注意工艺、规格的一致性。

(4) 定额项目表下的注释。因为注释说明了人工、主材、机械、仪表台班消耗量的使用条件和增减规定。

知 识 测 验

一、判断题

1. 通信建设工程概、预算应按单项工程编制。(　　)

2. 通信建设工程的预算定额用于扩建工程时，其全部的人工工日乘以 1.1 的系数。(　　)

3. 通信建设工程技术设计阶段应编制概算。(　　)

4．概算是筹备设备材料和签订订货合同的主要依据。（ ）

5．定额是指在一定的生产技术和劳动组织条件下，完成单位产品在人力、物力、财力的利用和消耗方面应当遵守的标准。（ ）

6．定额子目中的人工量只包括基本用工、辅助用工和其他用工。（ ）

7．通信建设工程定额中凡采用"XX以内"或"XX以下"字样者均不含"XX"本身。   （ ）

二、单项选择题

1．通信建设工程概算预算编制办法及费用定额适用于通信工程的新建、扩建工程，（ ）可参照使用。

A．恢复工程　　　　　　B．大修工程　　　　　　C．改建工程　　　　　　D．维修工程

2．在项目可行性研究阶段，应编制（ ）。

A．投资估算　　　　　　B．总概算　　　　　　C．施工图预算　　　　　　D．修正概算

3．施工图预算是在（ ）阶段编制的确定工程造价的文件。

A．方案设计　　　　　　B．初步设计　　　　　　C．技术设计　　　　　　D．施工图设计

4．美国工程师弗·温·泰罗提出的标准系统的科学管理方法，形成著名的（ ）管理体系，下面哪个不属于该体系的核心内容（ ）。

A．泰罗制，制定科学的工时定额　　　　　　B．技术经济，实行标准的操作方法

C．泰罗制，量价分离的原则　　　　　　D．技术经济，有差别的计件工资

5．以包装粉笔为例，规定一个工人包装1盒粉笔需要花费3分钟时间，这是规定了下面哪一方面的定额（ ）。

A．材料定额　　　　　　B．劳动定额　　　　　　C．施工定额　　　　　　D．行业定额

6．我国机械消耗定额主要以一台机械工作一个工作班，即（ ）小时为计量单位，又称为（ ）定额。

A．7，机械定额　　　　　　B．6，台班　　　　　　C．8，机械台班　　　　　　D．8，工作班

7．在预算定额中，主要材料包括（ ）。

A．直接使用量、运输损耗量　　　　　　B．直接使用量和预留量

C．直接使用量和规定的损耗量　　　　　　D．预留量和运输损耗量

三、简答题

1．什么是建设项目？单项工程与建设项目之间的关系如何？

2．按照投资的用途不同划分，建设项目可分为哪几类？

3．在基本建设项目中包含哪几个方面？

4．设计阶段的划分标准是什么？

5．设计阶段与编制概预算的对应关系是什么？

6．按照定额的编制程序和用途分类，建设工程定额可分为哪几种？

7．预算定额的作用是什么？现行定额由哪些内容组成？

8．预算定额编制的原则和方法是什么？

9. 现行通信建设工程预算定额的构成是什么？

技 能 训 练

1. 训练内容

利用 2016 版通信建设工程预算定额分别查找下列工程项目的定额, 并将查找结果按表 5-6 的形式进行统计。

表 5-6　工程定额统计表

定额编号			
项　目			
名　称	单　位	数　量	
人工			
主要材料			
机械			
仪表			

(1) 线路工程中人工开挖柏油路面(150 mm 以下)。

(2) 砖砌小号四通人孔(现场浇灌上覆)。

(3) 立 8 m 水泥杆(综合土)。

(4) 平原地区长途架设 7/2.6 吊线。

(5) 山区敷设埋式 24 芯光缆。

(6) 布放总配线架成端电缆(800 对以下)。

(7) 敷设混凝土管道基础一立型(350 宽)。

(8) 敷设 2 孔(2×1)镀锌钢管管道。

(9) 采用五层防水砂浆抹面法进行管道防护(混凝土墙面)。

(10) 在墙上安装引上钢管。

2. 训练目的

(1) 掌握工程项目预算定额的查找方法。

(2) 熟悉单项工程所需主材的名称、规格型号、单位和用量。

(3) 掌握单项工程人工工日的确定方法。

(4) 掌握机械、仪表台班量的确定方法。

3. 训练要求

(1) 熟悉 2016 版通信建设工程预算定额的构成。

(2) 熟悉分部、分项工程中定额项目表的组成内容。

(3) 结合定额的册说明、章节说明内容及定额项目表下的注释，对该定额的人工、材料、机械、仪表台班消耗量进行正确的调整。

第 章

通信建设工程工程量统计

知识目标

☞ 了解工程量计算的基本准则。

☞ 掌握通信线路工程工程量计算方法。

☞ 掌握通信设备安装工程工程量计算方法。

技能目标

☞ 能够看懂工程图纸，理解工程意图。

☞ 能够根据施工图及工程已知条件统计通信工程的工程量。

6.1 概　述

6.1.1　概预算人员进行工程量统计时应把握的原则

(1) 工程量计算的主要依据是施工图设计文件、现行预算定额的有关规定及相关资料。

(2) 概预算人员必须能够熟练的阅读图纸，这是概预算人员所必须具备的基本功。

(3) 概预算人员必须掌握预算定额中定额项目的"工作内容"说明、注释及定额项目设置、定额项目的计量单位等，以便统一或正确换算计算出的工程量与预算定额的计量单位。

(4) 概预算人员对施工组织、设计也必须了解和掌握，并且掌握施工方法以利于工程量计算和套用定额。

(5) 概预算人员必须掌握和运用与工程量计算相关的资料。

(6) 工程量计算顺序，一般情况下应按预算定额项目排列顺序及工程施工的顺序逐一统计，以保证不重不漏，便于计算。

(7) 工程量计算完毕后，要进行系统整理。

(8) 整理过的工程量，要进行检查、复核，发现问题及时修改。

6.1.2　工程量计算的基本准则

(1) 工程量的计算应按工程量计算规则进行，即工程量项目的划分，计量单位的取定，有关系数的调整换算等，都应按相关的计算规则确定。

(2) 工程量的计量单位有物理计量单位和自然计量单位，用来表示分部、分项工程的计量单位。物理计量单位应按国家规定的法定计量单位表示，例如，长度用"米"、"千米"，重量用"克"、"千克"，体积用"立方米"、"100 立方米"，面积用"平方米"、"100 平方米"，相对应的符号如 m、km、g、kg、m^2、m^3 等。自然计量单位常用的有台、套、盘、部、架、端、系统等。

(3) 通信建设工程无论是初步设计，还是施工图设计都依据设计图纸统计计算工程量，按实物工程量编制通信建设工程概、预算。

(4) 工程量计算应以设计规定的所属范围和设计分界线为准，布线走向和部件设置以施工验收技术规范为准，工程量的计量单位必须与施工定额计量单位相一致。

(5) 工程量应以施工安装数量为准，所用材料数量不能作为安装工程量。因为所用材料数量和安装实用的材料数量(即工程量)有一个差值。

6.2　通信管道工程工程量计算

通信管道工程包括挖建及铺设各种通信管道和砌筑人(手)孔等工程。当人孔净空高度大于标准图设计时，其超出定额部分应另行计算工程量。

6.2.1　管道施工测量长度计算

管道施工测量长度(单位：100 m)的计算公式为

管道工程施工测量长度 = 各人孔中心至其相邻人孔中心长度之和

6.2.2　挖建及铺设通信管道工程工程量计算

(1) 管道沟挖深(简称管道沟深)计算(单位：m)。计算某段管道沟深的方法是在两端分别计算沟深后取平均值，再减去路面厚度作为沟深。管道沟挖深和通信管道设计的示意图分别如图 6-1、图 6-2 所示。

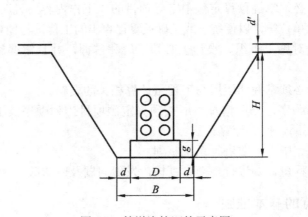

图 6-1　管道沟挖深的示意图

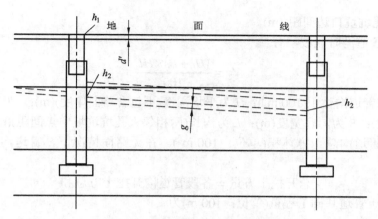

图 6-2 通信管道设计的示意图

管道沟深的计算公式为

$$H = \frac{(h_1 - h_2 + g)_{人孔1} + (h_1 - h_2 + g)_{人孔2}}{2} - d'$$

其中：H 为管道沟深(平均埋深，不含路面厚度)(m)；h_1 为人孔口圈顶部高程(m)；h_2 为管道基础顶部高程(m)；g 为管道基础厚(m)；d' 为路面厚度(m)。

(2) 开挖管道沟路面面积(单位：100 m^2)的计算：

① 开挖管道沟时不放坡，有

$$A = \frac{B \times L}{100}$$

其中：A 为路面面积工程量(100 m^2)；B 为沟底宽度(沟底宽度 B = 管道基础宽度 D + 施工余度 $2d$)(m)；L 为管道沟路面长(两相邻人孔坑边间距)(m)。

施工余度 $2d$：当管道基础宽度＞630 mm 时，$2d$ = 0.6 m(每侧各 0.3 m)；当管道基础宽度≤630 mm 时，$2d$ = 0.3 m(每侧各 0.15 m)。

② 开挖管道沟时放坡，有

$$A = \frac{(2Hi + B) \times L}{100}$$

其中：A 为路面面积工程量(100 m^2)；H 为沟深(m)；B 为沟底宽度(沟底宽度 B = 管道基础宽度 D + 施工余度 $2d$)(m)；i 为放坡系数(由设计按规范确定)；L 为管道沟路面长(两相邻人孔坑边间距)(m)。

③ 开挖管道沟路面总面积(单位：100 m^2)为

$$总面积 = 各段管道沟开挖路面面积总和$$

(3) 开挖管道沟土方体积(单位：100 m^3)的计算：

① 开挖管道沟时不放坡，有

$$V_1 = \frac{B \times H \times L}{100}$$

其中：V_1 为挖沟体积(100 m^3)；B 为沟底宽度(m)；H 为沟深(不包含路面厚度)(m)；L 为沟

长(两相邻人孔坑坑口边间距)(m)。

② 开挖管道沟时放坡，有

$$V_2 = \frac{(Hi + B) \times HL}{100}$$

其中：V_2 为挖管道沟体积(100 m³)；H 为平均沟深(不包含路面厚度)(m)；i 为放坡系数(由设计按规范确定)；B 为沟底宽度(m)；L 为沟长(两相邻人孔坑坑坡中点间距)(m)。

③ 开挖管道沟总土方体积(单位：100 m³)。在无路面情况下，管道沟总开挖土方体积为

$$总开挖土方量 = 各段管道沟开挖土方总和$$

(4) 混凝土管道基础工程量(单位：100 m)为

$$n = \sum_{i=1}^{m} \frac{L_i}{100}$$

其中：$\sum_{i=1}^{m} L_i$ 为 m 段同一种管群组合的管道基础总长度(m)；L_i 为第 i 段管道基础的长度(m)。

计算时要分别按管群组合系列计算工程量。

(5) 混凝土基础加筋工程量(单位：100 m)为

$$n = \frac{L}{100}$$

其中，L 为除管道基础两端 2 m 以外的需要加钢筋的管道基础长度(m)。

(6) 铺设水泥管道工程量(单位：100 m)为

$$n = \sum_{i=1}^{m} \frac{L_i}{100}$$

其中：$\sum_{i=1}^{m} L_i$ 为 m 段同一种组群管道的总长度(m)；L_i 为第 i 段管道的长度，即两相邻人孔中心间距(m)。

铺设钢管、塑料管管道工程分别按管群组合系列计算工程量。

(7) 通信管道包封混凝土工程量(单位：m)的计算。管道包封的示意图如图 6-3 所示。

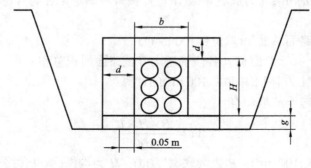

图 6-3 管道包封的示意图

包封体积数量为

$$n = V_1 + V_2 + V_3$$
$$V_1 = 2(d - 0.05)gL$$
$$V_2 = 2dHL$$
$$V_3 = (b + 2d)dL$$

式中：V_1 为管道基础侧包封混凝土体积(m^3)；V_2 为基础以上管群侧包封混凝土体积(m^3)；V_3 为管道顶包封混凝土体积(m^3)；d 为包封厚度，左、右和上部相同(m)；0.05 为基础每侧外露宽度(m)；g 为管道基础厚度(m)；L 为管道基础长度，即相邻两人孔外壁间距(m)；H 为管群侧高(m)；b 为管道宽度(m)。

(8) 无人孔部分砖砌通道工程量(单位：100 m)为

$$n = \sum_{i=1}^{m} \frac{L_i}{100}$$

其中：$\sum_{i=1}^{m} L_i$ 为 m 段同一种型号通道总长度(m)；L_i 为第 i 段通道长度，为两相邻人孔中心间距减去 1.6 m。

6.2.3 挖建及砌筑人(手)孔工程量计算

(1) 人孔坑挖深(单位：m)的计算。通信人孔设计示意图如图 6-4 所示。

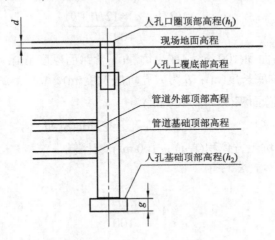

图 6-4 通信人孔设计的示意图

人孔坑挖深的计算公式为

$$H = h_1 - h_2 + g - d$$

式中：H 为人孔坑挖深(m)；h_1 为人孔口圈顶部高程(m)；h_2 为人孔基础顶部高程(m)；g 为人孔基础厚(m)；d 为路面厚度(m)。

(2) 开挖一个人孔坑路面面积(单位：100 m²)的计算。人孔坑开挖土石方的示意图如图 6-5 所示。

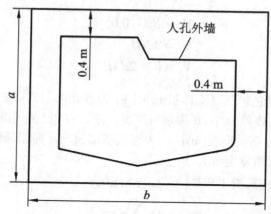

图 6-5　人孔坑开挖土石方的示意图

① 开挖人孔坑时不放坡，有

$$A = \frac{a \times b}{100}$$

式中：A 为人孔坑面积(100 m²)；a 为人孔坑底长度(m)(坑底长度 = 人孔外墙长度 + 0.8 m = 人孔基础长度 + 0.6 m)；b 为人孔坑底宽度(m)(坑底宽度 = 人孔外墙宽度 + 0.8 m = 人孔基础宽度 + 0.6 m)。

② 开挖人孔坑时放坡，有

$$A = \frac{(2Hi + a) \times (2Hi + b)}{100}$$

式中：A 为人孔坑路面面积(100 m²)；H 为坑深(不含路面厚度)(m)；i 为放坡系数(由设计按规范确定)；a 为人孔坑底长度(m)；b 为人孔坑底宽度(m)。

③ 开挖人孔路面总面积(单位：100 m²)为

总面积 = 各人孔开挖路面总和

(3) 开挖一个人孔坑土方体积(单位：100 m³)的计算。

① 开挖人孔坑时不放坡，有

$$V_1 = \frac{abH}{100}$$

式中：V_1 为人孔坑土方体积(100 m³)；a 为人孔坑底长度(m)；b 为人孔坑底宽度(m)；H 为人孔坑深(不包含路面厚度)(m)。

② 开挖人孔坑时放坡，有以下两种计算公式：

近似计算公式为

$$V_2 = \frac{H}{3}\left[ab + (a + 2Hi)(b + 2Hi) + \sqrt{ab(a + 2Hi)(b + 2Hi)}\right]$$

精确计算公式为

$$V_2 = \frac{\left[ab + (a+b)Hi + \frac{4}{3}H^2i^2 \right]H}{100}$$

式中：V_2 为挖人孔坑土方体积(100 m³)；H 为人孔坑深(不包含路面厚度)(m)；a 为人孔坑底长度(m)；b 为人孔坑底宽度(m)；i 为放坡系数。

③ 总开挖人孔坑土方体积(在无路面情况下)为

总开挖土方 = 各人孔开挖土方总和

6.2.4 通信管道工程回填及剩余土(石)方工程量

(1) 通信管道工程回填工程量等于"挖管道沟与人孔坑土方量之和"减去"管道建筑体积(基础、管群、包封)与人孔建筑体积之和"。

(2) 通信管道余土方工程量等于管道建筑体积(基础、管群、包封)与人孔建筑体积之和。

6.3 通信线路工程工程量计算

6.3.1 开挖直埋光(电)缆沟工程量计算

(1) 挖(填)光(电)缆沟及接头坑：

① 埋式光缆接头坑个数取定。初步设计按 2 km 标准盘长或每 1.7～1.85 km 取一个接头坑，施工图设计按实际取定。

② 埋式电缆接头坑个数取定。初步设计按 5 个/km 取定，施工图设计按实际取定。

(2) 开挖光(电)缆沟长度(单位：100 m)为

光(电)缆沟长度 = 图末长度 – 图始长度 – (截流长度 + 过路顶管长度)

(3) 石质光(电)缆沟和土质光(电)缆沟的示意图分别如图 6-6、图 6-7 所示。光(电)缆沟土石方开挖工程量(或回填量)(单位：100 m³)为

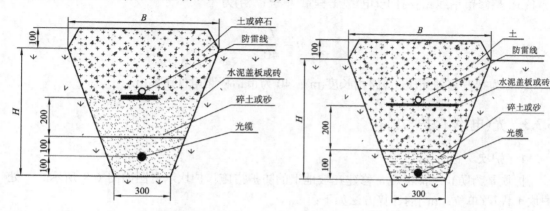

图 6-6 石质光(电)缆沟的示意图   图 6-7 土质光(电)缆沟的示意图

$$V = \frac{(B+0.3)\,HL/2}{100}$$

其中：V 为光(电)缆沟土石方开挖量(或回填量)($100\ m^3$)；B 为缆沟上口宽度(m)；0.3 为沟下底宽(m)；H 为光(电)缆沟深度(m)；L 为光(电)缆沟长度(m)。

(4) 回填土(石)方工程量。埋式光(电)缆沟土(石)方回填量等于开挖量，光(电)缆体积忽略不计。

6.3.2 光(电)缆线路工程工程量计算

(1) 施工测量长度(单位：百米)为

光(电)缆线路工程施工测量长度 = 路由图末的长度 − 路由图始的长度

(2) 缆线布放工程量的取定。缆线布放工程量为缆线施工测量长度与各种预留长度之和，不能按主材使用长度计取工程量。其具体计算公式为

敷设光(电)缆长度 = 施工丈量长度 × (1 + K‰) + 设计预留

其中，K 为自然弯曲系数，埋式光(电)缆 $K = 7$，管道和架空光(电)缆 $K = 5$。

(3) 光(电)缆使用长度为

光(电)缆使用长度 = 敷设长度 × (1 + δ‰)

其中，δ 为光(电)缆损耗率，埋式光(电)缆 $\delta = 5$，架空光(电)缆 $\delta = 7$，管道光(电)缆 $\delta = 15$。

(4) 槽道、槽板、室内通道敷设光(电)缆工程量(单位：百米条)为

$$N = \sum_{i=1}^{k} \frac{L_i n_i}{100}$$

其中：$\sum_{i=1}^{k} L_i n_i$ 为各段内光(电)缆的敷设总量(米条)；L_i 为第 i 段内光(电)缆长度(米)；n_i 为第 i 段内光(电)缆条数(条)。

(5) 整修市话线路移挂光(电)缆工程量(单位：档)为

$$n = \frac{L}{40}$$

其中：L 为架空移挂光(电)缆路由长度(m)；40 为市话杆路电杆距离(m)。

6.3.3 光(电)缆保护与防护

1. 护坎

护坎是为防止水流冲刷，修建在坡地上的防护措施。护坎示意图如图 6-8 所示。一处护坎工程量(单位：m^3)的计算方法如下：

近似计算公式为

$$V = H \times A \times B$$

其中：V 为护坎体积(m³)；H 为护坎总高度(m)(地面以上坎高＋光缆沟深)；A 为护坎平均厚度(m)；B 为护坎平均宽度(m)。

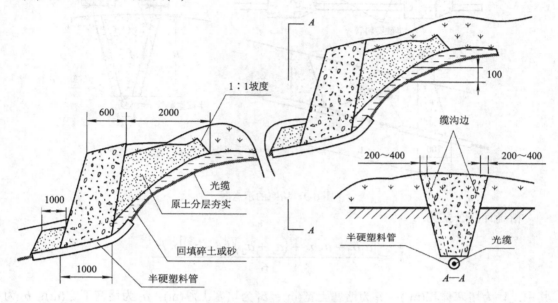

图 6-8　护坎的示意图

精确计算公式为

$$V = \frac{\left[a_1 b_1 + a_2 b_2 + (a_1 + a_2)(b_1 + b_2)\right] \times H}{6}$$

其中：V 为护坎体积(m³)；a_1 为护坎上宽(m)；b_1 为护坎上厚(m)；a_2 为护坎下宽(m)；b_2 为护坎下厚(m)；H 为护坎总高(m)。

护坎方量按"石砌"、"三七土"分别计算工程量。

2. 护坡工程量(单位：m³)

护坡的作用是防止水流冲刷，护坎中包含护坡。一处护坡的工程量为

$$V = H \times L \times B$$

其中：V 为护坡体积(m³)；H 为护坡高(m)；L 为护坡宽(m)；B 为平均厚度(m)。

3. 堵塞(单位：m³)

堵塞修建在坡地，用于固定光(电)缆沟的回填土壤。堵塞的示意图如图 6-9 所示。

一处堵塞工程量的计算方法如下：

近似计算公式为

$$V = H \times A \times B$$

其中：V 为堵塞体积(m³)；H 为光(电)缆沟深(m)；A 为堵塞平均厚(m)；B 为堵塞平均宽(m)。

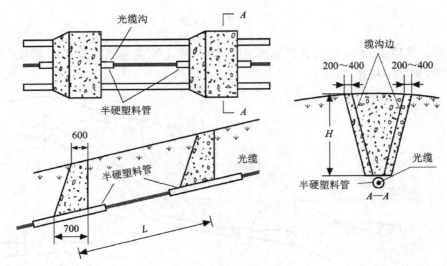

图 6-9 堵塞的示意图

精确计算公式为

$$V = \frac{\left[a_1 b_1 + a_2 b_2 + (a_1 + a_2)(b_1 + b_2)\right] \times H}{6}$$

其中：V 为堵塞体积(m^3)；a_1 为堵塞上宽(m)；b_1 为堵塞上厚(m)；a_2 为堵塞下宽(m)；b_2 为堵塞下厚(m)；H 为堵塞高，相当于光(电)缆埋深(m)。

4. 水泥砂浆封石沟(单位：m)

水泥砂浆封石沟的示意图如图 6-10 所示。

水泥砂浆封石沟的工程量为

$$V = h \times a \times L$$

其中：V 为封石沟体积(m^3)；h 为封石沟水泥砂浆厚(m)；a 为封石沟宽度(m)；L 为封石沟长度(m)。

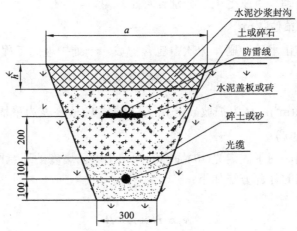

图 6-10 水泥砂浆封石沟的示意图

5. 漫水坝(单位：m^3)

漫水坝的示意图如图 6-11 所示。

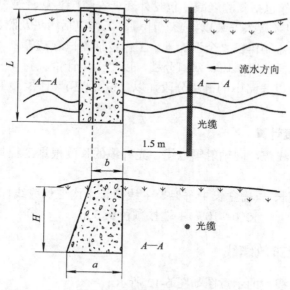

图 6-11 漫水坝的示意图

一处漫水坝工程量为

$$V = \frac{HL(a+b)}{2}$$

其中：V 为漫水坝体积(m^3)；H 为漫水坝坝高(m)；a 为漫水坝脚厚度(m)；b 为漫水坝顶厚度(m)；L 为漫水坝长(m)。

6.4 综合布线工程工程量计算

6.4.1 入户线缆工程量计算

线缆入户方式有钢索架空入户，直埋入户和电缆沟道或专用电缆巷道等。入户线缆无论采用哪种形式敷设，工程量均按"延长米"计算。

1. 入户线缆敷设安装

(1) 双绞、多绞线缆的安装。无论是 3 类、5 类或 6 类线，只按屏蔽和非屏蔽(STP 及 UTP)分类，分别以缆线芯数 4、10、20、38 等分挡，按"100 m"计量。双绞、多绞线屏蔽电缆头制作按缆线芯数分挡，以"个"计量。双绞线缆测试计量单位为"链路"(信息点)。

(2) 同轴射频电缆的安装。按在桥架上安装、穿管敷设等分类，以线缆线芯为类别，按"100 m"计量。同轴射频电缆接续头制作以"个"计量。

(3) 光纤(缆)的安装：

① 光纤(缆)以沿槽盒、桥架、沿电缆沟、穿管敷设分类，用线缆线芯数分挡，按

"100 m"计量。

② 光纤(缆)接头(接续)制作按永久接头和分接头分类，按线芯熔接方法分挡，以线缆线"芯数"计量。工作包括复测衰减、包封外套、安装接头盒、保护盒等。

③ 光纤成端、电缆接头安装以"套"计量。工作包括堵头及测试衰减。

④ 光纤(缆)终端盒制作以"个"计量。工作包括测试衰减等。

⑤ 光纤(缆)信息插座以单口、双口分挡，以"个"计量。

⑥ 光纤(缆)测试以线路中的链路分段，以"链路(芯)"计量。工作包括特性测试、记录、整理资料等。

2. 入户线缆长度计算

入户双绞、多绞线缆，同轴射频电缆，光纤缆的长度根据工程具体情况计算。其计算公式为

$$线缆长 = (槽盒长 + 桥架长 + 线槽长 + 沟道长或线杆间长)$$
$$\times (1 + 10\%) + 端接预留长 5\ m$$

6.4.2　水平子系统布放缆线

水平子系统布放缆线的示意图如图 6-12 所示。

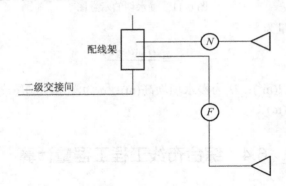

图 6-12　水平子系统布放线缆的示意图

每楼层水平子系统布放缆线工程量(单位：m)为

$$S = \left[0.55 \times (F + N) + 6\right] \times C$$

其中：S 为每楼层的布线总长度(m)；F 为最远的信息插座距配线间的最大可能路由距离(m)；N 为最近的信息插座距配线间的最大可能路由距离(m)；C 为每个楼层的信息插座数量；0.55 为平均电缆长度＋备用部分；6 为端接容差常数(主干采用 15，配线采用 6)。

6.4.3　室内综合布线安装

(1) 双绞、多绞电缆，同轴电缆，光纤(缆)或一般铜芯电缆每根计算长度的公式为

$$线缆长 = (槽盒长 + 桥架长 + 线槽长 + 沟道长 + 配管长 + 引下线管长)$$
$$\times (1 + 10\%) + 线缆端预留长度 5\ m$$

(2) 线缆桥架、线槽、线管、电缆沟道穿墙及穿楼板防火处理防火枕、防火板以"m²"计量；电缆保护管穿墙、穿楼板防火堵洞以"m³"计量；防火涂料涂刷以"10 m²"计量；阻燃槽盒以"10 m"长度计量。

6.4.4 线路设备安装

(1) 信息插座及线路盒安装以"个"计量。信息插座信息模块安装以"块"计量。每个楼层信息插座数量按如下方式估算，即

$$C = \frac{A}{P} \times W$$

其中：C 为每个楼层信息插座数量(个)；A 为每个楼层布线区域工作区的面积(m^2)；P 为单个工作区所辖的面积，一般取值为 9(m^2)；W 为单个工作区的信息插座数，一般取值为 1、2、3、4(个)。

(2) 插头安装以"个"计量。

(3) 适配器、中转器安装以"个"计量。

6.5 通信设备安装工程工程量计算

6.5.1 设备机柜、机箱安装工程量计算

所有设备机柜、机箱的安装通常可按以下三种方法进行计算工程量：

(1) 以设备机柜、机箱整架(台)的自然实体为一个计量单位，即机柜(箱)架体、架内组件、盘柜内部的配线、对外连接的接线端子以及设备本身的加电检测与调试等均作为一个整体来计算工程量。

(2) 设备机柜、机箱按照不同的组件分别计算工程量，即机柜架体与内部组件或附件不作为一个整体的自然单位进行计量，而是将设备结构划分为若干组合部分，分别计算安装的工程量。

(3) 设备机柜、机箱主体和附件的扩装，即在原已安装设备的基础上进行增装内部盘、线。

(4) 安装设备机柜、机箱定额子目除已说明包含附属设施内容的，均应按工程技术规范书的要求安装相应的防震、加固、支撑、保护等设施，各种构件分为成品安装和材料加工并安装两类，计算工程量时应按定额项目的说明区别对待。

6.5.2 安装、调测通信电源设备

1. 安装蓄电池

(1) 电池抗震铁架安装工程量(单位：米/架)：应按型号系列(单层单列、单层双列、3～4 层双列、5～7 层双列、8 层双列)分别统计工程量。

(2) 铺橡皮垫工程量(单位：10 m^2)为

$$n = \frac{A}{10}$$

其中，A 为需敷设的橡皮垫总面积(m^2)。

(3) 蓄电池安装工程量(单位：组)：应按工作电压(24 V、48 V)、电池类型(防酸防爆铅酸型、阀控密封铅酸型)、蓄电池额定容量分别统计工程量。

(4) 蓄电池按带电液出厂考虑，定额中所列主要材料硫酸、蒸馏水只考虑运输、搬运等损耗需补充电液的用量，出厂若不带电液时，按所列消耗量的 5 倍计算，人工定额不变。

(5) 蓄电池充放电以"组"计量。蓄电池非低压充放电是指初充电时间为 80～120 小时所消耗的人工定额；低压充放电是指初充电时间为 120～168 小时所消耗的人工定额。

(6) 太阳能电池安装：以"组"计量。

2. 安装开关电源(单位：架)

安装开关电源时，应按其电流大小(600 A 以下、1200 A 以下、1200 A 以上)分别统计工程量；如果安装的为组合开关电源，应按其电流大小(300 A 以下、600 A 以下、600 A 以上)分别统计工程量。

3. 电源系统调测

所有的供电系统(高压供电系统、低压供电系统、发电机供电系统、供油系统、直流供电系统、UPS 供电系统)都需要进行系统调测，调测多以"系统"为单位。

6.5.3 安装、调测光纤数字传输设备

1. 安装光纤数字传输设备

(1) 安装测试 PCM 设备工程量，以"端"为单位，由复用侧一个 2 Mb/s 口、支路侧 32 个 64 kb/s 口为一端。

(2) 安装测试 PDH、SDH、DXC 传输设备分为基本子架公共单元盘和接口单元盘两个部分：基本子架包括交叉、网管、公务、时钟、电源等除群路、支路、光放盘以外的所有内容的机盘，工程量统计以"套"为单位；接口单元盘包括群路侧、支路侧接口盘的安装和本机测试，工程量统计以"端口"为单位。各种速率系统的终端复用器 TM、分插复用器 ADM、数字交叉连接设备 DXC 均按此套用。一收一发为一个端口。

(3) 安装单波道光放大器，是指一个功率放大器或一个前置放大器，工程量统计单位为"个"。

(4) WDM 波分复用设备的安装测试分为基本配置和增装配置。基本配置含相应波数的合波器、分波器、功放、预放；增装配置是在基本配置的基础上增加相应波数的合波器、分波器，工程量统计以"套"为单位。

2. 系统通道调测

(1) 线路段光端对测：工程量统计以"方向·系统"为单位。一发一收的两根光纤为一个"系统"；一个站和相邻站之间的传输段关系被称为一个方向，有几个相邻的站就有几个方向。

(2) 复用设备系统调测：工程量统计以"端口"为单位。各种数字比特率的"一收一

发"被称为一个端口，统计工程量时应包括所有支路端口。

6.5.4 安装程控电话交换设备

(1) 程控用户交换机(PBS 或 CBX)安装：以"架"或"台"计量。

(2) 用户集线器(SLC)安装：以 480 线为准，以"架"或"台"计量。

(3) 程控市内电话中继线 PCM 系统硬件测试工程量，以"系统"计量。"系统"是指 32 个 64 Kb/s 支路的 PCM。

(4) 长途程控交换设备硬件调测工程量：以"千路端"计量。"千路端"是指 1000 个长途话路端口，应按"2 千路端以下"、"10 千路端以下"、"10 千路端以上"分别统计工程量。

(5) 调测用户交换机工程量：用户交换机调测应按用户交换机容量分别统计工程量。用户交换机按容量可分为 128 门以下、300 门以下、500 门以下、1000 门以下、2000 门以下、3000 门以下、4000 门以下几个级别，以"100 门"计量。

6.5.5 安装移动通信设备

1. 移动设备安装

(1) 安装移动通信天线工程量(单位：副)：应按天线类别(全向、定向、建筑物内、GPS)、安装位置(楼顶塔上、地面塔上、拉线塔上、支撑杆上、楼外墙上)、安装高度在楼顶塔上(20 m 以下、20 m 以上每增加 10 m)；地面塔上在(40 m 以下、40 m 以上至 80 m 以下每增加 10 m、80 m 以上至 90 m 以下、90 m 以上每增加 10 m)分别统计工程量。

(2) 布放射频同轴电缆(馈线)工程量(单位：条)：应按线径大小(1/2 in 以下、7/8 in 以下、7/8 in 以上)、布放长度(10 m 以下、10 m 以上每增加 10 m)分别统计工程量。

(3) 安装室外馈线走道工程量(单位：m)：其分别按"水平"、"沿外墙垂直"统计工程量。

(4) 基站设备安装工程量(单位：架)：应按"落地式"、"壁挂式"统计工程量。

2. 基站系统调测

(1) GSM 基站系统调测工程量：应按"3 个载频以下"、"6 个载频以下"、"6 个载频每增加一个载频"为单位，分别统计工程量。例如，"8 个载频的基站"可分解成"6 个载频以下"及 2 个"每增加一个载频"的工程量。

(2) CDMA 基站系统调测工程量：应按"6 个扇·载以下"、"6 个扇·载每增加一个扇·载"为单位，分别统计工程量。

(3) 基站控制器、变码器调测工程量(单位：中继)。"中继"是指基站控制器(BSC)与基站收发信台(BTS)间的 Abis 接口一个陆地信道。

(4) 移动通信联网调测工程量(单位：站)：应分别按"GSM 全向天线基站"、"GSM 定向天线基站"、"CDMA 全向天线基站"、"CDMA 定向天线基站"统计工程量。

6.5.6 安装机架、缆线及辅助设备

1. 配线架安装

(1) 总配线架安装：以配线回路多少分档(如 240、480、1000、2000、4000、6000 等回

路),以"架"为单位计量。总配线架包括端子板、报警信号灯安装。

(2) 壁挂式配线架安装:以 600/600 回路为准,以"架"为单位计量。

(3) 端机机架、数字分配架、光分配架安装:均以"架"为单位计量;对于数字分配架、光分配架只安装子架时,以"个"为单位计量。

(4) 分配架柜安装:以"台"计量。

(5) 配线架连接块安装:以"节"或"块"计量。

(6) 配线架上 RJ-45 标准接口,光纤缆 ST、SC 和 FDDI 连接器安装:以"个"计量。

(7) 纤缆配线盘安装:以"台"或"块"计量。

上述各项包括安装固定、报警信号装置及配线架标识条、调整清理等工作。

2. 布放、焊接设备导线

(1) 布放卡、焊接跳线以中间配线架、总配线架为依据量裁线缆成跳线,卡或焊接跳线,分别用跳线线芯 2、4、6 芯按"条"计量,工作包括试通等。

(2) 中间配线架跳线可按表 6-1 计算每条长度。总配线架上布放跳线,用量按一架计取,每增加一架,增加跳线 70 m。

表 6-1　跳线配线长度

项　目	单　位	架　数									
		1	2	3	4	5	6	7	8	9	10
中间配线架	架										
平均跳线长度	米/百条	190	220	250	280	310	340	370	400	430	460

3. 安装列架照明灯工程量(单位:列)

应按列架照明类别(2 灯/列、4 灯/列、6 灯/列)分别统计工程量。

4. 安装信号灯盘工程量(单位:盘)

应按总信号灯盘、列信号灯盘分别统计工程量。

5. 布放设备电缆及导线工程量

线缆的布放包括设备机柜与外部的连线和设备机架内部跳线两种。

1) 设备机柜与外部连线工程量

设备机柜与外部连线工程量计算方法有两种:

(1) 布放缆线时先放绑,再成端。具体计算步骤如下:

① 计算放绑设备缆线工程量(单位:100 米条)。此项按布放缆线长度计算,工程量为

$$N = \sum_{i=1}^{k} \frac{L_i n_i}{100}$$

其中:$\sum_{i=1}^{k} L_i n_i$ 为 k 个放、绑线段内同种型号设备缆线的总放、绑线量(米条);L_i 为第 i 个放、绑线段的长度(米);n_i 为第 i 个放、绑线段内同种电缆的条数。

应按电缆类别(局用音频电缆、局用高频对称电缆、音频隔离线、SYV 射频同轴电缆、数据电缆)分别计算工程量。

② 计算编扎、焊(绕、卡)接设备电缆工程量。放绑电缆后,还需计算电缆终端的制作

数量，每条电缆终端制作工程量主要与电缆芯数有关，不同类别的电缆要分别统计终端处理的工程量。

以上这种计算方法主要用于通信设备连线中需要使用芯数较多的电缆，成端工作量因电缆芯数不同会有很大差异。

(2) 布放缆线时将放绑，成端同时完成。放、绑设备缆线工程量(单位：10米条)为

$$N = \sum_{i=1}^{k} \frac{L_i n_i}{10}$$

其中：$\sum_{i=1}^{k} L_i n_i$ 为 k 个放、绑线段内同种型号设备缆线的总放、绑线量(米条)；L_i 为第 i 个放、绑线段的长度(米)；n_i 为第 i 个放、绑线段内同种电缆的条数。

以上这种计算方法主要用于通信设备中使用电缆芯数较少或单芯的情况，布放缆线的工程内容包含了终端头处理的工作。

2) 设备机架内部跳线

设备机架内部跳线主要是指配线架内布放跳线，对于其他通信设备内部配线均已包括在设备安装工程量中，不再单独计算缆线工程量(有特殊情况需单独处理除外)。

配线架内布放跳线的特点是长度短、条数多，统计工程量时以处理端头的数量为主，放线内容包含在其中应按照不同类别线型、芯数分别计算工程量。

本 章 小 结

1. 通信建设工程工程量的计算是编制概、预算文件的一个重要环节。工程量的计算涉及工程量项目的划分、计量单位的取定以及有关系数的调整换算等，都应按相关专业的计算规则要求确定。

2. 工程量计算的主要依据是施工图设计文件、现行预算定额的有关规定及相关资料。

3. 依专业不同，可以把工程量计算分为通信管道工程工程量的计算、通信线路工程工程量的计算、综合布线工程工程量的计算和通信设备安装工程工程量的计算四类。

4. 在计算工程量时，应以设计规定的所属范围和设计分界线为准，布线走向和部件设置以施工技术验收规范为准，工程量的计量单位必须与施工定额计量单位相一致。

5. 在计算过程中，涉及材料和设备时应以施工安装的实际数量为准，所用材料数量不能作为安装工程量，因为所用材料数量和安装实用的材料数量有一个差值。

知 识 测 验

问答题：

1. 工程量计算的准则是什么？

2. 什么是放坡系数？放坡系数的取定原则是什么？

3．埋式光(电)缆接头坑的个数分别如何取定？

4．如何计算施工测量长度？

5．缆线布放工程量如何取定？

6．敷设光(电)缆线路长度与其使用长度相等吗？为什么？如果不相等，两者长度分别如何取定？

7．名词解释：

(1) 护坎；(2) 管道包封；(3) 堵塞；(4) 漫水坝。

8．开挖管道沟(土质为硬土)，管道沟上口宽为 1.5 m，基础宽为 0.5 m，管道沟深 1.2 m，管道沟长为 180 m，放坡系数 i 为 0.33，计算开挖路面面积和开挖土方体积。

9．开挖一人孔，人孔坑深 2 m，人孔基础长为 2.5 m，人孔基础宽为 2.3 m，放坡系数为 0.33，计算开挖人孔坑路面面积及开挖人孔坑土方体积。

10．一处光缆埋设时要加护坡，已知护坡的平均厚度为 1 m，平均宽度为 1.5 m，护坡高度为 1.2 m，光缆沟深 1.3 m，试估算护坡体积。

11．一管道包封示意图如图 6-3 所示。其包封厚度为 0.1 m，管道基础厚度为 0.05 m，管群高度为 0.85 m，管道宽度为 0.6 m，管道基础长度 20 m，计算管道包封体积。

12．架空敷设光缆线路，施工测量线路总长度为 650 m，计划预留线路长度为 16 m，计算敷设光缆线路长度及光缆的使用长度。

技 能 训 练

1．实训内容

(1) ××局新建架空市话光缆线路图如图 6-13 所示。试计算该线路工程的工程量。图纸说明如下：

① 本次架设采用的光缆型号为 GYA-24D。

② 工程施工地为市区内，电杆为 7.0 m 水泥杆。

③ 土质取定：立电杆按综合土，装拉线按硬土。

④ 吊线的垂度增长长度可以忽略不计；吊线无接头，吊线两端终结增长余留共 3.0 m，架空吊线程式为 7/2.2。

⑤ 在 P_{020} 杆处设置光缆接头，接头每侧各预留 20 m。

⑥ 架空光缆自然弯曲按 0.5% 取定。

⑦ 光缆测试按双窗口测试。

(2) ××局新建管道光缆线路图如图 6-14 所示。试计算该线路工程的工程量。图纸说明如下：

① 从××长途枢纽局起始沿管道布放一条 12 芯光缆至 27#人孔，然后进入 GJ0506 光交接箱。

② 管道光缆预留共计 68 m。

③ 长途枢纽局室内光缆段长 110 m，含预留。

④ 光交接箱成端 3 m，损耗 2 m，预留 4 m。

⑤ 机房内成端 5 m，损耗 2 m，预留 8 m。

⑥ 光交接箱法兰盘本次工程不安装。

⑦ 路由中共 27 个人孔，每个人孔均有积水。

2. 实训目的

(1) 练习对通信工程图纸的识图能力，熟悉工程图例，培养分析图纸的能力。

(2) 学会根据已知条件，分析具体工程的工程量统计内容。

(3) 掌握不同类型通信工程的工程量计算方法。

3. 实训要求

(1) 写出每一项工程量计算的具体过程及计算依据。

(2) 将上述两项工程的工程量计算后，按表 6-2 的形式分别进行统计汇总。

表 6-2　工程量汇总表

序号	工程量名称	单位	数量
1			
2			
3			
4			
5			
6			
7			
8			
9			
10			
11			
12			
13			
14			

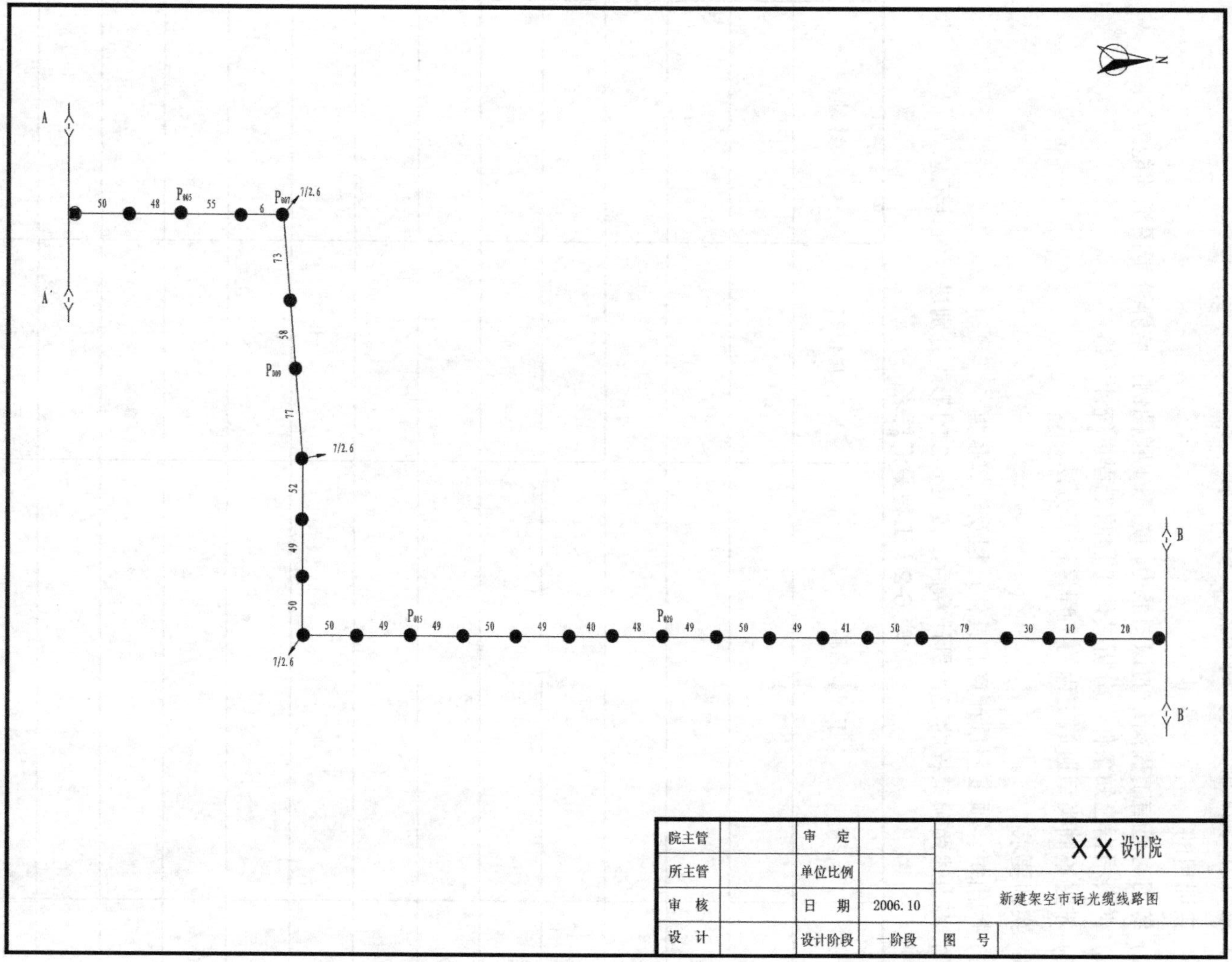

图 6-13 ××局新建架空市话光缆线路图

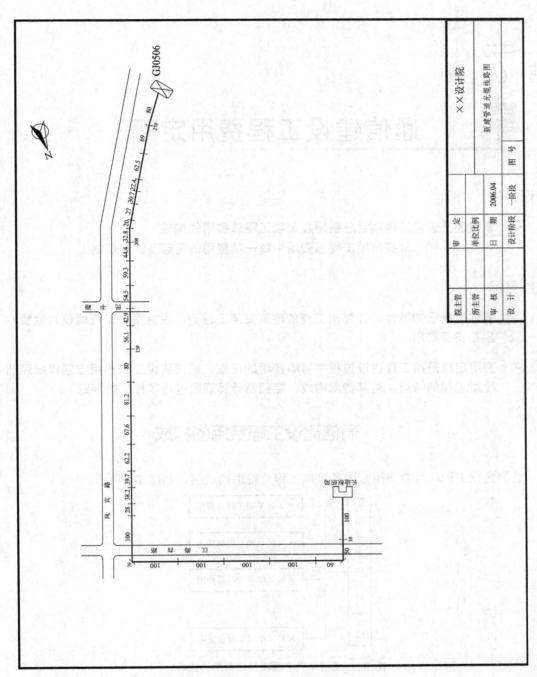

图 6-14 ××局新建管道光缆线路图

第 7 章

通信建设工程费用定额

知识目标

☞ 掌握通信建设工程项目总费用及单项工程总费用的构成。

☞ 掌握单项工程总费用中每一项费用的定额及计算规则。

技能目标

☞ 能够根据已知条件，计算出工程的建筑安装工程费、主材费、工程建设其他费和预备费等费用。

☞ 费用定额是指工程建设过程中各项费用的记取。通信建设工程费用定额根据通信建设工程的特点，对其费用构成、定额及计算规则进行了相应的规定。

7.1 通信建设工程费用的构成

通信建设工程项目总费用是由各单项工程总费用构成的，如图 7-1 所示。

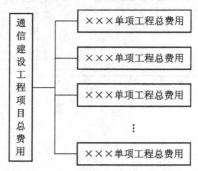

图 7-1 通信建设工程项目总费用的构成

通信建设单项工程总费用由工程费、工程建设其他费、预备费、建设期利息四部分构成，具体项目构成情况如图 7-2 所示。其中，重要的组成部分工程费由建筑安装工程费和设备、工器具购置费用组成。建设期利息是指建设项目投资中利用银行信贷资金所发放的投资贷款分年度使用银行贷款部分，在建设期内应归还的贷款利息。该项费用由设计单位按工程投资额、用款计划和银行贷款利率计算利息列入概(预)算中。对于小型工程项目，由于整个工程项目费用不大，不需要贷款，所以可以没有这项费用。

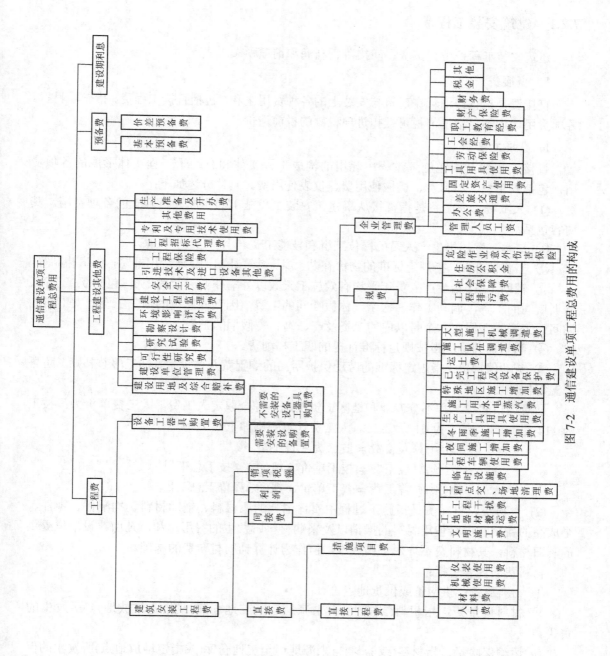

图7-2 通信建设单项工程总费用的构成

7.2 工 程 费

7.2.1 建筑安装工程费

建筑安装工程费由直接费、间接费、利润和销项税额组成。

1. 直接费

直接费是指直接消耗在建筑与安装上的各种费用之和,包括直接工程费、措施项目费。各项费用均为不包括增值税可抵扣进项税额的税前造价。

1) 直接工程费

直接工程费是指在施工过程中耗用的构成工程实体和有助于工程实体形成的各项费用,包括人工费、材料费、机械使用费、仪表使用费。具体分述如下:

(1) 人工费。人工费是指直接从事建筑安装工程施工的生产人员开支的各项费用。其内容包括:

① 基本工资:指生产人员的岗位工资和技能工资。

② 工资性补贴:指规定标准的物价补贴,煤、燃气补贴,交通费用补贴,住房补贴等。

③ 辅助工资:指生产人员年平均有效施工天数以外非作业天数的工资。包括职工学习、培训期间的工资,调动工作、探亲、休假期间的工资,因气候影响的停工工资,女工哺乳期间的工资,病假在六个月以内的工资及产、婚、丧假期的工资。

④ 职工福利费:指按规定标准计提的职工福利费。

⑤ 劳动保护费:指规定标准的劳动保护用品的购置费及修理费,徒工服装补贴,防暑降温等保健费用。

信息通信建设工程不分专业和地区工资类别,综合取定人工费。人工费单价为:技工为 114 元/工日;普工为 61 元/工日。人工费计算规则如下:

$$概(预)算人工费 = 技工费 + 普工费$$
$$概(预)算技工费 = 技工单价 \times 概(预)算技工总工日$$
$$概(预)算普工费 = 普工单价 \times 概(预)算普工总工日$$

(2) 材料费。材料费是指施工过程中实体消耗的原材料、辅助材料、构配件、零件、半成品的费用和周转使用材料的摊销以及采购材料所发生的费用总和。凡由建设单位提供的利旧材料,其材料费不计入工程成本,但作为计算辅助材料费的基础。

材料费的内容包括:

① 材料原价:供应价或供货地点价。

② 材料运杂费:指材料(或器材)自来源地运至工地仓库(或指定堆放地点)所发生的费用。

③ 运输保险费:指材料(或器材)自来源地运至工地仓库(或指定堆放地点)所发生的保险费用。

④ 采购及保管费:指为组织材料(或器材)采购及材料保管过程中所需要的各项费用。

⑤ 采购代理服务费：指委托中介采购代理服务的费用。

⑥ 辅助材料费：指对施工生产起辅助作用的材料。

材料费的计费标准及计算规则如下：

① 材料费 = 主要材料费 + 辅助材料费。

② 主要材料费 = 材料原价 + 运杂费 + 运输保险费 + 采购及保管费 + 采购代理服务费。

对该公式做以下说明：

a. 材料原价：供应价或供货地点价。

b. 运杂费 = 材料原价 × 器材运杂费费率(费率如表 7-1 所示)。

c. 运输保险费 = 材料原价 × 保险费率 0.1%。

d. 采购及保管费 = 材料原价 × 采购及保管费费率(费率如表 7-2 所示)。

e. 采购代理服务费按实计列。

表 7-1 器材运杂费费率表

费率/% 运距/km 器材名称	光缆	电缆	塑料及塑料制品	木材及木制品	水泥及水泥制品	其他
$L \leqslant 100$	1.3	1.0	4.3	8.4	18.0	3.6
$100 < L \leqslant 200$	1.5	1.1	4.8	9.4	20.0	4.0
$200 < L \leqslant 300$	1.7	1.3	5.4	10.5	23.0	4.5
$300 < L \leqslant 400$	1.8	1.3	5.8	11.5	24.5	4.8
$400 < L \leqslant 500$	2.0	1.5	6.5	12.5	27.0	5.4
$500 < L \leqslant 750$	2.1	1.6	6.7	14.7	—	6.3
$750 < L \leqslant 1000$	2.2	1.7	6.9	16.8	—	7.2
$1000 < L \leqslant 1250$	2.3	1.8	7.2	18.9	—	8.1
$1250 < L \leqslant 1500$	2.4	1.9	7.5	21.0	—	9.0
$1500 < L \leqslant 1750$	2.6	2.0	—	22.4	—	9.6
$1750 < L \leqslant 2000$	2.8	2.3	—	23.8	—	10.2
$L > 2000$ km 每增 250 km 增加	0.3	0.2	—	1.5	—	0.6

注：在编制概算时，除水泥及水泥制品的运输距离按 500 km 计算外，其他类型的材料运输距离均按 1500 km 计算。

表 7-2 材料采购及保管费费率表

工 程 名 称	计算基础	费率/%
通信设备安装工程	材料原价	1.0
通信线路工程		1.1
通信管道工程		3.0

③ 辅助材料费 = 主要材料费 × 辅助材料费费率(费率如表 7-3 所示)。

表 7-3 辅助材料费费率表

工程名称	计算基础	费率/%
有线、无线通信设备安装工程	主要材料费	3.0
电源设备安装工程		5.0
通信线路工程		0.3
通信管道工程		0.5

(3) 机械使用费。机械使用费是指施工机械作业所发生的机械使用费及机械安拆费。其内容包括：

① 折旧费：指施工机械在规定的使用年限内，陆续收回其原值及购置资金的时间价值。

② 大修理费：指施工机械按规定的大修理间隔台班进行必要的大修理，以恢复其正常功能所需的费用。

③ 经常修理费：指施工机械除大修理以外的各级保养和临时故障排除所需的费用。包括为保障机械正常运转所需替换设备与随机配备工具和附具的摊销、维护费用，机械运转中日常保养所需润滑与擦拭的材料费用及机械停滞期间的维护和保养费用等。

④ 安拆费：指施工机械在现场进行安装与拆卸所需的人工、材料、机械和试运转费用以及机械辅助设施的折旧、搭设、拆除等费用。

⑤ 人工费：指机上操作人员和其他操作人员在工作台班定额内的人工费。

⑥ 燃料动力费：指施工机械在运转作业中所消耗的固体燃料(煤、木柴)、液体燃料(汽油、柴油)及水、电等。

⑦ 税费：指施工机械按照国家规定应缴纳的车船使用税、保险费及年检费等。

机械使用费的计费标准及计算规则如下：

机械使用费 = 机械台班单价 × 概算、预算的机械台班量

(4) 仪表使用费。仪表使用费是指施工作业所发生的属于固定资产的仪表使用费。其内容包括：

① 折旧费：指施工仪表在规定的年限内，陆续收回其原值及购置资金的时间价值。

② 经常修理费：指施工仪表的各级保养和临时故障排除所需的费用。包括为保证仪表正常使用所需备件(备品)的摊销和维护费用。

③ 年检费：指施工仪表在使用寿命期间定期标定与年检费用。

④ 人工费：指施工仪表操作人员在工作台班定额内的人工费。

仪表使用费的计费标准及计算规则如下：

仪表使用费 = 仪表台班单价 × 概算、预算的仪表台班量

2) 措施项目费

措施项目费是指为完成工程项目施工，发生于该工程前和施工过程中非工程实体项目的费用。其内容包括文明施工费，工地器材搬运费，工程干扰费，工程点交，场地清理费，临时设施费，工程车辆使用费，夜间施工增加费，冬雨季施工增加费，生产工具用具使用费，施工用水、电、蒸汽费，特殊地区施工增加费，已完工程及设备保护费，运土费，施工队伍调遣费，大型施工机械调遣费共 15 项费用。

(1) 文明施工费。文明施工费(费率见表 7-4)是指施工现场为达到环保要求及文明施工

所需要的各项费用。其计费标准及计算规则如下：

文明施工费 = 人工费 × 文明施工费费率

表7-4 文明施工费费率表

工 程 名 称	计算基础	费率/%
无线通信设备安装工程		1.1
通信线路工程、通信管道工程	人工费	1.5
有线传输设备安装工程、电源设备安装工程		0.8

(2) 工地器材搬运费。工地器材搬运费(费率见表 7-5)是指由工地仓库至施工现场转运器材而发生的费用。其计费标准及计算规则如下：

工地器材搬运费 = 人工费 × 工地器材搬运费费率

表7-5 工地器材搬运费费率表

工 程 名 称	计算基础	费率/%
通信设备安装工程		1.1
通信线路工程	人工费	3.4
通信管道工程		1.2

注：因施工场地条件限制造成一次运输不能到达工地仓库时，可按时计列相关费用。

(3) 工程干扰费。工程干扰费(费率见表 7-6)是指通信工程由于受市政管理、交通管制、人流密集、输配电设施等影响工效的补偿费用。其计费标准及计算规则如下：

工程干扰费 = 人工费 × 工程干扰费费率

表7-6 工程干扰费费率表

工 程 名 称	计算基础	费率/%
通信线路工程、通信管道工程(干扰地区)	人工费	6.0
无线通信设备安装工程(干扰地区)		4.0

注：① 干扰地区指城区、高速公路隔离带、铁路路基边缘等施工地带。城区的界定以当地规划部门规划文件为准。② 综合布线工程不计取该项费用。

(4) 工程点交、场地清理费。工程点交、场地清理费(费率见表 7-7)是指按规定编制竣工图及资料、工程点交、施工场地清理等发生的费用。其计费标准及计算规则如下：

工程点交、场地清理费 = 人工费 × 工程点交、场地清理费费率

表7-7 工程点交、场地清理费费率表

工 程 名 称	计算基础	费率/%
通信设备安装工程		2.5
通信线路工程	人工费	3.3
通信管道工程		1.4

(5) 临时设施费。临时设施费是指施工企业为进行工程施工所必须设置的生活和生产用的临时建筑物、构筑物和其他临时设施费用等。临时设施费用包括临时设施的租用或搭设、维修、拆除费或摊销费。临时设施费(费率见表 7-8)按施工现场与企业的距离划分为

35 km 以内、35 km 以外两挡。其计费标准及计算规则如下：

$$临时设施费 = 人工费 × 临时设施费费率$$

表 7-8　临时设施费费率表

工 程 名 称	计算基础	费率/%	
		距离≤35 km	距离>35 km
通信设备安装工程	人工费	3.8	7.6
通信线路工程	人工费	2.6	5.0
通信管道工程	人工费	6.1	7.6

(6) 工程车辆使用费。工程车辆使用费(费率见表 7-9)是指工程施工中接送施工人员、生活用车等(含过路、过桥)费用。其计费标准及计算规则如下：

$$工程车辆使用费 = 人工费 × 工程车辆使用费费率$$

表 7-9　工程车辆使用费费率表

工 程 名 称	计算基础	费率/%
无线通信设备安装工程、通信线路工程	人工费	5.0
有线通信设备安装工程、通信电源设备安装工程、通信管道工程		2.2

(7) 夜间施工增加费。夜间施工增加费(费率见表 7-10)是指因夜间施工所发生的夜间补助费、夜间施工降效、夜间施工照明设备摊销及照明用电等费用。其计费标准及计算规则如下：

$$夜间施工增加费 = 人工费 × 夜间施工增加费费率$$

表 7-10　夜间施工增加费费率表

工 程 名 称	计算基础	费率/%
通信设备安装工程	人工费	2.1
通信线路工程(城区部分)、通信管道工程		2.5

注：此项费用不考虑施工时段均按相应费率计取。

(8) 冬雨季施工增加费。冬雨季施工增加费(费率见表 7-11)是指在冬雨季施工时所采取的防冻、保温、防雨等安全措施及工效降低所增加的费用。其计费标准及计算规则如下：

$$冬雨季施工增加费 = 人工费 × 冬雨季施工增加费费率$$

表 7-11　冬雨季施工增加费费率表

工 程 名 称	计算基础	费率/%		
		I	II	III
通信设备安装工程(室外部分)	人工费	3.6	2.5	1.8
通信线路工程、通信管道工程				

注：① 此项费用不分施工所处季节，均按相应费率计取。若工程跨越多个地区分挡，按高挡计取该项费用。② 线路工程室内部分不计取该项费用。

计算冬雨季施工增加费时，费率的选取除了考虑工程类别以外，还要考虑到工程所在施工地区，根据我国各地区的季节气候特点，现将施工地区分成三类，每一类的费率有所差别。冬雨季施工地区分类表如表 7-12 所示。

表 7-12　冬雨季施工地区分类表

地区分类	省、自治区、直辖市名称
I	黑龙江、青海、新疆、西藏自治区、辽宁、内蒙古、吉林、甘肃
II	陕西、广东、广西、海南、浙江、福建、四川、宁夏、云南
III	其他地区

(9) 生产工具用具使用费。生产工具用具使用费(费率见表 7-13)是指施工所需的不属于固定资产的工具用具等的购置、摊销、维修费。其计费标准及计算规则如下：

生产工具用具使用费 = 人工费 × 生产工具用具使用费费率

表 7-13　生产工具用具使用费费率表

工　程　名　称	计算基础	费率/%
通信设备安装工程	人工费	0.8
通信线路工程、通信管道工程		1.5

(10) 施工用水、电、蒸汽费。施工用水、电、蒸汽是指施工生产过程中使用水、电、蒸汽所发生的费用。信息通信建设工程依照施工工艺要求按实计列施工用水、电、蒸汽费。

(11) 特殊地区施工增加费。特殊地区施工增加费是指在原始森林地区、海拔 2000 米以上高原地区、沙漠地区、山区无人值守站、化工区、核工业区等特殊地区施工所需增加的费用。其计费标准及计算规则如下：

特殊地区施工增加费 = 特殊地区补贴金额 × 总工日

特殊地区分类及补贴金额如表 7-14 所示。

表 7-14　特殊地区分类及补贴金额表

地区分类	高海拔地区		原始森林、沙漠、化工、核工业、山区无人值守站地区
	4000 m 以下	4000 m 以上	
补贴金额/(元/天)	8	25	17

注：若工程所在地同时存在上述多种情况，按高档记取该项费用。

(12) 已完工程及设备保护费。已完工程及设备保护费是指竣工验收前，对已完工程及设备进行保护所需的费用。承包人依据工程发包的内容范围报价，经业主确认计取已完工程及设备保护费。已完工程及设备保护费(费率见表 7-15)的计费标准及计算规则如下：

已完工程及设备保护费 = 人工费 × 已完工程及设备保护费费率

表 7-15　已完工程及设备保护费费率表

工　程　专　业	计算基础	费率/%
通信线路工程	人工费	2.0
通信管道工程		1.8
无线通信设备安装工程		1.5
有线通信及电源设备安装工程(室外部分)		1.8

(13) 运土费。运土费是指在工程施工中，需从远离施工地点取土或向外倒运土方所发

生的费用。其计费标准及计算规则如下：

$$运土费 = 工程量(吨·千米) \times 运费单价(元/吨·千米)$$

其中，工程量由设计按实计列，运费单价按工程所在地运价计算。

(14) 施工队伍调遣费。施工队伍调遣费是指因建设工程的需要，应支付施工队伍的调遣费用。其内容包括调遣人员的差旅费、调遣期间的工资、施工工具与用具等的运费。施工队伍单程调遣费定额表及调遣人数定额表分别如表 7-16、表 7-17 所示。施工队伍调遣费的计费标准及计算规则(施工现场与企业的距离在 35 km 以内时，不计取此项费用)如下：

$$施工队伍调遣费 = 单程调遣费定额 \times 调遣人数 \times 2$$

表 7-16 施工队伍单程调遣费定额表

调遣里程 L/km	调遣费/元	调遣里程 L/km	调遣费/元
35<L≤100	141	1600<L≤1800	634
100<L≤200	174	1800<L≤2000	675
200<L≤400	240	2000<L≤2400	746
400<L≤600	295	2400<L≤2800	918
600<L≤800	356	2800<L≤3200	979
800<L≤1000	372	3200<L≤3600	1040
1000<L≤1200	417	3600<L≤4000	1203
1200<L≤1400	565	4000<L≤4400	1271
1400<L≤1600	598	当 L>4400 km 时，每增加 200 km 增加 48	

注：调遣里程依据铁路里程计算，铁路无法到达的里程部分，依据公路、水路里程计算。

表 7-17 施工队伍调遣人数定额表

通信设备安装工程			
概(预)算技工总工日	调遣人数/人	概(预)算技工总工日	调遣人数/人
500 工日以下	5	4000 工日以下	30
1000 工日以下	10	5000 工日以下	35
2000 工日以下	17	5000 工日以上，每增加1000 工日增加调遣人数 3	
3000 工日以下	24		
通信线路、通信管道工程			
概(预)算技工总工日	调遣人数/人	概(预)算技工总工日	调遣人数/人
500 工日以下	5	9000 工日以下	55
1000 工日以下	10	10000 工日以下	60
2000 工日以下	17	15000 工日以下	80
3000 工日以下	24	20000 工日以下	95
4000 工日以下	30	25000 工日以下	105
5000 工日以下	35	30000 工日以下	120
6000 工日以下	40	30000 工日以上，每增加5000 工日增加调遣人数 3	
7000 工日以下	45		
8000 工日以下	50		

(15) 大型施工机械调遣费。大型施工机械调遣费是指大型施工机械调遣所发生的运输费用。在编制概预算时，应按工程实际需要的机械计算大型机械总吨位。其计费标准及计算规则如下：

$$大型施工机械调遣费 = 调遣用车运价 \times 调遣运距 \times 2$$

大型施工机械调遣吨位表如表 7-18 所示。

表 7-18　大型施工机械调遣吨位表

机械名称	吨位	机械名称	吨位
光缆接续车	4	水下光(电)缆沟挖冲机	6
光(电)缆拖车	5	液压顶管机	5
微管微缆气吹设备	6	微控钻孔敷管设备(25 吨以下)	8
气流敷设吹缆设备	8	微控钻孔敷管设备(25 吨以上)	12

其中，调遣用车运价根据单程运距划分为 100 km 以内、100 km 以外两档，具体如表 7-19 所示。

表 7-19　调遣用车运价表

名称	吨位	运价/(元/千米)	
		单程运距≤100 km	单程运距>100 km
工程机械运输车	5	10.8	7.2
工程机械运输车	8	13.7	9.1
工程机械运输车	15	17.8	12.5

2. 间接费

间接费由规费、企业管理费构成。各项费用均为不包括增值税可抵扣进项税额的税前造价。

1) 规费

规费指政府和有关部门规定必须缴纳的费用，其费率如表 7-20 所示。其内容包括：

(1) 工程排污费。工程排污费是指施工现场按规定缴纳的工程排污费。其计费方法根据施工所在地政府部门的相关规定。

(2) 社会保障费。社会保障费包括养老保险费、失业保险费、医疗保险费、生育保险费和工伤保险费五项内容。养老保险费是指企业按规定标准为职工缴纳的基本养老保险费。失业保险费是指企业按照国家规定标准为职工缴纳的失业保险费。医疗保险费是指企业按照规定标准为职工缴纳的基本医疗保险费。生育保险费是指企业按照规定标准为职工缴纳的生育保险费。工伤保险费是指企业按照规定标准为职工缴纳的工伤保险费。

社会保障费计费标准及计算规则如下：

$$社会保障费 = 人工费 \times 社会保障费费率 \text{（费率见表 7-20）}$$

(3) 住房公积金是指企业按照规定标准为职工缴纳的住房公积金。计费标准及计算规则如下：

$$住房公积金 = 人工费 \times 住房公积金费率 \text{（费率见表 7-20）}$$

(4) 危险作业意外伤害保险是指企业为从事危险作业的建筑安装施工人员支付的意外

伤害保险费。其计费标准及计算规则如下:

危险作业意外伤害保险费 = 人工费 × 危险作业意外伤害保险费费率 (费率见表 7-20)

表 7-20　规费费率表

费用名称	工程名称	计算基础	费率/%
社会保障费	各类通信工程	人工费	28.50
住房公积金			4.19
危险作业意外伤害保险费			1.00

2) 企业管理费

企业管理费指施工企业组织施工生产和经营管理所需费用。其内容包括:

(1) 管理人员工资:指管理人员的基本工资、工资性补贴、职工福利费、劳动保护费等。

(2) 办公费:指企业管理办公用的文具、纸张、账表、印刷、邮电、书报、会议、水电、烧水和集体取暖(包括现场临时宿舍取暖)用煤等费用。

(3) 差旅交通费:指职工因公出差、调动工作的差旅费、住勤补助费,市内交通费和误餐补助费,职工探亲路费,劳动力招募费,职工离退休、退职一次性路费,工伤人员就医路费,工地转移费以及管理部门使用的交通工具的油料、燃料等费用。

(4) 固定资产使用费:指管理和试验部门及附属生产单位使用的属于固定资产的房屋、设备、仪器等的折旧、大修、维修或租赁费。

(5) 工具用具使用费:指管理使用的不属于固定资产的生产工具、器具、家具、交通工具和检验、测绘、消防用具等的购置、维修和摊销费。

(6) 劳动保险费:指由企业支付离退休职工的异地安家补助费、职工退职金、六个月以上的病假人员工资、按规定支付给离退休干部的各项经费。

(7) 工会经费:指企业按职工工资总额计提的工会经费。

(8) 职工教育经费:指按职工工资总额的规定比例计提,企业为职工进行专业技术和职业技能培训,专业技术人员继续教育、职工职业技能鉴定、职业资格认定以及根据需要对职工进行各类文化教育所发生的费用。

(9) 财产保险费:指施工管理用财产、车辆保险等的费用。

(10) 财务费:指企业为施工生产筹集资金或提供预付款担保、履约担保、职工工资支付担保等所发生的各种费用。

(11) 税金:指企业按规定缴纳的城市维护建设税、教育费附加税、地方教育费附加税、房产税、车船使用税、土地使用税、印花税等。

(12) 其他费用:包括技术转让费、技术开发费、投标费、业务招待费、绿化费、广告费、公证费、法律顾问费、审计费、咨询费等。

企业管理费计费标准及计算规则如下:

企业管理费 = 人工费 × 企业管理费费率 (费率见表 7-21)

表 7-21　企业管理费费率表

工程名称	计算基础	费率/%
各类通信工程	人工费	27.4

3. 利润

利润是指施工企业完成所承包工程获得的盈利。其计费标准及计算规则如下：

$$利润 = 人工费 \times 利润率 \ (利润率见表 7\text{-}22)$$

表 7-22　利润率表

工程名称	计算基础	费率/%
各类通信工程	人工费	20.0

4. 销项税额

销项税额是指按国家税法规定应计入建筑安装工程造价的增值税销项税额。其计费标准及计算规则如下：

销项税额 = (人工费 + 乙供主材费 + 辅材费 + 机械使用费 + 仪表使用费 + 措施费 + 规费 + 企业管理费 + 利润) × 11%+甲供主材费 × 适用税率

注：甲供主材适用税率为材料采购税率；乙供主材是指建筑服务方提供的材料。

7.2.2　设备、工器具购置费

设备、工器具购置费是指根据设计提出的设备(包括必需的备品备件)、仪表、工器具清单，按设备原价、运杂费、采购及保管费、运输保险费和采购代理服务费计算的费用。

计费标准及计算规则如下：

设备、工器具购置费 = 设备原价 + 运杂费 + 运输保险费 + 采购及保管费 + 采购代理服务费

对该公式做以下说明：

(1) 设备原价：供应价或供货地点价；。

(2) 运杂费 = 设备原价 × 运杂费费率(费率见表 7-23)。

表 7-23　运杂费费率表

运输里程 L/km	取费基础	费率/%	运输里程 L/km	取费基础	费率/%
$L \leqslant 100$	设备原价	0.8	$1000 < L \leqslant 1250$	设备原价	2.0
$100 < L \leqslant 200$		0.9	$1250 < L \leqslant 1500$		2.2
$200 < L \leqslant 300$		1.0	$1500 < L \leqslant 1750$		2.4
$300 < L \leqslant 400$		1.1	$1750 < L \leqslant 2000$		2.6
$400 < L \leqslant 500$		1.2	当 $L > 2000$ km 时，每增 250 km 增加设备原价		0.1
$500 < L \leqslant 750$		1.5			
$750 < L \leqslant 1000$		1.7	—	—	—

(3) 运输保险费 = 设备原价 × 保险费费率 0.4%。

(4) 采购及保管费 = 设备原价 × 采购及保管费费率(费率见表 7-24)。

表 7-24　采购及保管费费率表

项目名称	计算基础	费率/%
需要安装的设备	设备原价	0.82
不需要安装的设备(仪表、工器具)		0.41

(5) 采购代理服务费按实计列。

(6) 引进设备(材料)的国外运输费、国外运输保险费、关税、增值税、外贸手续费、银行财务费、国内运杂费、国内运输保险费、引进设备(材料)国内检验费、海关监管手续费等按引进货价计算后进入相应的设备材料费中。单独引进软件不计关税，只计增值税。

7.3　工程建设其他费

工程建设其他费是指应在建设项目的建设投资中开支的固定资产其他费用、无形资产费用和其他资产费用。内容包括：建设用地及综合赔补费、建设单位管理费、可行性研究费、研究试验费、勘察设计费、环境影响评价费、建设工程监理费、安全生产费、引进技术及进口设备其他费、工程保险费、工程招标代理费、专利及专用技术使用费、其他费用、生产准备及开办费。

1．建设用地及综合赔补费

建设用地及综合赔补费是指按照《中华人民共和国土地管理法》等规定，建设项目征用土地或租用土地应支付的费用。其内容包括：

(1) 土地征用及迁移补偿费。土地征用及迁移补偿费是指经营性建设项目通过出让方式购置的土地使用权(或建设项目通过划拨方式取得无限期的土地使用权)而支付的土地补偿费、安置补偿费、地上附着物和青苗补偿费、余物迁建补偿费、土地登记管理费等；行政事业单位的建设项目通过出让方式取得土地使用权而支付的出让金；建设单位在建设过程中发生的土地复垦费用和土地损失补偿费用；建设期间临时占地补偿费。

(2) 征用耕地按规定一次性缴纳的耕地占用税；征用城镇土地在建设期间按规定每年缴纳的城镇土地使用税；征用城市郊区菜地按规定缴纳的新菜地开发建设基金。

(3) 建设单位租用建设项目土地使用权而支付的租地费用。

(4) 建设单位因建设项目期间租用建筑设施、场地费用以及因项目施工造成所在地企事业单位或居民的生产、生活干扰而支付的补偿费用。

建设用地及综合赔补费应根据应征建设用地面积、临时用地面积，按建设项目所在省、市、自治区人民政府制定颁发的土地征用补偿费、安置补助费标准和耕地占用税、城镇土地使用税标准计算。建设用地上的建(构)筑物如需迁建，其迁建补偿费应按迁建补偿协议计列或按新建同类工程造价计算。

2．建设单位管理费

建设单位管理费是指建设单位发生的管理性质的开支。其内容包括：差旅交通费、工具用具使用费、固定资产使用费、必要的办公及生活用品购置费、必要的通信设备及交通工具购置费、零星固定资产购置费、招募生产工人费、技术图书资料费、业务招待费、设计审查费、合同契约公证费、法律顾问费、咨询费、完工清理费、竣工验收费、印花税和其他管理性质开支。如果成立筹建机构，建设单位管理费还应包括筹建人员工资类开支。

建设单位管理费的计费参照财政部财建 [2002] 394 号《基建财务管理规定》执行。建设单位管理费费率及算例表如表 7-25 所示。

表 7-25　建设单位管理费费率及算例表　　　(单位：万元)

工程总概算	费率/%	算例	
		工程总概算	建设单位管理费
1000 以下	1.5	1000	$1000 \times 1.5\% = 15$
1001～5000	1.2	5000	$15 + (5000 - 1000) \times 1.2\% = 63$
5001～10 000	1.0	10 000	$63 + (10000 - 5000) \times 1.0\% = 113$
10 001～50 000	0.8	50 000	$113 + (50\ 000 - 10\ 000) \times 0.8\% = 433$
50 001～100 000	0.5	100 000	$433 + (100\ 000 - 50\ 000) \times 0.5\% = 683$
100 001～200 000	0.2	200 000	$683 + (200\ 000 - 100\ 000) \times 0.2\% = 883$
200 000 以上	0.1	280 000	$883 + (280\ 000 - 200\ 000) \times 0.1\% = 963$

若建设项目采用工程总承包方式，其总包管理费由建设单位与总包单位根据总包工作范围在合同中商定，从建设单位管理费中列支。

3. 可行性研究费

可行性研究费是指在建设项目前期工作中，编制和评估项目建议书(或预可行性研究报告)、可行性研究报告所需的费用。可行性研究费的计费根据《国家发展改革委关于进一步放开建设项目专业服务价格的通知》(发改价格 [2015] 299 号)文件的要求，可行性研究服务收费实行市场调节价。

4. 研究试验费

研究试验费是指为本建设项目提供或验证设计数据、资料等进行必要的研究试验及按照设计规定在建设过程中必须进行试验、验证所需的费用，应根据建设项目研究试验内容和要求进行编制。研究试验费不包括以下项目：

(1) 应由科技三项费用即新产品试制费、中间试验费和重要科学研究补助费开支的项目；

(2) 应在建筑安装费用中列支的施工企业对材料、构件进行一般鉴定、检查所发生的费用及技术革新的研究试验费；

(3) 应由勘察设计费或工程费中开支的项目。

研究试验费应由设计单位根据建设项目试验验证的内容和要求计列。

5. 勘察设计费

勘察设计费是指委托勘察设计单位进行工程勘察、工程设计所发生的各项费用。其内容包括工程勘察费、初步设计费、施工图设计费。根据《国家发展改革委关于进一步放开建设项目专业服务价格的通知》(发改价格 [2015] 299 号)文件的要求，勘察设计服务收费实行市场调节价。

6. 环境影响评价费

环境影响评价费是指按照《中华人民共和国环境保护法》、《中华人民共和国环境影响评价法》等规定，为全面、详细评价本建设项目对环境可能产生的污染或造成的重大影响所需的费用，包括编制环境影响报告书(含大纲)、环境影响报告表和评估环境影响报告书(含大纲)、评估环境影响报告表等所需的费用。环境影响评价费的计费根据《国家发展改革委关于进一步放开建设项目专业服务价格的通知》(发改价格 [2015] 299 号)文件的要求，环境影响咨询服务收费实行市场调节价。

7. 建设工程监理费

建设工程监理费是指建设单位委托工程监理单位实施工程监理的费用。建设工程监理费的计费根据《国家发展改革委关于进一步放开建设项目专业服务价格的通知》(发改价格 [2015] 299 号)文件的要求，建设工程监理服务收费实行市场调节价。可参照相关标准作为计价基础。

8. 安全生产费

安全生产费是指施工企业按照国家有关规定和建筑施工安全标准，购置施工防护用具、落实安全施工措施以及改善安全生产条件所需要的各项费用。安全生产费的计费参照《关于印发〈企业安全生产费用提取和使用管理办法〉的通知》财企 [2012] 16 号文规定执行。

9. 引进技术及进口设备其他费

引进技术及进口设备其他费内容包括：

(1) 引进项目图纸资料翻译复制费、备品备件测绘费。这部分费用的计算根据引进项目的具体情况计列或按引进设备到岸价的比例估列。

(2) 出国人员费用。出国人员费用包括买方人员出国设计联络、出国考察、联合设计、监造、培训等所发生的差旅费、生活费、制装费等。这部分费用依据合同规定的出国人次、期限和费用标准计算。生活费及制装费按照财政部、外交部规定的现行标准计算，旅费按中国民航公布的国际航线票价计算。

(3) 来华人员费用。来华人员费用包括卖方来华工程技术人员的现场办公费用、往返现场交通费用、工资、食宿费用、接待费用等。这部分费用计算应依据引进合同有关条款规定计算。引进合同价款中已包括的费用内容不得重复计算。来华人员接待费用可按每人次费用指标计算。

(4) 银行担保及承诺费。银行担保及承诺费是指引进项目由国内外金融机构出面承担风险和责任担保所发生的费用以及支付贷款机构的承诺费用。这部分费用计算应按担保或承诺协议计取。

10. 工程保险费

工程保险费是指建设项目在建设期间根据需要对建筑工程、安装工程及机器设备进行投保而发生的保险费用，包括建筑安装工程一切险种及引进设备财产和人身意外伤害保险等。不投保的工程不计取此项费用。不同的建设项目可根据工程特点选择投保险种，根据投保合同计列保险费用。

11. 工程招标代理费

工程招标代理费是指招标人委托代理机构编制招标文件、编制标底、审查投标人资格、组织投标人踏勘现场并答疑，组织开标、评标、定标，以及提供招标前期咨询、协调合同的签订等业务所收取的费用。工程招标代理费的计费根据《国家发展改革委关于进一步放开建设项目专业服务价格的通知》(发改价格 [2015] 299 号)文件的要求，工程招标代理服务收费实行市场调节价。

12. 专利及专用技术使用费

专利及专用技术使用费的内容包括：

(1) 国外设计及技术资料费、引进有效专利、专有技术使用费和技术保密费。

(2) 国内有效专利、专有技术使用费用。

(3) 商标使用费、特许经营权费等。

该费用的取定按照以下规则：

(1) 按专利使用许可协议和专有技术使用合同的规定计列。

(2) 专有技术的界定应以省、部级鉴定机构的批准为依据。

(3) 项目投资中只计取需要在建设期支付的专利及专有技术使用费。协议或合同规定在生产期支付的使用费应在成本中核算。

13. 其他费用

其他费用是指根据建设任务的需要，必须在建设项目中列支的其他费用。该项费用应根据工程实际计列。

14. 生产准备及开办费

生产准备及开办费是指建设项目为保证正常生产(或营业、使用)而发生的人员培训费、提前进场费以及投产使用初期必备的生产生活用具、工器具等购置费用。其内容包括：

(1) 人员培训费及提前进厂费，包括自行组织培训或委托其他单位培训的人员工资、工资性补贴、职工福利费、差旅交通费、劳动保护费、学习资料费等。

(2) 为保证初期正常生产、生活(或营业、使用)所必需的生产办公、生活家具用具购置费。

(3) 为保证初期正常生产(或营业、使用)必需的第一套不够固定资产标准的生产工具、器具、用具购置费(不包括备品备件费)。

生产准备及开办费的取定按照以下规则：

新建项目按设计定员为基数计算，改扩建项目按新增设计定员为基数计算：

$$生产准备及开办费 = 设计定员 \times 生产准备费指标(元/人)$$

生产准备及开办费指标由投资企业自行测算。此项费用列入运营费。

7.4 预备费和建设期利息

7.4.1 预备费

预备费是指在初步设计阶段编制概算时难以预料的工程费用。预备费包括基本预备费和价差预备费。

1. 基本预备费

基本预备费包括：

(1) 进行技术设计、施工图设计和施工过程中，在批准的初步设计和概算范围内所增加的工程费用。

(2) 由一般自然灾害所造成的损失和预防自然灾害所采取的措施项目费用。

(3) 竣工验收时为鉴定工程质量，必须开挖和修复隐蔽工程的费用。

2．价差预备费

价差预备费是指进行技术设计、施工图设计和施工过程中，在批准的初步设计和概算范围内，由于设备、材料价格的变化引起的价差。其计费标准及计算规则如下：

预备费 = (工程费 + 工程建设其他费) × 预备费费率 (费率见表 7-26)

表 7-26　预备费费率表

工程名称	计算基础	费率/%
通信设备安装工程	工程费 + 工程建设其他费	3.0
通信线路工程		4.0
通信管道工程		5.0

7.4.2　建设期利息

建设期利息是指建设项目贷款在建设期内发生并应计入固定资产的贷款利息等财务费用。建设期利息按银行当期利率计算。

本 章 小 结

1．通信建设工程项目总费用由各单项工程项目总费用构成；各单项工程总费用由工程费、工程建设其他费、预备费、建设期利息四部分构成。

2．目前编制通信建设工程概预算使用的费用定额是依据工信部颁布的通信 [2016] 451 号文件《信息通信建设工程费用定额》所规定的标准，较以往使用的工信部规 [2008] 75 号文件规定的费用定额相比，在费用构成及费率上做了很大改动，具体改动情况如下：

(1) 措施项目费中取消了环境保护费。

(2) 在规费中的社会保险费里增加了生育保险费和工伤保险费。

(3) 税金改为销项税额。

(4) 工程建设其他费中取消了劳动安全卫生评价费、工程质量监督费、工程定额编制测定费，增加了其他费。

3．2017 版(451)费用定额与 2008 版(75)费用定额相比，计费标准和计算规则也发生了变化，具体如下：

(1) 直接工程费：

·2008 版：技工 48 元/工日，普工 19 元/工日；2017 版：技工 114 元/工日，普工 61 元/工日。

·材料费中的运杂费费率光缆变大了，电缆变小了。

(2) 措施项目费：

·2008 版文明施工费标准不区分专业，费率为 1.0%，现费率按专业划分取定为无线 1.1%，传输管道、传输线路变大，为 1.5%：传输设备、电源设备变小，为 0.8%。

- 工地器材搬运费变小。
- 工程点交、场地清理费变小。
- 临时设施费变小。
- 工程车辆使用费变小。
- 夜间施工增加费通信设备变大，通信线路变小。
- 冬雨季施工增加费，费率取定按区域划分，一、二类地区变大，三类地区变小。
- 生产工具用具使用费大幅变小。
- 特殊地区施工增加费大幅变大。
- 已完工程及设备保护费大幅变大。
- 施工队伍调遣费变大(序号为圈 11)。
- 大型施工机械调遣费变大(序号为圈 12)。

(3) 规费中的社会保障费变大。

(4) 企业管理费费率取定不再分工程专业，统一费率标准。

(4) 利润费率变小。

4. 其他费用说明如下：

(1) 可行性研究费：从计投资 [1999] 1283 号改为发改价格 [2015] 299 号。

(2) 勘察设计费：从计价格 [2002] 10 号改为发改价格 [2015] 299 号。

(3) 环境影响评价费：从计价格 [2002] 125 号改为发改价格 [2015] 299 号。

(4) 建设工程监理费：从 [2007] 670 号改为发改价格 [2015] 299 号。

(5) 安全生产费：从财企 [2006] 478 号改为财企 [2012] 16 号。

(6) 工程招标代理费：从计价格 [2002] 改为发改价格 [2015] 299 号。

(7) 机械及仪表台班总体下调。

知 识 测 验

一、简答题

1. 简述通信建设工程项目总费用构成。

2. 简述通信建设单项工程总费用构成。

3. 人工费的计算规则是什么？

4. 主要材料费都包含哪几项？

5. 在编制概算和预算时，运杂费分别如何计列？

6. 设备、工器具购置费都包含哪几项？

7. 施工人员调遣费的计算规则是什么？

二、计算题

1. 已知长途架空光缆线路的勘查收费基价如表 7-27 所示。

表 7-27 长途架空光缆线路的勘查收费基价

项目	长度 L/km	收费基价/元	内插值/元
长途架空	1.0<L≤50.0	2500	1140
光缆线路	50.0<L≤200.0	58360	990

(1) 计算长为 30 km 的长途架空光缆线路的一阶段设计的勘查费。

(2) 计算长为 90 km 的长途架空光缆线路二阶段设计的施工图设计勘查费。

2. 已知某单项工程，施工企业驻地距施工现场 50 km，完成该项工程所需技工总工日为 200 工日，普工总工日为 150 工日，计算施工队伍调遣费。

三、选择题

1. 通信建设单项总投资由(   )组成。

A. 建筑安装工程费、工程建设其他费

B. 直接工程费、工程建设其他费、预备费

C. 工程费、工程建设其他费、预备费、建设期利息

D. 工程建安费、预备费、企业管理费

2. 设备购置费是指(   )。

A. 设备采购时的实际成交价

B. 设备采购和安装的费用之和

C. 设备在工地仓库出库之前所发生的费用之和

D. 设备在运抵工地之前发生的费用之和

3. 二级施工企业技工工日单价标准为(   )。

A. 9.05 元   B. 48.00 元   C. 16.8 元   D. 24 元

4. 下列选项中，不应归入措施费的是(   )。

A. 勘察设计费   B. 环境保护费   C. 人工费差价   D. 工程车辆使用费

5. 工程干扰费是指通信线路工程在市区施工(   )所需采取的安全措施及降效补偿的费用。

A. 对外界的干扰   B. 由于受外界对施工干扰

C. 相互干扰   D. 电磁干扰

6. 依照费用定额的规定，安装工程的间接费的取费基础与(   )有关。

A. 直接费   B. 人工费   C. 机械使用费   D. 材料费

7. 通信建设工程的税金包括(   )。

A. 营业税、城市建设维护税、教育费附加

B. 营业税、城市建设维护税、所得税

C. 城市建设维护税、固定资产投资方向调节税、教育费附加

D. 教育费附加、营业税、固定资产投资方向调节税

8. 对概、预算进行修改时，如果需要安装的设备费有所增加，那么对(   )产生影响。

A. 建筑安装工程费   B. 预备费

C. 运营费   D. 都有影响

技 能 训 练

1. 训练内容

计算下面单项工程的工程总费用。

已知条件：

(1) 工程名为"××局通信管道光缆工程"；

(2) 本工程立项总投资估算额为 80 000 元；

(3) 本工程施工地点在城区，施工企业距施工现场 70 km；

(4) 施工用水电、蒸汽费为 300 元；

(5) 工程技工总工日 150 工日，普工总工日 100 工日；

(6) 勘察设计费给定为 3000 元；

(7) 建设用地及综合赔补费总计 10 000 元；

(8) 主要材料费用合计 23 000 元；

(9) 机械使用费合计 1200 元；

(10) 仪表使用费 1500 元；

(11) 本工程不计列特殊地区施工增加费、运土费、已完工程及设备保护费、大型施工机械调遣费、工程排污费、可行性研究费、研究试验费、环境影响评价费、劳动安全卫生评价费、建设工程监理费、工程质量监理费、工程定额测定费、工程保险费、工程招标代理费、引进技术及引进设备其他费、专利及专利技术使用费、生产准备及开办费、建设期利息。

2. 训练目的

(1) 掌握工程费用的计算规则和方法；

(2) 能够正确运用各项费用计算公式并选择合理费率，计算工程费用。

3. 训练要求

(1) 计算工程费用时，要求写出每一项费用的计算依据；

(2) 说明工程费用的计算过程和内容。

第 章

通信建设工程概预算文件
编制及举例

知识目标

☞ 掌握概预算的作用。

☞ 了解概预算文件的编制依据、组成及编制程序。

☞ 掌握概预算表格的填写方法。

技能目标

☞ 能够对通信单项工程项目进行预算文件的编制并编写预算说明。

☞ 能够利用通信工程概预算软件进行工程预算编制。

8.1 概预算的定义及作用

8.1.1 概预算的定义

工程建设项目设计概预算是初步设计概算和施工图设计预算的统称。通信建设工程概预算是设计文件的重要组成部分，它是指根据各个不同设计阶段的深度和建设内容，按照国家主管部门颁发的概预算定额、设备材料价格、编制方法、费用定额、费用标准等有关规定，对通信建设项目、单项工程按实物工程量法预先计算和确定的全部费用文件。设计概预算实质上是工程的计划价格对工程项目设计概预算的管理和控制，即是对建设工程实行科学管理和监督的一种重要手段。设计概预算是以初步设计和施工图设计为基础编制的，它不仅是考核设计方案经济性和合理性的重要指标，而且也是确定建设项目建设计划、签订合同、办理贷款、进行竣工决算和考核工程造价的主要依据。

及时、准确地编制出工程概预算，对加强建设项目管理，提高建设项目投资的社会效益、经济效益有着重要意义，也是加强建设项目管理的重要内容。随着改革开放的深化和国民经济的发展，加强建设项目概预算编制和管理工作是非常必要的。

8.1.2 概预算的作用

1. 设计概算的作用

设计概算是用货币形式综合反映和确定建设项目从筹建至竣工验收的全部建设费用。它的主要作用如下：

(1) 概算是确定和控制建设项目投资、编制和安排投资计划、控制施工图预算的主要依据。

建设项目需要多少人力、物力和财力，是通过项目设计概算来确定的，所以设计概算是确定建设项目所需建设费用的文件，即项目的投资总额及其构成是按设计概算的有关数据确定的，而且设计概算也是确定年度建设计划和年度建设投资额的基础。因此，设计概算的编制质量将影响年度建设计划的编制质量。只有根据编制正确的设计概算，才能使年度建设计划安排的投资额既能保证项目建设的需要，又能节约建设资金。

经批准的设计概算是确定建设项目或单项工程所需投资的计划额度。设计单位必须严格按照批准的初步设计中的总概算进行施工图设计预算的编制，施工图预算不应突破设计概算。实行三阶段设计的情况下，在技术设计阶段应编制修正概算，修正概算所确定的投资额不应突破相应的设计总概算，如突破，应调整和修改总概算，并报主管部门审批。

(2) 概算是核定贷款额度的主要依据。

建设单位根据批准的设计概算总投资，安排投资计划，控制贷款。如果建设项目投资额突破设计概算时，应查明原因后由建设单位报请上级主管部门调整或追加设计概算总投资额。

(3) 概算是考核工程设计技术经济合理性和工程造价的主要依据。

设计概算是项目建设方案(或设计方案)经济合理性的反映，可以用来对不同的建设方案进行技术和经济合理性比较，以便选择最佳的建设方案或设计方案。建设或设计方案是编制概算的基础，设计方案的经济合理性是以货币指标来反映的。对建设项目不同的设计方案，可利用设计概算中用货币表示的技术经济指标，如单位造价、单位投资等，进行技术经济分析比较，以便优选最经济合理的设计方案。

项目建设的各项费用是通过编制设计概算时逐项确定的，因此，造价的管理必须根据编制设计概算所规定的应包括的费用内容和要求严格控制各项费用，防止突破项目投资估算，加大项目建设成本。

(4) 概算是筹备设备、材料和签订订货合同的主要依据。

当设计概算经主管部门批准后，建设单位就可以开始按照设计提供的设备、材料清单，对多个生产厂家的设备性能及价格进行调查、询价，按设计要求进行比较，在设备性能、技术服务等相同的条件下，选择最优惠的厂家生产的设备，签订订货合同，进行建设准备工作。

(5) 概算在工程招标承包制中是确定标底的主要依据。

建设单位在按设计概算进行工程施工招标发包时，须以设计概算为基础编制标底，以此作为评标、决标的依据。施工企业为了在投标竞争中得到承包任务，必须编制投标书，标书中的报价也应以概算为基础进行估价。

2．施工图预算的作用

施工图预算是设计概算的进一步具体化。它是根据施工图计算出的工程量，依据现行预算定额及取费标准，签订的设备材料合同价或设备材料预算价格等，进行计算和编制的工程费用文件。它的主要作用是：

(1) 预算是考核工程成本，确定工程造价的主要依据。

根据工程的施工图纸计算出其实物工程量，然后按现行工程预算定额、费用标准等资料，算出工程的施工生产费用，再加上上级主管部门规定应计列的其他费用，就成为建筑安装工程的价格，即工程预算造价。由此可见，只有正确地编制施工图预算，才能合理地确定工程的预算造价，并可据此落实和调整年度建设投资计划。施工企业必须以所确定的工程预算造价为依据来进行经济核算，以最少的人力、物力和财力消耗完成施工任务，降低工程成本。

(2) 预算是签订工程承、发包合同的依据。

建设单位与施工企业的经济费用往来，是以施工图预算及双方签订的合同为依据，所以施工图预算又是建设单位监督工程拨款和控制工程造价的一项主要依据。实行招标的工程，施工图预算又是建设单位确定标底和施工企业进行估价的依据，同时也是评价设计方案，签订年度总包和分包合同的依据。建设单位和施工单位双方以施工图预算为基础签订工程承包合同，明确双方的经济责任。实行项目建设投资包干，也可以以施工图预算为依据进行。

(3) 预算是工程价款结算的主要依据。

工程价款结算是施工企业在承包工程实施过程中，依据承包合同和已经完成的工程量关于付款的规定，依照程序向建设业主收取工程价款的经济活动。

项目竣工验收之后，除按概预算加系数包干的工程外，都要编制项目结算，以结清工程价款。结算工程价款是以施工图预算为基础进行的，即以施工图预算中的工程量和单价，再根据施工中设计变更后的实际施工情况，以及实际完成的工程量情况编制项目结算。

(4) 预算是考核施工图设计技术经济合理性的主要依据。

施工图预算要根据设计文件的编制程序编制，它对确定单项工程造价具有特别重要的作用。施工图预算的工料统计表列出的各单位工程对各类人工和材料的需要量等，是施工企业编制施工计划、做施工准备和进行统计、核算等不可缺少的依据。

8.2　通信建设工程概预算文件编制

8.2.1　编制总则

通信建设工程概预算的编制应按工信部通信 [2016] 451 号文颁布的《信息通信建设工程概预算编制规程》及相关定额等标准进行编制。具体编制总则如下：

(1) 本规程适用于信息通信建设项目新建和扩建工程的概预算的编制；改建工程可参照使用。

(2) 信息通信建设项目涉及土建工程时(铁塔基础施工工程除外)，应按各地区有关部门编制的土建工程的相关标准编制概预算。

(3) 信息通信建设工程概预算应包括从筹建到竣工验收所需的全部费用，其具体内容、计算方法、计算规则应依据现行信息通信建设工程定额及其他有关计价依据进行编制。

(4) 通信建设工程概预算的编制应由具有通信建设相关资质的单位编制；概预算的编制和审核以及从事信息通信工程造价相关工作的人员必须熟练掌握《信息通信建设工程预算定额》等文件，并且持有信息产业部颁发的《通信建设工程概预算人员资格证书》。通信主管部门应通过信息化手段加强对从事概预算编制及工程造价从业人员的监督管理。

(5) 信息通信建设工程概预算的编制，应按相应的设计阶段进行。当建设项目采用两阶段设计时，初步设计阶段编制设计概算，施工图设计阶段编制施工图预算。采用一阶段设计时，应编制施工图预算，并计列预备费、建设期利息等费用。建设项目若按三阶段设计时，在技术设计阶段编制修正概算。

(6) 信息通信建设工程概预算应按单项工程编制。

(7) 设计概算是初步设计文件的重要组成部分。编制设计概算应在投资估算的范围内进行。

(8) 设计概算是初步设计文件的重要组成部分，编制设计概算应在投资估算的范围内进行。施工图预算是施工图设计文件的重要组成部分，编制施工图预算应在批准的设计概算范围内进行。对于一阶段设计所编制的施工图预算，应在投资估算的范围内进行，并列出预备费、投资贷款利息等费用。

(9) 当一个信息通信建设项目如果由几个设计单位共同设计时，总体设计单位应负责统一概预算的编制原则，并汇总建设项目的总概算。分设计单位负责本设计单位所承担的单项工程概预算的编制。

总体设计单位要组织有关单位做好概算编制前基础资料的收集和确认工作，概预算人员应深入现场进行实地调查，收集可靠资料。例如，当所需资料收集不足时，可参考当地已建成或在建项目的有关资料来编制概算，并将这些基础资料打印成册分发给有关设计单位的相关设计人员，作为该项工程编制概预算的依据。

(10) 工程概预算是一项重要的技术经济工作，应按照规定的设计标准和设计图纸计算工程量，正确地使用各项计价标准，完整、准确地反映设计内容、施工条件和实际价格。

8.2.2 概预算文件的编制依据

1. 设计概算的编制依据

编制概算都应以现行规定和咨询价格为依据，不能随意套用作废或停止使用的资料和依据，以防概算失控、不准。设计概算编制主要依据如下：

(1) 批准的可行性研究报告。

(2) 初步设计图纸及有关资料。

(3) 国家相关管理部门发布的有关法律、法规、标准规范。

(4)《信息通信建设工程预算定额》（目前没有专门的概算定额，而是使用信息通信工程预算定额代替来编制概算）、《信息通信建设工程费用定额》及其有关文件。

(5) 建设项目所在地政府发布的土地征用和赔补费等有关规定。

(6) 有关合同、协议等。

2．施工图预算的编制依据

(1) 批准的初步设计概算及有关文件。

(2) 施工图、标准图、通用图及其编制说明。

(3) 国家相关管理部门发布的有关法律、法规、标准规范。

(4)《信息通信建设工程预算定额》、《信息通信建设工程费用定额》及其有关文件。

(5) 建设项目所在地政府发布的土地征用和赔补费用等有关规定。

(6) 有关合同、协议等。

8.2.3 引进通信设备安装工程概预算的编制

1．引进设备安装工程概预算编制依据

引进设备安装工程概预算除参照上述概预算编制依据所列条件外，还应依据国家和相关部门批准的引进设备工程项目订货合同、细目及价格以及国外有关技术经济资料和相关文件等进行编制。

2．引进设备安装工程概预算编制原则

(1) 引进设备安装工程的概预算(指引进器材的费用)，除必须编制引进国的设备价款外，还应按引进设备的到岸价的外币折算成人民币的价格，依据本办法有关条款进行编制。

(2) 引进设备安装工程的概预算应用两种货币表现形式，其外币表现形式可用美元或订货合同标注的计价货币。

(3) 引进设备安装工程，应由国内设计单位作为总体设计单位，并编制总概预算。

8.2.4 概预算文件的组成

概预算文件由编制说明和概预算表组成。

1．编制说明

编制说明一般由工程概况、编制依据、投资分析和其他需要说明的问题四个部分组成：

(1) 工程概况：说明项目规模、用途、概预算总价值、产品品种、生产能力、公用工程及项目外工程的主要情况等。

(2) 编制依据：主要说明编制时所依据的技术经济文件、各种定额、材料设备价格、地方政府的有关规定和主管部门未做统一规定的费用计算依据和说明。

(3) 投资分析：主要说明各项投资的比例及类似工程投资额的比较、分析投资额高的原因、工程设计的经济合理性、技术的先进性及其适宜性等。

(4) 其他需要说明的问题：例如，建设项目的特殊条件和特殊问题，需要上级主管部门和有关部门帮助解决的其他有关问题等。

2．概预算表格

通信建设工程概预算表格统一使用六种共十张表格，分别是建设项目总概(预)算表(汇总表)、单项工程概(预)算总表(表一)、建筑安装工程费用概(预)算表(表二)、建筑安装工程

量概(预)算表(表三)甲、建筑安装工程机械使用费概(预)算表(表三)乙、建筑安装工程仪器仪表使用费概(预)算表(表三)丙、国内器材概(预)算表(表四)甲、引进器材概(预)算表(表四)乙、工程建设其他费概(预)算表(表五)甲、引进设备工程建设其他费用概(预)算表(表五)乙。

1) 建设项目总概(预)算表(汇总表)

该表供编制建设项目总概(预)算使用，建设项目的全部费用在本表中汇总。

(1) 表格构成。建设项目总概(预)算表(汇总表)，如表 8-1 所示。

表 8-1　建设项目总____算表(汇总表)

建设项目名称：　　　　　　建设单位名称：　　　　　　表格编号：　　　　　　第　　页

序号	表格编号	单项工程名称	小型建筑工程费	需要安装的设备费	不需要安装的设备、工器具费	建筑安装工程费	其他费用	预备费	总价值				生产准备及开办费
			(单位：元)						除税价	增值税	含税价	其中外币( )	(单位：元)
Ⅰ	Ⅱ	Ⅲ	Ⅳ	Ⅴ	Ⅵ	Ⅶ	Ⅷ	Ⅸ	Ⅹ	Ⅺ	Ⅻ	**ⅩⅢ**	**ⅩⅣ**

设计负责人：　　　　　　审核：　　　　　　编制：　　　　　　编制日期：　　　　年　　月

(2) 填表方法：

① 第 Ⅱ 栏填写各工程相应概(预)算总表(表一)的编号。

② 第 Ⅲ 栏依次填写建设项目中所包含的各个单项工程名称。

③ 第 Ⅳ～Ⅸ 栏填写各工程概算或预算表(表一)中对应的费用合计，费用均为除税价。

④ 第 Ⅹ 栏填写第 Ⅳ～Ⅸ 栏的各项费用之和。

⑤ 第 Ⅺ 栏填写 Ⅳ～Ⅸ 栏各项费用建设方应支付的进项税之和

⑥ 第 Ⅻ 栏填写 Ⅹ、Ⅺ 之和。

⑦ 第 ⅩⅢ 栏填写以上各列费用中以外币支付的合计。

⑧ 第 XIV 栏填写各工程项目需单列的"生产准备及开办费"金额。

⑨ 当工程有回收金额时，应在费用项目总计下列出"其中回收费用"，其金额填入第 VIII 栏。此费用不冲减总费用。

2) 单项工程概(预)算总表(表一)

该表供编制单项(单位)工程概(预)算总费用使用。

(1) 表格构成。概(预)算总表(表一)，如表 8-2 所示。

表 8-2　工程____算总表(表一)

建设项目名称：

工程名称：　　　　　　　建设单位名称：　　　　　表格编号：　　　　　第　　页

序号	表格编号	费用名称	小型建筑工程费	需要安装的设备费	不需要安装的设备、工器具费	建筑安装工程费	其他费用	预备费	总价值			
					(单位：元)				除税价	增值税	含税价	其中外币( )
I	II	III	IV	V	VI	VII	VIII	IX	X	XI	XII	**XIII**

设计负责人：　　　　审核：　　　　编制：　　　　编制日期：　　　年　　月

(2) 填表方法：

① 表首"建设项目名称"填写立项工程项目全称，其他表首、表尾内容按要求填写。

② 第 II 栏根据单项工程各概算(预算)表格编号填写。

③ 第 III 栏按单项工程概算(预算)的各类费用填写。

④ 第 IV~IX 栏应按工程概算(预算)表费用项目类别分别填写，费用均为除税价。

⑤ 第 X 栏为第 IV~IX 栏之和。

⑥ 第 XI 栏填写 IV~IX 栏各项费用建设方应支付的进项税额之和。

⑦ 第 XⅡ 栏填写 X、XI 之和。

⑧ 第 XIII 栏填写本工程引进技术和设备所支付的外币总额。

⑨ 当工程有回收金额时，应在费用项目总计下列出"其中回收费用"，其金额填入第 Ⅷ栏。此费用不冲减总费用。

3) 建筑安装工程费用概(预)算表(表二)

该表供编制建筑安装工程费使用，它需要表三甲提供工日，表三乙提供机械使用费，表三丙提供仪表使用费，表四提供材料费。

(1) 表格构成。建筑安装工程费用概(预)算表(表二)，如表 8-3 所示。

表 8-3　建筑安装工程费用____算表(表二)

工程名称：　　　　　　　建设单位名称：　　　　　　表格编号：　　　　　　第　页

序号	费用名称	依据和计算方法	合计/元	序号	费用名称	依据和计算方法	合计/元
Ⅰ	Ⅱ	Ⅲ	Ⅳ	Ⅰ	Ⅱ	Ⅲ	Ⅳ
	建筑安装工程费(含税价)			7	夜间施工增加费		
	建筑安装工程费(除税价)			8	冬雨季施工增加费		
一	直接费			9	生产工具用具使用费		
(一)	直接工程费			10	施工用水电蒸气费		
1	人工费			11	特殊地区施工增加费		
(1)	技工费			12	已完工程及设备保护费		
(2)	普工费			13	运土费		
2	材料费			14	施工队伍调遣费		
(1)	主要材料费			15	大型施工机械调遣费		
(2)	辅助材料费			二	间接费		
3	机械使用费			(一)	规费		
4	仪表使用费			1	工程排污费		
(二)	措施费			2	社会保障费		
1	文明施工费			3	住房公积金		
2	工地器材搬运费			4	危险作业意外伤害保险费		
3	工程干扰费			(二)	企业管理费		
4	工程点交、场地清理费			三	利润		
5	临时设施费			四	税金		
6	工程车辆使用费						

设计负责人：　　　　审核：　　　　编制：　　　　编制日期：　　年　月

(2) 填表方法：

① 第 II 栏按工程要求的费用名称逐一填写。

② 第 III 栏分别列出各项费用的计算依据和计算方法。

③ 第 IV 栏填写第 II 栏各项费用的计算结果。

④ 表首、表尾按要求填写。

4) 建筑安装工程量概(预)算表(表三)甲

该表供编制建筑安装工程量，并计算技工和普工总工日数量使用。填写该表时，要根据计算的工程量查找定额。

(1) 表格构成。建筑安装工程量概(预)算表(表三)甲，如表 8-4 所示。

表 8-4 建筑安装工程量____算表(表三)甲

工程名称：　　　　　　　　建设单位名称：　　　　　　　　表格编号：　　第　　页

序号	定额编号	项目名称	单位	数量	单位定额值		合计值	
					技工	普工	技工	普工
I	II	III	IV	V	VI	VII	VIII	IX

设计负责人：　　　　　审核：　　　　　编制：　　　　　编制日期：　　年　　月

(2) 填表方法：

① 第 II～IV 栏按概(预)算定额相应定额子目的编号、项目名称、单位填写。其中第 II 栏若需临时估列工作内容子目，则在本栏中标注"估列"两字，两项以上"估列"条目，应编列序号。

② 第Ⅴ栏根据定额子目工作内容所计算出的工程量填写。

③ 第Ⅵ、Ⅶ栏根据定额子目填写单位技工、普工工日。

④ 第Ⅷ、Ⅸ栏分别为第Ⅴ栏与Ⅵ、Ⅶ栏之积，表示概(预)算技工工日和普工工日值。

⑤ 表首、表尾按要求填写。

5) 建筑安装工程机械使用费概(预)算表(表三)乙

该表供编制建筑安装工程机械台班费使用。

(1) 表格构成。建筑安装工程机械使用费概(预)算表(表三)乙，如表 8-5 所示。

表 8-5　建筑安装工程机械使用费＿＿＿＿算表(表三)乙

工程名称：　　　　　　　　建设单位名称：　　　　　　表格编号：　　　第　　页

序号	定额编号	项目名称	单位	数量	机械名称	单位定额值		合计值	
						消耗量/台班	单价/元	消耗量/台班	合价/元
Ⅰ	Ⅱ	Ⅲ	Ⅳ	Ⅴ	Ⅵ	Ⅶ	Ⅷ	Ⅸ	Ⅹ

设计负责人：　　　　审核：　　　　编制：　　　　编制日期：　　年　　月

(2) 填表方法：

① 第Ⅱ～Ⅴ栏按相应定额子目填写编号、项目名称、单位及该子目工程量数值。

② 第Ⅵ、Ⅶ栏分别填写定额子目所涉及的机械名称及机械台班的单位定额值。

③ 第Ⅷ栏根据《信息通信建设工程施工机械、仪表台班费用定额》查找到的相应机械台班单价值填写。

④ 第 IX 栏为第 V 栏与第VII栏之积。

⑤ 第 X 栏为第 VIII 栏与第IX栏之积。

⑥ 表首、表尾按要求填写。

6) 建筑安装工程仪器仪表使用费概(预)算表(表三)丙

该表供编制建筑安装工程所用仪器仪表费使用。

(1) 表格构成。建筑安装工程仪器仪表使用费概(预)算表(表三)丙，如表 8-6 所示。

表 8-6　建筑安装工程仪器仪表使用费＿＿＿算表(表三)丙

工程名称：　　　　　　　　　建设单位名称：　　　　　　　　表格编号：　　　　第　　页

序号	定额编号	项目名称	单位	数量	仪表名称	单位定额值		合计值	
						消耗量/台班	单价/元	消耗量/台班	合价/元
I	II	III	IV	V	VI	VII	VIII	IX	X

设计负责人：　　　　　　审核：　　　　　　　编制：　　　　　　编制日期：　　年　　月

(2) 填表方法：

① 第 II～V 栏按相应定额子目填写编号、项目名称、单位及该子目工程量数值。

② 第 VI、VII 栏分别填写定额子目所涉及的仪表名称及仪表台班的单位定额值。

③ 第 VIII 栏根据《信息通信建设工程施工机械、仪表台班费用定额》查找到的相应仪表台班单价值填写。

④ 第 IX 栏为第 V 栏与第 VII 栏之积。

⑤ 第 X 栏为第 VIII 栏与第 IX 栏之积。

⑥ 表首、表尾按要求填写。

7) 国内器材概(预)算表(表四)甲

该表供编制需要安装的设备、主要材料和不需要安装的工器具的数量和费用使用。

(1) 表格构成。国内器材概(预)算表(表四)甲，如表 8-7 所示。

表 8-7　国内器材＿＿＿算表(表四)甲

(　　　　　)表

工程名称：　　　　　　　　　建设单位名称：　　　　　　　　表格编号：　　第　　页

序号	名称	规格程式	单位	数量	单价/元			合计/元			备注
					除税价	增值税	含税价	除税价	增值税	含税价	
I	II	III	IV	V	VI	VII	VIII	IX	X	XI	XII

设计负责人：　　　　审核：　　　　编制：　　　　编制日期：　　年　　月

(2) 填表方法：

① 表首括号内根据需要填写"主要材料"或"需要安装设备"或"不需要安装的设备、工器具、仪表"。

② 第 II、III、IV、V、VI、VII、VIII 栏分别填写名称、规格程式、单位、数量、单价。第 VI 栏为不含税价格、第 VII 栏为建设方应缴纳的增值税进项税额、第 VIII 栏为含税价格。

③ 第 IX、X、XI 栏分别填写第 VI、VII、VIII 栏与第 V 栏的乘积。

④ 第 XII 栏填写需要说明的有关问题。

(3) 依次填写上述信息后，还需计取下列费用：小计，运杂费，运输保险费，采购及保管费，采购代理服务费，合计。

(4) 当该表作为主要材料表时，应将主要材料分类后按上述(3)计取相关费用，然后进行总计。

8) 引进器材概(预)算表(表四)乙

该表供编制引进工程的主要材料、设备和工器具的数量和费用使用。

(1) 表格构成。引进器材概(预)算表(表四)乙，如表8-8所示。

表8-8 引进器材____算表(表四)乙
(   )表

工程名称：　　　　　　　　　建设单位名称：　　　　　　　　　　　表格编号：　　第　　页

序号	中文名称	外文名称	单位	数量	单　价				合　价			
					外币（　）	折合人民币/元			外币（　）	折合人民币/元		
						除税价	增值税	含税价		除税价	增值税	含税价
I	II	III	IV	V	VI	VII	VIII	IX	X	XI	XII	XIII

设计负责人：　　　　　审核：　　　　　编制：　　　　　编制日期：　　年　月

(2) 填表方法：

① 表首括号内根据需要填写引进主要材料或引进需要安装设备或引进不需要安装的设备、工器具、仪表。

② 第 VI、VII、VIII、IX、X、XI、XII、VIII 栏分别填写对应的外币金额及折算人民币的

金额，并按引进工程的有关规定填写相应费用。其他填写方法与(表四)甲基本相同。

9) 工程建设其他费概(预)算表(表五)甲

该表供编制工程建设其他费用使用。

(1) 表格构成。工程建设其他费概(预)算表(表五)甲，如表 8-9 所示。

表 8-9　工程建设其他费____算表(表五)甲

工程名称：　　　　　　　建设单位名称：　　　　　　　　表格编号：　　　　　第　　页

序号	费 用 名 称	计算依据及方法	金额/元			备 注
			除税价	增值税	含税价	
I	II	III	IV	V	VI	VII
1	建设用地及综合赔补费					
2	建设单位管理费					
3	可行性研究费					
4	研究试验费					
5	勘察设计费					
6	环境影响评价费					
7	建设工程监理费					
8	安全生产费					
9	引进技术及进口设备其他费					
10	工程保险费					
11	工程招标代理费					
12	专利及专利技术使用费					
13	其他费用					
	总　计					
14	生产准备及开办费(运营费)					

设计负责人：　　　　　审核：　　　　　　编制：　　　　　　编制日期：　　年　　月

(2) 填表方法：

① 第 II 栏为工程建设其他费各项费用名称。

② 第 III 栏根据《信息通信建设工程费用定额》相关费用的计算规则填写。

③ 第 VII 栏填写需要补充说明的内容。

10) 引进设备工程建设其他费用概(预)算表(表五)乙

该表供编制引进设备工程的工程建设其他费使用。

(1) 表格构成。引进工程其他费用概预算表(表五)乙，如表8-10所示。

(2) 填表方法：

① 第 Ⅱ 栏为引进设备工程建设其他费各项费用名称。

② 第 Ⅲ 栏根据国家及主管部门的相关规定填写。

③ 第 Ⅳ、Ⅴ、Ⅵ、Ⅶ 栏分别填写各项费用的外币与人民币数值。

④ 第 Ⅷ 栏根据需要填写补充说明的内容事项。

表 8-10　引进设备工程建设其他费用＿＿＿算表(表五)乙

工程名称：　　　　　　　　建设单位名称：　　　　　　　　表格编号：　　　　第　　页

序号	费用名称	计算依据及方法	金额				备注
			外币（　）	折合人民币/元			
				除税价	增值税	含税价	
Ⅰ	Ⅱ	Ⅲ	Ⅳ	Ⅴ	Ⅵ	Ⅶ	Ⅷ

设计负责人：　　　　　审核：　　　　　编制：　　　　　编制日期：　　年　　月

8.2.5　概预算文件的编制

1. 编制程序

在编制概预算文件时，应按图8-1所示程序进行编制。

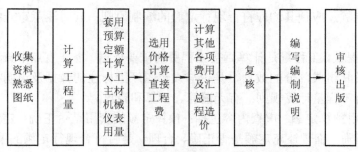

图 8-1 概预算编制程序

(1) 收集资料，熟悉图纸。在编制概预算前，针对工程具体情况和所编概预算内容收集有关资料，包括概算定额、预算定额、费用定额以及材料、设备价格等。对施工图进行一次全面的检查，检查图纸是否完整、各部分尺寸是否有误、有无施工说明等，重点要明确施工意图。

(2) 计算工程量。工程量是编制概预算的基本数据，计算的准确与否直接影响到工程造价的准确度。工程量计算时要注意以下几点：

① 要先熟悉图纸的内容和相互关系，注意搞清有关标注和说明。

② 计算的单位一定要与编制概预算时依据的概预算定额单位相一致。

③ 计算的方法一般可依照施工图顺序由下而上、由内而外、由左而右依次进行。

④ 要防止误算、漏算和重复计算。

⑤ 最后将同类项加以合并，并编制工程量汇总表。

(3) 套用预算定额计算人工、主材、机械台班、仪表台班用量。工程量经复核无误方可套用定额。套用相应定额时，由工程量分别乘以各子目人工、主要材料、机械台班、仪表台班的消耗量，计算出各分项工程的人工、主要材料、机械台班、仪表台班的用量，然后汇总得出整个工程各类实物的消耗量。套用预算定额时，应核注意工程内容与定额内容是否一致，以防误套。

(4) 选用价格计算直接工程费。用当时、当地或行业标准的实际单价乘以相应的人工、材料、机械台班、仪表台班的消耗量，计算出人工费、材料费、机械使用费、仪表使用费，并汇总得出直接工程费。

(5) 计算其他各项费用及汇总工程造价。根据"工信部通信 [2016] 451 号文颁布的费用定额"的计算规则、标准分别计算各项费用，然后汇总出工程总造价，并按通信建设工程概算、预算表格的填写要求填写表格。

(6) 复核。对上述表格内容进行一次全面检查。检查所列项目、工程量、计算结果、套用定额、选用单价、取费标准以及计算数值等是否正确。

(7) 编写编制说明。复核无误后，进行对比、分析，写编制说明。凡概预算表格不能反映的一些事项以及编制中必须说明的问题，都应用文字表达出来，以供审批单位审查。

(8) 审核出版。审核工程概预算的目的是核实工程概预算的造价，在审核过程中，要严格按照国家有关工程项目建设的方针、政策和规定对费用实事求是地逐项核实。具体审核内容包括：

① 审查概预算编制依据。审查设计概算、施工图预算的编制是否符合各阶段设计所规定的技术经济条件及其有关说明；采用的各种编制依据是否符合国家和行业有关规定；若

采用临时补充定额，应使其均应符合现行定额的编制原则；同时注意审查编制依据的使用范围和时效性。

② 审查工程量。工程量是计算直接工程费的重要依据。需要重点审查计算工程量所采用的各个工程及其组成部分的数据，是否与设计图纸上标注的数据及说明相符；工程量计算方法是否符合工程量计算规则；有无漏算、重算和错算。

③ 审查套用预算定额。审查内容包括：预算定额的套用是否正确；定额对项目可否换算，换算是否正确；临时补充定额是否正确、合理，是否符合现行定额的编制依据和原则。

④ 审查设备、材料的用量及预算价格。主要审查内容包括：设备、材料的规格及用量数据是否符合设计文件要求；设备、材料的原价是否与价格清单一致；采购、运输、保险费用的费率和计算是否正确；引进设备、材料的各项费用的组成及其计算方法是否符合有关规定。

⑤ 审查建筑安装工程费。建筑安装工程费中的项目应以工程实际为准，没有发生的不必计算。审查内容包括：工程所属专业与取费费率是否一致，计算基础是否正确；规费和税金应在工程中按国家或省级、行业建设主管部门的规定计算。

⑥ 审查工程建设其他费。该项费用内容多，审查时应依据国家相关统一规定的具体费率或计取标准逐项审查。

⑦ 项目总费用的审查。审查内容包括：项目总费用的组成是否完整；是否包括全部设计内容；投资总额是否包括了项目从筹建至竣工投产所需的全部费用；是否有预算超支的情况；工程项目的单位造价与类似工程的造价是否相符，如不符合且差异大时，应分析原因并研究纠正方案。

2．编制概预算时所参照的文件

(1) 工信部通信 [2016] 451 号文"信息通信建设工程概预算编制规程"及附件 1：《信息通信建设工程费用定额》，附件 2：《信息通信建设工程施工机械、仪器仪表台班定额》，附件 3：《信息通信建设工程预算定额》(共五册：第一册通信电源设备安装工程、第二册有线通信设备安装工程、第三册无线通信设备安装工程、第四册通信线路工程、第五册通信管道工程)。

(2) 关于进一步放开建设项目专业服务价格的通知(发改价格 [2015] 299 号)。

(3) 财政部、安全监管总局关于印发《企业安全生产费用提取和使用管理办法》的通知(财企 [2012] 16 号)。

(4) 人力资源社会保障部、财政部《关于调整工伤保险费率政策的通知》(人社部发 [2015] 71 号)。

住房城乡建设部、财政部关于印发《建筑安装工程费用项目组成》的通知(住建部 [2013] 44 号)。

8.3 通信建设工程预算文件编制举例

8.3.1 交接箱配线管道电缆线路工程施工图预算

1．已知条件

(1) 本工程设计是××市××局交接箱配线管道线路单项工程一阶段施工图设计。

(2) 本工程所在地为城区，施工企业距施工现场 60 km。

(3) 设计图纸及说明：

① 施工图设计图纸：14# 交接箱配线管道电缆路由图、管孔图如图 8-2 所示。

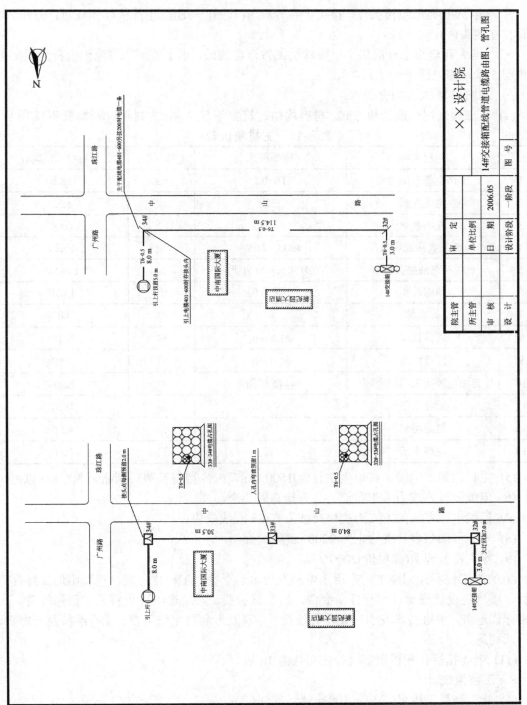

图 8-2 4#交接配线管道电缆路由图、管孔图

② 图纸说明：

• 32#—34# 段为配线填充油膏型管道电缆(T6-0.5)；32# 人孔—14# 交接箱段为架空交接箱成端电缆(T6-0.5)；34# 人孔—引上电杆为引上电缆(T6-0.5)。

• 交接箱成端电缆除引上管道电缆外，引上管道末端至架空交接箱引上电缆预留长 5 米。

• 34# 人孔为电缆接头点，接头内共 600 对(其中，与引上电缆接续 400 对；另外 200 对封存在接头内)。

• 34# 人孔至引上杆的引上电缆除引上管道电缆外，引上管道末端至引上杆的引上电缆预留 5 米，需电缆卡子 7 只。

• 32#—34# 人孔均有积水。

(4) 本工程采用一般计税方式，材料均由建筑服务方提供。主材单价表如表 8-11 所示。

表 8-11 主材单价表

序号	主材名称	规格程式	单 位	主材单价(除税)
1	市话全塑充油电缆	T6-0.5	m	138.80
2	电缆托板	三线	块	5.35
3	托板塑垫		个	0.68
4	25 回线接线模块	4000·DWP	块	16.20
5	600 对充油接头套管	$\phi 130 \times 900$ 以下	套	814.90
6	热缩端帽	不带气门	个	15.70
7	标志牌		个	3.00
8	镀锌铁线	$\phi 1.5$ mm	kg	6.15
9	镀锌铁线	$\phi 4.0$ mm	kg	4.80
10	充油电缆接头用填充剂	4442 树脂	kg	72.00
11	尼龙卡带		条	0.60
12	尼龙网套		m	6.50
13	电缆卡子		只	0.40

(5) 主材运距：电缆、其他类主材为 1500 km 以内；塑料及塑料制品为 500 km 以内。

(6) 电缆敷设方式为人工布放，共需标志牌 3 个。

(7) 接续电缆芯线的方式为模块接续方式(25 回线模块)。

(8) 本工程勘察设计费给定为 2200 元(除税价)。

(9) 本工程监理费(除税价)2000 元。

(10) 本工程不计列施工生产用水电蒸汽费、运土费、工程排污费、建设用地及综合赔补费、项目建设管理费、可行性研究费、研究试验费、环境影响评价费、工程保险费、工程招标代理费、引进技术及引进设备其他费、专利及专利技术使用费、生产准备及开办费、建设期利息。

(11) 电缆托板和托板塑垫设计按实共需 18 块。

2．工程量统计

(1) 施工测量工程量(单位：100 m)为

数量＝路由丈量长度＝$(3.0+84.0+30.5+8.0)\div100=1.255(100\text{ m})$

(2) 人工敷设主干管道电缆(800 对以下)数量(单位：1000 米条)为

数量＝主干管道路由丈量长度 $\times(1+5‰)$＋人孔预留长度

$=(114.5\times1.005+7.00+1.0+2.0)\div1000=0.125(1000\text{ 米条})$

(3) 敷设交接箱成端电缆工程量(单位：条)为 1.0 条。

(4) 敷设引上电缆(杆上或墙上引 200 对以上)工程量(单位：条)为 1.0 条。

(5) 敷设管道电缆人孔抽水工程量(积水)(单位：个)为 3.0 个。

(6) 塑隔电缆芯线接续(0.60 mm 以下模块式)工程量(单位：100 对)为 6.0(100 对)。

(7) 充油套管接续($\phi130\times900$ 以下)工程量(单位：个)为 1.0 个。

(8) 配线电缆全程测试工程量(单位：100 对)为 6.0(100 对)。

将上述工程量汇总，如表 8-12 所示。

表 8-12 工程量汇总表

序 号	工 程 量 名 称	单 位	数 量
1	施工测量	百米	1.255
2	布放电缆人孔抽水(积水)	个	3.0
3	布放交接箱成端电缆(600 对以下)	条	1.0
4	布放引上电缆(杆上或墙上引 200 对以上)	条	1.0
5	人工布放主干管道电缆(800 对以下)	千米条	0.125
6	电缆芯线接续(0.60 mm 以下模块式)	百对	6.0
7	充油套管接续($\phi130\times900$ 以下)	个	1.0
8	配线电缆全程测试	百对	6.0

3. 主要材料用量

主要材料用量统计表如表 8-13 所示。

表 8-13 主材用量统计表

序号	项目名称	定额编号	工程量	主材名称	规格型号	单位	主材使用量
1	布放交接箱成端电缆(600 对以下)	TXL6-163	1.00 (条)	充油全塑管道电缆	T6-0.5	m	3.0 + 5.0 = 8.0(m) (按图纸)
				尼龙网套		m	1.80
				热塑端帽	不带气门	个	1.01
2	布放电杆和墙上引上电缆(200 对以上)	TXL4-052	1.00 (条)	充油全塑管道电缆	T6-0.5	m	2.0 + 8.0 + 5.0 = 15.0 (按图纸)
				镀锌铁线	$\phi1.5$ mm	kg	0.10
				热缩端帽	不带气门	个	2.02 (接头点处增加 1 个)
				电缆卡子		只	7.00

序号	项目名称	定额编号	工程量	主材名称	规格型号	单位	主材使用量
3	布放管道市话全塑电缆(800 对以下)	TXL4-021	0.125(千米条)	全塑管道电缆	T6-0.5	m	$1015 \times 0.125 = 126.875$
				电缆托板	三线	块	18(设计给定)
				托板塑垫		块	18(设计给定)
				镀锌铁线	$\phi 1.5$ mm	kg	$3.05 \times 0.125 = 0.38$
				热缩端帽	不带气门	个	$8.08 \times 0.125 = 1.01$
				标志牌		个	3
4	塑隔电缆芯线接续(0.60 mm 以下模块式)	TXL6-143	6.00(百对)	接线模块	4000-DWP 25 回线	块	$4.04 \times 6.00 = 24.24$
5	充油膏套管接续($\phi 130 \times 900$)	TXL6-184	1.0(个)	充油膏套管接头	$\phi 130 \times 900$	套	$1.01 \times 1.0 = 1.01$
				填充油膏剂	4442 树脂	kg	$4.67 \times 1.0 = 4.67$
				尼龙固定卡带		根	$2.02 \times 1.0 = 2.02$

4. 施工图预算编制

1) 预算编制说明

(1) 工程概况：本工程为××市××电话局 14# 交接箱配线管道电缆线路工程一阶段施工图设计。在主干通信管道内人工布放填充油膏型 600 对全塑市话配线电缆 0.125 千米条；布放交接箱成端全塑填充油膏型 600 对电缆一条；布放电杆或墙壁引上全塑市话填充油膏型 600 对电缆一条，其中，管道内 600 对电缆中 400 对与引上电缆接续，余下与另一 200 对电缆接续，预算总价值为 43 446.80 元。其中，建安费 36 764.23 元，工程建设其他费 5003.46 元，预备费 1679.11 元，总工日为 37.03，其中，技工工日 29.85，普工工日 7.18。

(2) 编制依据：

① 施工图设计图纸及说明。

② 工信部通信 [2016] 451 号文《工业和信息化部关于印发信息通信建设工程概预算定额、工程费用定额及工程概预算编制规程的通知》。

③ 《××市电信建设工程概、预算常用电信器材基础价格目录》。

(3) 有关费用与费率的取定：

① 本工程为一阶段设计，总预算中计列预备费，费率为 4%。

② 本工程取定技工费单价为 114 元/工日；普工费单价为 61 元/工日。

③ 主材运杂费费率取定：电缆按运距 1500 km 以内取定为 1.9%；其他主材按 1500 km 以内取定为 9%；塑料及塑料制品按运距 500 km 以内取定为 6.5%。

④ 主材不计采购代理服务费。

⑤ 已知条件中说明不计列的相关项目费用本次工程不计取。

⑥ 本工程主材由建筑服务方提供，适用税率为11%，本工程设计费和工程建设监理费适用税率为6%，安全生产费适用税率为11%，预备费税率为11%。

(4) 工程经济技术指标分析：本单项工程总投资43 446.80元，其中，建安费36 764.23元，工程建设其他费5003.46元，预备费1679.11元。

(5) 其他需说明的问题(略)。

2) 预算表格

(1) 预算总表(表一)，如表8-14所示，表格编号：B1。

表8-14 工程预算总表(表一)

建设项目名称：交接箱配线管道电缆线路工程

单项工程名称：交接箱配线管道电缆线路工程

建设单位名称：××电话局　　　　表格编号：B1　　　第　　页

序号	表格编号	费用名称	小型建筑工程费	需要安装的设备费	不需要安装的设备、工器具费	建筑安装工程费	其他费用	预备费	总价值			其中外币( )
					(单位：元)				除税价	增值税	含税价	
I	II	III	IV	V	VI	VII	VIII	IX	X	XI	XII	XIII
	表二：B2	建筑安装工程费				33 120.93			33 120.93	3643.30	36 764.23	
	表五：B5J	工程建设其他费					4696.81		4696.81	306.65	5003.46	
		合计				33 120.93	4696.81		37 817.74	3949.95	41 767.69	
		预备费：合计×4%						1512.71	1512.71	166.40	1679.11	
		总计							39 330.45	4116.35	43 446.80	

设计负责人：×××　　　　审核：×××　　　编制：×××　　　编制日期：××××年×月×日

(2) 建筑安装工程费用预算表(表二)，如表 8-15 所示，表格编号：B2。

表 8-15　建筑安装工程费用预算表(表二)

工程名称：交接箱配线管道电缆线路工程　　建设单位名称：××电话局　　表格编号：B2　　第　　页

序号	费用名称	依据和计算方法	合计/元	序号	费用名称	依据和计算方法	合计/元
I	II	III	IV	I	II	III	IV
	建筑安装工程费(含税价)	一+二+三+四	36 764.23	7	夜间施工增加费	人工费×2.50%	96.02
	建筑安装工程费(除税价)	一+二+三	33 120.93	8	冬雨季施工增加费	人工费×1.80%	69.14
一	直接费	(一)+(二)	30 006.36	9	生产工具用具使用费	人工费×1.50%	57.61
(一)	直接工程费	1+2+3+4	27 367.29	10	施工用水、电、蒸汽费		
1	人工费	(1)+(2)	3840.88	11	特殊地区施工增加费		
(1)	技工费	技工总工日×114元/工日	3402.90	12	已完工程及设备保护费	人工费×2.00%	76.82
(2)	普工费	普工总工日×61元/工日	437.98	13	运土费		
2	材料费	(1)+(2)	23 435.02	14	施工队伍调遣费	2×(141×5)	1410
(1)	主要材料费	表四甲主要材料表	23 364.93	15	大型施工机械调遣费		
(2)	辅助材料费	主要材料费×0.3%	70.09	二	间接费	(一)+(二)	2346.39
3	机械使用费	表三乙	71.40	(一)	规费	1+2+3+4	1293.99
4	仪表使用费	表三丙	19.99	1	工程排污费		
(二)	措施费	1+2+…+15	2639.07	2	社会保障费	人工费×28.50%	1094.65
1	文明施工费	人工费×1.50%	57.61	3	住房公积金	人工费×4.19%	160.93
2	工地器材搬运费	人工费×3.40%	130.59	4	危险作业意外伤害保险费	人工费×1.00%	38.41
3	工程干扰费	人工费×6.00%	230.45	(二)	企业管理费	人工费×27.40%	1052.40
4	工程点交、场地清理费	人工费×3.30%	126.75	三	利润	人工费×20.0%	768.18
5	临时设施费	人工费×5.00%	192.04	四	销项税额	(一+二+三)×11%	3643.30
6	工程车辆使用费	人工费×5.00%	192.04				

设计负责人：×××　　审核：×××　　编制：×××　　编制日期：××××年×月×日

(3) 建筑安装工程量预算表(表三)甲，如表 8-16 所示，表格编号：B3J。

表 8-16　建筑安装工程量预算表(表三)甲

工程名称：交接箱配线管道电缆线路工程　　　建设单位名称：××电话局　　　表格编号：B3J　第　　页

序号	定额编号	项目名称	单位	数量	单位定额值/工日		合计值/工日	
					技工	普工	技工	普工
I	II	III	IV	V	VI	VII	VIII	IX
1	TXL1-003	管道电缆工程施工测量	100 m	1.255	0.35	0.09	0.439	0.113
2	TXL4-001	布放电缆人孔抽水(积水)	个	3.0	0.25	0.50	0.75	1.500
3	TXL4-021	人工布放主干管道电缆(800 对以下)	1000 米条	0.125	17.79	30.26	2.224	3.783
4	TXL4-052	穿放引上电缆(200 对以上)	条	1.0	0.46	0.46	0.460	0.460
5	TXL6-143	电缆芯线接续(0.60 mm 以下模块式)	100 对	6.0	0.66	—	3.960	—
6	TXL6-163	布放交接箱成端电缆(600 对以下)	条	1.0	7.60	—	7.600	—
7	TXL6-184	充油套管接续(ϕ130×900 以下)	个	1.0	1.53	0.38	1.530	0.380
8	TXL6-211	配线电缆测试	100 对	6.0	1.50	--	9.000	—
		小计					25.963	6.236
		线路工程总工日在 100 以下，调增 15%					3.89	0.94
		总计					29.85	7.18

设计负责人：×××　　　审核：×××　　　　　编制：×××　　　　编制日期：××××年×月×日

(4) 建筑安装工程施工机械使用费预算表(表三)乙，如表 8-17 所示，表格编号：B3Y。

表 8-17　建筑安装工程机械使用费预算表(表三)乙

工程名称：交接箱配线管道电缆线路工程　　　建设单位名称：××电话局　　　表格编号：B3Y　第　页

序号	定额编号	项 目 名 称	单位	数量	机 械 名 称	单位定额值		合计值	
						数量/台班	单价/元	数量/台班	合价/元
I	II	III	IV	V	VI	VII	VIII	IX	X
	TXL4-001	布放电缆人孔抽水(积水)	个	3.0	抽水机	0.20	119.00	0.60	71.40
		合计						0.60	71.40

设计负责人：×××　　　审核：×××　　　编制：×××　　　编制日期：××××年×月×日

(5) 建筑安装工程仪器仪表使用费预算表(表三)丙，如表 8-18 所示，表格编号：B3B。

表 8-18　建筑安装工程仪器仪表使用费预算表(表三)丙

工程名称：交接箱配线管道电缆线路工程　　　建设单位名称：××电话局　　表格编号：B3B　　第　　页

序号	定额编号	项　目　名　称	单位	数量	仪　表　名　称	单位定额值		合计值	
						消耗量/台班	单价/元	消耗量/台班	合价/元
I	II	III	IV	V	VI	VII	VIII	IX	X
1	TXL1-003	管道电缆工程施工测量	100 m	1.255	激光测距仪	0.04	119	0.05	5.95
2	TXL4-021	人工布放主干管道电缆(800 对以下)	1000 米条	0.125	有毒有害气体检测仪	0.50	117	0.06	7.02
3	TXL4-021	人工布放主干管道电缆(800 对以下)	1000 米条	0.125	可燃气体检测仪	0.50	117	0.06	7.02
		合计						0.17	19.99

设计负责人：×××　　　审核：×××　　　　编制：×××　　　编制日期：××××年×月×日

(6) 国内器材预算表(表四)甲，如表 8-19 所示，表格编号：B4J。

表 8-19　国内器材预算表(表四)甲

(主要材料)表

工程名称：交接箱配线管道电缆线路工程　　建设单位名称：××电话局　　表格编号：**B4J**　　第　　页

序号	名称	规格程式	单位	数量	单价/元	合计/元			备注
					除税价	除税价	增值税	含税价	
Ⅰ	Ⅱ	Ⅲ	Ⅳ	Ⅴ	Ⅵ	Ⅸ	Ⅹ	Ⅺ	Ⅻ
1	全塑市话管道电缆	T6-0.5	m	149.95	138.80	20 813.06			
2	小计 (1)					20 813.06			
3	运杂费：(1)×1.9%					395.45			
4	运输保险费：(1)×0.1%					20.81			
5	采购及保管费：(1)×1.1%					228.94			
6	电缆类合计					21 458.26			
7	标志牌		个	3.00	3.00	9.00			
8	电缆托板	三线	块	18	5.35	96.30			
9	电缆接续模块(25 回线)	4000·DWP	块	24.24	16.20	392.69			
10	镀锌铁线	ϕ1.5 mm	kg	0.48	6.15	2.95			
11	电缆卡子		只	7.00	0.40	2.80			
12	填充油膏剂	4442 树脂	kg	4.67	72.00	336.24			
13	小 计(2)					839.98			
14	运杂费：(2)×9%					75.60			
15	运输保险费：(2)×0.1%					0.84			
16	采购及保管费：(2)×1.1%					9.24			
17	其他类合计					925.66			
18	充油膏套管接头	ϕ130×900	套	1.01	814.90	823.05			
19	托板塑料垫		个	18	0.68	12.24			

序号	名称	规格程式	单位	数量	单价/元	合计/元			备注
					除税价	除税价	增值税	含税价	
I	II	III	IV	V	VI	IX	X	XI	XII
20	热缩端帽(不带气门)	RSZ76×27	个	4.04	15.70	63.43			
21	尼龙卡带		根	2.02	0.60	1.21			
22	尼龙网套		m	1.8	6.5	11.70			
23	小 计(3)					911.63			
24	运杂费:(3)×6.5%					59.26			
25	运输保险费:(3)×0.1%					0.09			
26	采购及保管费:(3)×1.1%					10.03			
27	塑料及塑料制品类合计					981.01			
28	总 计					23 364.93			

设计负责人:×××　　　　审核:×××　　　　编制:×××　　　　编制日期:××××年×月×日

(7) 工程建设其他费用预算表(表五)甲，如表8-20所示，表格编号：B5J。

表 8-20 工程建设其他费预算表(表五)甲

工程名称：交接箱配线管道电缆线路工程　　　建设单位名称：××电话局　　　表格编号：B5J　　　第　　页

序号	费 用 名 称	计算依据及方法	金 额/元			备注
			除税价	增值税	含税价	
I	II	III	IV	V	VI	VII
1	建设用地及综合赔补费					
2	建设单位管理费					
3	可行性研究费					
4	研究试验费					
5	勘察设计费	已知条件	2200	132	2332	
6	环境影响评价费					
7	建设工程监理费	已知条件	2000	120	2120	
8	安全生产费	建筑安装工程费(除税价)×1.5%	496.81	54.65	551.46	
9	引进技术及进口设备其他费					
10	工程保险费					
11	工程招标代理费					
12	专利及专利技术使用费					
13	其他费用					
14	生产准备及开办费(运营费)					
	总　计		4696.81	306.65	5003.46	

设计负责人：×××　　　审核：×××　　　编制：×××　　　编制日期：××××年×月×日

8.3.2　××站电源设备安装工程施工图预算

1. 已知条件

(1) 本工程设计是新建××站电源设备安装单项工程一阶段施工图设计。

(2) 本工程施工企业距施工所在地 20 km。

(3) 勘察设计费给定为 3500 元(除税价)。

(4) 施工用水电蒸汽费不含税价按 400 元计取。

(5) 建设工程监理费给定为 3000 元(除税价)。

(6) 设备及主要材料的运输距离均为 1500 km。

(7) 本工程采用一般计税方式。设备均由建设单位提供，税率按 17%计算。材料均由施工单位提供。其中，电源设备价格表如表 8-21 所示，主要材料价格表如表 8-22 所示。

表 8-21　电源设备价格表

序号	设备名称	规格型号	单位	除税价/元
1	交流配电箱	DPJ12A-220/63	台	1800.00
2	防雷器	YD60K385DH2-A1	个	535.60
3	组合电源系统整流机架	MCS1800C 嵌入	只	2436.00
4	高频开关电源模块	DPR48/30-D-DCE	块	1429.12
5	监控模块	CUC-09H(30)	块	839.41
6	蓄电池组(双层立式，一端出线)	双登-48V/100AH	组	725.00
7	中达监控			8340.00

表 8-22　主要材料价格表

序号	设备名称	设备型号	单位	除税价/元
1	电力电缆	ZA-RVV 95 mm^2	米	68.48
2	电力电缆	ZA-RVV 35 mm^2	米	32.05
3	电力电缆	ZA-RVV 25 mm^2	米	19.02
4	电力电缆	ZA-RVV 16 mm^2	米	12.61
5	电力电缆	ZA-RVV 2 × 16 mm^2	米	30.82
6	电力电缆	ZA-RVV 2 × 6 mm^2	米	12.01
7	电力电缆	ZA-RVV 6 mm^2	米	5.20
8	接地铜排	510 mm × 10 mm × 120 mm	个	500.00
9	走线架	200 mm	米	65.00
10	走线架	400 mm	米	75.00
11	加固角钢夹板组		套	40.00
12	走线架配套材料		套	346.40
13	落地式有源综合柜	2000 × 600 × 600(42U)	个	1650.00

(8) 设计图纸及说明：

① 本工程设计图纸分别如图 8-3、图 8-4、图 8-5 所示。

② 图纸说明：

A. 交流供电系统。本期工程接入 20KW/220V 交流电源引至机房内交流配电箱市电输入端。

B. 直流供电系统。本期工程直流供电系统组成为：中达 MCS1800C 型嵌入组合开关电源 1 台，并配置 DPR48/30-D-DCE 型整流模块 3 块、CUC-09H/30 监控模块 1 块，均安装在 IEF01 机架内；壁挂式交流配电箱 1 只；双登-12V/100AH 电池 8 节，双层安装，同侧出线。

开关电源系统按照远期负载电流配置机架容量；蓄电池按照中期负载电流，后备时间 6～12 小时配置容量。

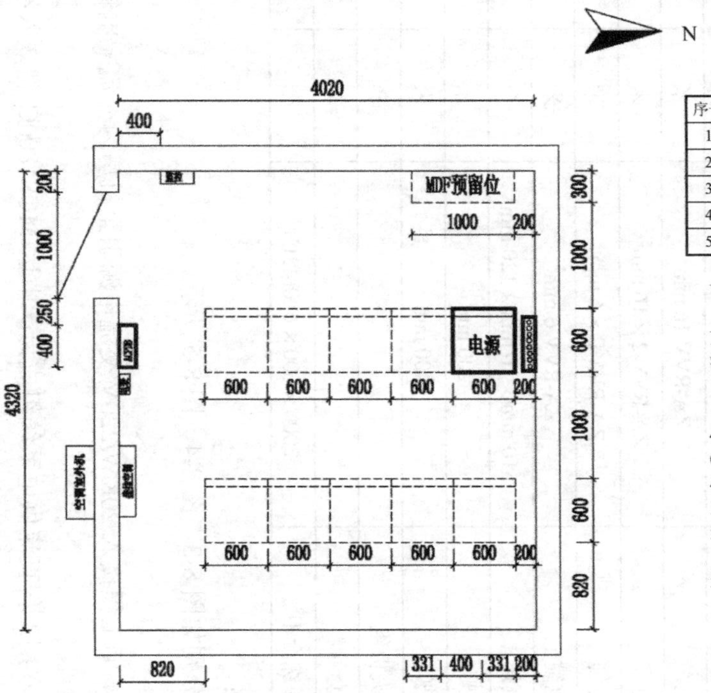

设备配置表

序号	设备名称	规格配置	尺寸(W*D*H)	单位	数量	备注
1	开关电源 IEF01	MCS1800C	483*340*267 mm	框	1	
2	整流模块	DPR48/30-D-DCE		块	3	本期新增
3	监控模块	CUC-09H/30		块	1	本期新增
4	蓄电池 BATT	双登-12 V/100 AH		节	8	本期新增
5	交流配电箱 ACPDB	普天DPJ12A-220/63	400*160*500 mm	台	1	本期新增

说明：
1. 该机房位于中大医院，为地面负一层机房，机房内无吊顶，采用上走线方式，机房地面等效均布活荷载要求不小于6 kN/m²，电池组下方地面等效均布活荷载要求不小于10 kN/m²。

2. 本期施工程设备配置：
电源设备：中达MCS1800C型嵌入组合开关电源1台(6U型)，尺寸：483×340×267 m(长×宽×高)，配置DPR48/30-D-DCE型整流模块3块，CUC-09H/30监控模块1块安装在IEF01机架内，壁挂式交流配电箱1只，尺寸：400×160×500 m(长×宽×高)，壁挂式交流配电箱下沿距离地面1400 mm处安装，双层安装，安装在新增的开关电源机架内，双层安装，同侧出线：尺寸：331×174×213 mm(长×宽×高)。
双登-12 V/100 AH电池8节。

3. 新装设备机架需用膨胀螺栓对地面固定，并做好防震加固处理。所有新增机架均需有可靠保护接地。

4. 图例：

原有设备　利旧设备　本期新增设备　预留机位
机架正面

MDF预留位
电源

N

4020
4320

XX设计院
机房设备平面布置图
ZP01001-001
能主管
审定
审核
设计
单位
比例
日期
设计阶段
一阶段
图　号

图 8-3 机房设备平面布置图

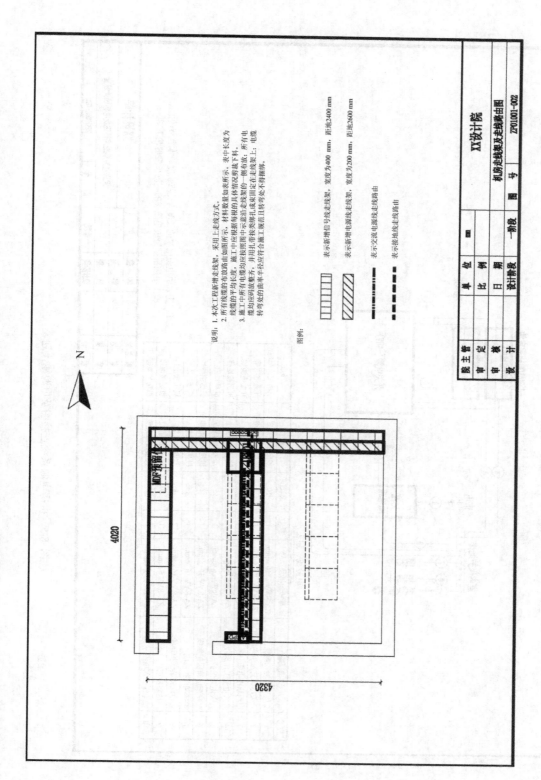

图 8-4 机房走线架及走线路由图

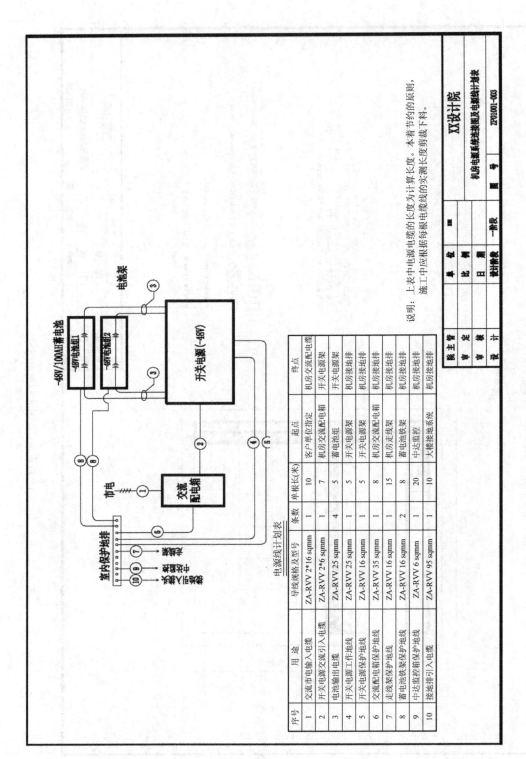

图 8-5 机房电源系统连接图及电源线计划表

C. 接地系统。采用联合接地方式，即设备工作接地和保护接地系统及建筑防雷地共用一组接地体，接地电阻值<5 Ω。本次利用机房所在新大楼的现有接地系统，由业主提供接地扁钢引出点，接地扁钢通过 1 根 95 mm² 接地线与机房新增接地排连接，将地气引接至机房内。机房内设备保护地、室内走线架均与室内接地排作可靠的电气连接，接地排安装在墙上。

D. 电缆布线方式。本工程新增信号线走线架，宽度为 400 mm，安装位于距地面高度 2400 mm；新增电源线走线架，宽度为 200 mm，安装位于距地面高度 2600 mm。直流电源线、交流电源线、信号线应分开敷设，均采用上走线方式。

E. 机房内空调设备已列入其他专业安装项目，其余未说明的设备均不考虑。

(8) 本工程不计列已完工程及设备保护费、建设用地及综合赔补费、项目建设管理费、可行性研究费、研究试验费、环境影响评价费、工程保险费、工程招标代理费、引进技术及引进设备其他费、专利及专利技术使用费、生产准备及开办费、建设期利息。

(9) 设计范围与分工如下：

① 与数据专业的分工。与数据专业的分界点为组合开关电源架直流输出端，中兴 EPON 设备至直流输出端的电源线和接地线由厂家负责提供，由本设计负责计列布放工日。

② 与空调厂家的分工。由空调厂家提供设备。设计中的安装位置为示意，空调厂家可对空调设备安装的精确位置及孔洞进行适当调整。

③ 与建设单位的分工。由建设单位负责协调业主引入 1 路容量不小于 220 V/20 kW 外市电，并将其引接至机房内交流配电箱 100 A/220 V 市电空开输入端，要求引入电缆规格不小于 2×16 mm²，相应材料费用及工日由本设计计列。机房内新增电源设备如开关电源架、交流配电箱等由建设单位负责安装，由本设计计列安装工日。交流电源的计量由建设单位根据当地供电部门(或业主)要求执行。

④ 与电源厂家的分工。组合开关电源架内连接导线由厂家提供。开关电源至阀控式密封铅酸蓄电池间连接线由本设计计列，本期新增开关电源架、阀控式密封铅酸蓄电池组等由建设单位负责设备的安装及调试。

2. 工程量统计

(1) 安装室内落地式有源综合架(柜)：1 架。

(2) 安装组合开关电源(300 A 以下)：1 架。

(3) 安装 48 V 蓄电池组(200 Ah 以下)：2 组。

(4) 安装墙挂式交、直流配电箱：1 台。

(5) 开关电源系统调测：1 个系统。

(6) 蓄电池补充电：2 组。

(7) 蓄电池容量试验：2 组。

(8) 室内布放电力电缆(16 mm² 以下单芯)：$(5 + 15 + 2 \times 8 + 20) \div 10 = 5.6$(10 米条)。

(9) 室内布放电力电缆(120 mm² 以下单芯)：1.0 (10 米条)。

(10) 室内布放电力电缆(35 mm² 以下单芯)：$(4 \times 5 + 5 + 8) \div 10 = 3.3$(10 米条)。

(11) 室内布放电力电缆(16 mm² 以下双芯)：$(10 + 7) \div 10 = 1.7$(10 米条)。

(12) 安装室内接地排：1 个。

(13) 安装梯式电缆桥架：$(3620 + 3620 + 4320 + 4320 + 3620) \div 1000 = 19.5$(米)。

(14) 接地网电阻测试：1 组。

(15) 安装支撑铁架：2 个。

(16) 配电系统自动性能调测：1 个系统。

将上述工程量汇总，如表 8-23 所示。

表 8-23　工程量汇总表

序号	工程量名称	定额编号	单位	数量
1	安装室内落地式有源综合架(柜)	TSY1-005	架	1.00
2	安装组合开关电源(300 A 以下)	TSD3-064	架	1.00
3	安装 48 V 蓄电池组(200 Ah 以下)	TSD3-013	组	2.00
4	安装墙挂式交、直流配电箱	TSD3-078	台	1.00
5	开关电源系统调测	TSD3-076	系统	1.00
6	蓄电池补充电	TSD3-034	组	2.00
7	蓄电池容量试验	TSD3-036	组	2.00
8	室内布放电力电缆(16 mm² 以下单芯)	TSD5-021	10 米条	5.60
9	室内布放电力电缆(120 mm² 以下单芯)	TSD5-024	10 米条	1.00
10	室内布放电力电缆(35 mm² 以下单芯)	TSD5-022	10 米条	3.30
11	室内布放电力电缆(16 mm² 以下双芯)	TSD5-021	10 米条	1.70
12	安装室内接地排	TSD6-011	个	1.00
13	接地网电阻测试	TSD6-015	组	1.00
14	安装支撑铁架	TSY1-103	个	2.00
15	配电系统自动性能调测	TSD3-082	系统	1.00
16	安装梯式电缆桥架(600 mm 以下)	TSD7-009	米	19.5

3. 主要材料用量

设备、主要材料用量统计表如表 8-24 所示。

表 8-24　设备、主要材料用量统计表

序号	项目名称	定额编号	工程量	主材名称	规格型号	单位	主材使用量
1	安装综合架、柜	TSY1-005	1.00	加固角钢夹板组		套	$2.02 \times 1 = 2.02$
				综合机柜(架)	2000 × 600 × 600(42U)	个	$1.00 \times 1 = 1.00$
2	室内布放电力电缆 (16 mm² 以下单芯)	TSD5-021	5.60	电力电缆	ZA-RVV 16 mm²	m	$10.15 \times 3.6 = 36.54$
				电力电缆	ZA-RVV 6 mm²	m	$10.15 \times 2 = 20.30$
3	室内布放电力电缆 (120 mm² 以下单芯)	TSD5-024	1.00	电力电缆	ZA-RVV 95 mm²	m	$10.15 \times 1 = 10.15$

序号	项目名称	定额编号	工程量	主材名称	规格型号	单位	主材使用量
4	室内布放电力电缆 (35 mm² 以下单芯)	TSD5-022	3.30	电力电缆	ZA-RVV 25 mm²	m	10.15 × 2.5 = 25.375
				电力电缆	ZA-RVV 35 mm²	m	10.15 × 0.8 = 8.12
5	室内布放电力电缆 (16 mm² 以下双芯)	TSD5-021	1.70	电力电缆	ZA-RVV 2 × 16 mm²	m	10.15 × 1 = 10.15
				电力电缆	ZA-RVV 2 × 6 mm²	m	10.15 × 0.7 = 7.105
6	安装室内接地排	TSD6-011	1.00	地线排	510 mm × 10 mm × 120 mm	个	1.01 × 1.00 = 1.01
7	安装梯式电缆桥架	TSD7-009	19.5	桥架	400 mm	m	1.01 × 11.56 = 11.676
				桥架	200 mm	m	1.01 × 7.94 = 8.019

4. 施工图预算编制

1) 预算编制说明

(1) 工程概况：本工程设计是新建××站电源设备安装单项工程，按一阶段设计编制施工图预算。本工程新装开关电源机框 1 框，整流模块 3 块，监控模块 1 块，蓄电池 2 组，交流配电箱 1 台。设计预算总投资为 61690.33 元，总工日为 53.25 工日，均为技工工日。

(2) 编制依据：

① 施工图设计图纸及说明。

② 工信部通信 [2016] 451 号文《工业和信息化部关于印发信息通信建设工程概预算定额、工程费用定额及工程概预算编制规程的通知》。

③ 建设单位与设备供应商签订的设备价格合同。

④《××市电信建设工程概、预算常用电信器材基础价格目录》。

(3) 有关费用与费率的取定：

① 本工程为一阶段设计，总预算中计列预备费，费率为 3%。

② 本工程技工费取定 114 元/工日。

③ 本工程计取安全生产费，按建筑安装工程费的 1.5%计取。

④ 本工程设计费按框架协议收取(新建模块局 3500 元/局)。

(4) 工程经济技术指标分析：本单项工程总投资 61 690.33 元，其中，需要安装的设备 30 187.12 元，建安费 22 514.31 元，工程建设其他费 7227.72 元，预备费 1761.18 元。

(5) 其他需说明的问题(略)。

2) 预算表格

(1) 预算总表(表一)，如表 8-25 所示，表格编号：B1。

表 8-25 工程预算总表(表一)

建设项目名称：××市电信本地网设备安装工程

单项工程名称：××站新建电源设备安装工程

建设单位名称：中国电信××市分公司　　　　　　　　　　　　　　　表格编号：B1　　　第　　页

序号	表格编号	费用名称	小型建筑工程费	需要安装的设备费	不需要安装的设备、工器具费	建筑安装工程费	其他费用	预备费	除税价	增值税	含税价	其中外币( )
I	II	III	IV	V	VI	VII	VIII	IX	X	XI	XII	XIII
	B2、B4JS	建筑安装工程费	25 800.96			20 283.16			46 084.12	6617.31	52 701.43	
	B5	工程建设其他费					6804.25		6804.25	423.47	7227.72	
		合计	25 800.96			20 283.16	6804.25		52 888.37	7040.78	59 929.15	
		预备费：合计×3%						1586.65	1586.65	174.53	1761.18	
		总计	25 800.96			20 283.16	6804.25	1586.65	54 475.02	7215.31	61 690.33	

(单位：元)

设计负责人：×××　　　　审核：×××　　　　编制：×××　　　　编制日期：××××年××月

(2) 建筑安装工程费用预算表(表二)，如表 8-26 所示，表格编号：B2。

表 8-26　建筑安装工程费用预算表(表二)

单项工程名称：××站新建电源设备安装工程

建设单位名称：中国电信××市分公司　　　　　　　　　　　　　　表格编号：B2　　　　第　　页

序号	费用名称	依据和计算方法	合计/元	序号	费用名称	依据和计算方法	合计/元
Ⅰ	Ⅱ	Ⅲ	Ⅳ	Ⅰ	Ⅱ	Ⅲ	Ⅳ
	建筑安装工程费(含税价)	一+二+三+四	22514.31	7	夜间施工增加费	人工费×2.1%	127.48
	建筑安装工程费(除税价)	一+二+三	20283.16	8	冬雨季施工增加费	不计取	0.00
一	直接费	(一)+(二)	15360.59	9	生产工具用具使用费	人工费×0.8%	48.56
(一)	直接工程费	1+2+3+4	14153.22	10	施工用水、电、蒸汽费	按实计列	400.00
1	人工费	(1)+(2)	6070.50	11	特殊地区施工增加费	不计取	0.00
(1)	技工费	技工总工日×114元/工日	6070.50	12	已完工程及设备保护费	不计取	0.00
(2)	普工费	普工总工日×61元/工日	0.00	13	运土费	不计取	0.00
2	材料费	(1)+(2)	7198.32	14	施工队伍调遣费	不计取	0.00
(1)	主要材料费	表四甲主要材料表	6855.54	15	大型施工机械调遣费	不计取	0.00
(2)	辅助材料费	主要材料费×5%	342.78	二	间接费	(一)+(二)	3708.47
3	机械使用费	表三乙	0.00	(一)	规费	1+2+3+4	2045.15
4	仪表使用费	表三丙	884.40	1	工程排污费	不计取	0.00
(二)	措施费	1+2+…+15	1207.37	2	社会保障费	人工费×28.50%	1730.09
1	文明施工费	人工费×0.8%	48.56	3	住房公积金	人工费×4.19%	254.35
2	工地器材搬运费	人工费×1.1%	66.78	4	危险作业意外伤害保险费	人工费×1.00%	60.71
3	工程干扰费	不计取	0.00	(二)	企业管理费	人工费×27.40%	1663.32
4	工程点交、场地清理费	人工费×2.5%	151.76	三	利润	人工费×20.0%	1214.10
5	临时设施费	人工费×3.8%	230.68	四	销项税额	(一+二+三)×11%	2231.15
6	工程车辆使用费	人工费×2.2%	133.55				

设计负责人：×××　　　　　审核：×××　　　　编制：×××　编制日期：××××年 ××月

(3) 建筑安装工程量预算表(表三)甲，如表 8-27 所示，表格编号：B3J。

表 8-27   建筑安装工程量预算表(表三)甲

单项工程名称：××站新建电源设备安装工程

建设单位名称：中国电信××市分公司   表格编号：B3J   第   页

序号	定额编号	项 目 名 称	单位	数量	单位定额值/工日		合计值/工日	
					技工	普工	技工	普工
I	II	III	IV	V	VI	VII	VIII	IX
1	TSY1-005	安装室内落地式有源综合架(柜)	架	1.00	1.86		1.86	
2	TSD3-064	安装组合开关电源(300 A 以下)	架	1.00	5.52		5.52	
3	TSD3-013	安装 48 V 蓄电池组(200 Ah 以下)	组	2.00	3.03		6.06	
4	TSD3-078	安装墙挂式交、直流配电箱	台	1.00	1.42		1.42	
5	TSD3-076	开关电源系统调测	系统	1.00	4.00		4.00	
6	TSD3-034	蓄电池补充电	组	2.00	3.00		6.00	
7	TSD3-036	蓄电池容量试验	组	2.00	7.00		14.00	
8	TSD5-021	室内布放电力电缆(16 mm^2 以下单芯)	10米条	5.60	0.15		0.84	
9	TSD5-024	室内布放电力电缆(120 mm^2 以下单芯)	10米条	1.00	0.34		0.34	
10	TSD5-022	室内布放电力电缆(35 mm^2 以下单芯)	10米条	3.30	0.20		0.66	
11	TSD5-021	室内布放电力电缆(16 mm^2 以下双芯)	10米条	1.70	0.165		0.28	
12	TSD6-011	安装室内接地排	个	1.00	0.69		0.69	
13	TSD6-015	接地网电阻测试	组	1.00	0.70		0.70	
14	TSY1-103	安装支撑铁架	个	2.00	0.61		1.22	
15	TSD3-082	配电系统自动性能调测	系统	1.00	4.00		4.00	
16	TSD7-009	安装梯式电缆桥架(600 mm 以下)	米	19.5	0.29		5.66	
		总计					53.25	

设计负责人：×××   审核：×××   编制：×××   编制日期：××××年××月

(4) 建筑安装工程仪器仪表使用费预算表(表三)丙，如表 8-28 所示，表格编号：B3B。

表 8-28 建筑安装工程仪器仪表使用费预算表(表三)丙

单项工程名称：××站新建电源设备安装工程

建设单位名称：中国电信××市分公司　　　　　　　　　　表格编号：B3B　　　　　　　　第　　页

序号	定额编号	项目名称	单位	数量	仪表名称	单位定额值		合计值	
						数量/台班	单价/元	数量/台班	合价/元
I	II	III	IV	V	VI	VII	VIII	IX	X
1	TSD3-076	开关电源系统调测	系统	1.00	手持式多功能万用表	0.20	117	0.20	23.40
2	TSD3-076	开关电源系统调测	系统	1.00	绝缘电阻测试仪	0.20	120	0.20	24.00
3	TSD3-076	开关电源系统调测	系统	1.00	数字式杂音计	0.20	117	0.20	23.40
4	TSD3-036	蓄电池容量试验	组	2.00	智能放电测试仪	1.20	154	2.40	369.60
5	TSD3-036	蓄电池容量试验	组	2.00	直流钳形电流表	1.20	117	2.40	280.80
6	TSD5-021	室内布放电力电缆(16 mm² 以下单芯)	10 米条	5.60	绝缘电阻测试仪	0.10	120	0.56	67.20
7	TSD5-024	室内布放电力电缆(120 mm² 以下单芯)	10 米条	1.00	绝缘电阻测试仪	0.10	120	0.10	12.00
8	TSD5-022	室内布放电力电缆(35 mm² 以下单芯)	10 米条	3.30	绝缘电阻测试仪	0.10	120	0.33	39.60
9	TSD5-021	室内布放电力电缆(16 mm² 以下双芯)	10 米条	1.70	绝缘电阻测试仪	0.10	120	0.17	20.40
10	TSD6-015	接地网电阻测试	组	1.00	接地电阻测试仪	0.20	120	0.20	24.00
					合计				884.40

设计负责人：×××　　　　　审核：×××　　　　编制：×××　　　　编制日期：××××年 ××月

(5) 器材预算表(表四)甲(国内主要材料表)，如表 8-29 所示，表格编号：B4JC。

表 8-29　国内器材预算表(表四)甲

(主要材料)表

单项工程名称：××站新建电源设备安装工程

建设单位名称：中国电信××市分公司　　　　　　　　　　表格编号：B4JC　　　第 1 页

序号	名称	规格程式	单位	数量	单价/元	合计/元			备注
					除税价	除税价	增值税	含税价	
I	II	III	IV	V	VI	IX	X	XI	XII
1	电力电缆	ZA-RVV 6mm^2	m	20.30	5.20	105.56			
2	电力电缆	ZA-RVV 2×6 mm^2	m	7.105	12.01	85.33			
3	电力电缆	ZA-RVV 16 mm^2	m	36.54	12.61	460.77			
4	电力电缆	ZA-RVV 2×16 mm^2	m	10.15	30.82	312.82			
5	电力电缆	ZA-RVV 25 mm^2	m	25.375	19.02	482.63			
6	电力电缆	ZA-RVV 35 mm^2	m	8.12	32.05	260.25			
7	电力电缆	ZA-RVV 95 mm^2	m	10.15	68.48	695.07			
	电缆类小计(1)					2402.43			
	运杂费：(1)×1.9%					45.65			
	运输保险费：(1)×0.1%					2.40			
	采购及保管费：(1)×1.0%					24.02			
	合计(1)					2474.50			
8	地线排	510 mm×10 mm×120 mm	个	1.01	500.00	505.00			
9	加固角钢夹板组		套	2.02	40.00	80.80			
10	综合机柜(架)	2000×600×600(42U)	个	1.00	1650.00	1650.00			
11	走线架	200 mm	m	8.019	65.00	521.24			
12	走线架	400 mm	m	11.676	75.00	875.70			
13	走线架配套材料		套	1.00	346.40	346.40			

序号	名称	规格程式	单位	数量	单价/元	合计/元			备注
					除税价	除税价	增值税	含税价	
I	II	III	IV	V	VI	IX	X	XI	XII
1	其他类小计(2)					3979.14			
2	运杂费: (2) ×9.0%					358.12			
3	运输保险费: (2) ×0.1%					3.98			
4	采购及保管费: (2) ×1.0%					39.79			
5	合计(2)					4381.04			
6	总计					6855.54			

设计负责人: ×××　　　审核: ×××　　　编制: ×××　　　编制日期: ×××× 年 ×× 月

(6) 器材预算表(表四)甲(国内需安装的设备)，如表 8-30 所示，表格编号：B4JS。

表 8-30　国内器材预算表(表四)甲
(需要安装的设备)表

单项工程名称：××站新建电源设备安装工程

建设单位名称：中国电信××市分公司　　　　　　　　　　　表格编号：B4JS　　　第　　页

序号	名称	规格程式	单位	数量	单价/元	合计/元			备注
					除税价	除税价	增值税	含税价	
I	II	III	IV	V	VI	IX	X	XI	XII
1	交流配电箱	DPJ12A-220/63	台	1.00	1800.00	1800.00	306	2106.00	
2	模块式单相交流电源防雷器	YD60K385DH2-A1	个	1.00	535.60	535.60	91.05	626.65	
3	组合电源系统整流机架	MCS1800C 嵌入	只	1.00	2436.00	2436.00	414.12	2850.12	
4	高频开关电源模块	DPR48/30-D-DCE	块	3.00	1429.12	4287.36	728.85	5016.21	
5	监控模块	CUC-09H(30)	块	1.00	839.41	839.41	142.70	982.11	
6	蓄电池	双登-12V/100AH	节	8.00	725.00	5800.00	986.00	6786.00	
7	中达监控		套	1.00	8340.00	8340.00	1417.80	9757.80	
	小计					24947.75	4086.52	28124.89	
	运杂费：小计×2.2%					548.85	93.30	642.15	
	运输保险费：小计×0.4%					99.79	16.96	116.75	
	采购及保管费：小计×0.82%					204.57	34.78	239.35	
	合计					25 800.96	4386.16	30 187.12	

设计负责人：×××　　　　审核：×××　　　　编制：×××　　　　编制日期：××××年××月

(7) 工程建设其他费用预算表(表五)甲，如表 8-31 所示，表格编号：B5J。

表 8-31　工程建设其他费预算表(表五)甲

单项工程名称：××站新建电源设备安装工程

建设单位名称：中国电信××市分公司　　　　　　　　　　　　表格编号：B5J　　第　　页

序号	费用名称	计算依据及方法	金额/元			备注
			除税价	增值税	含税价	
I	II	III	IV	V	VI	VII
1	建设用地及综合赔补费					
2	建设单位管理费					
3	可行性研究费					
4	研究试验费					
5	勘察设计费	已知条件	3500.00	210.00	3710.00	
6	环境影响评价费					
7	建设工程监理费	已知条件	3000.00	180.00	3180.00	
8	安全生产费	建筑安装工程费(除税价)×1.5%	304.25	33.47	337.72	
9	引进技术及进口设备其他费					
10	工程保险费					
11	工程招标代理费					
12	专利及专利技术使用费					
13	其他费用					
14	生产准备及开办费(运营费)					
	总计		6804.25	423.47	7227.72	

设计负责人：×××　　　　审核：×××　　　　编制：×××　　　　编制日期：××××年××月

8.4　应用计算机辅助编制概预算

　　通信工程概预算的编制工作十分繁琐，它是一个信息的收集、传递、加工、保存和运用的过程，这类信息的特点是：信息量大、数据结构复杂、信息更改频繁、多路径检索、信息共享等。采用传统的人工编制概预算模式，人们需要花费大量的时间和脑力劳动去进行分析、计算和汇总，费时又费力而且编制出错率高，这已经满足不了现代通信工程建设和管理的需要。众所周知，计算机具有高速度、高可靠性和高存储能力，利用计算机编制通信工程概预算，可以减轻概预算人员的劳动，提高编制精度，有助于工程投资的确定与控制。因此无论是建设单位、设计单位，还是施工单位都在广泛地应用计算机软件进行通信工程概预算文件的编制和管理，这也是现代化生产的必然趋势。

目前，市场上的概预算编制软件较多，各施工设计单位所用软件并不完全相同，但都必须依据工信部所颁布的通信建设工程概预算编制办法并结合当前通信行业发展现状而研制开发。2016 年，工信部出台了《工业和信息化部关于印发信息通信建设工程预算定额、工程费用定额及工程概预算编制规程的通知》(工信部通信 [2016] 451 号)等相关文件精神，并颁布了《信息通信建设工程概预算编制规程》、《信息通建设工程费用定额》以及《信息通建设工程预算定额》(共五册)。新的定额标准于 2017 年 5 月 1 日起施行，原工信部规 [2008] 75 号定额标准同时废止。

为了让读者能更快地了解新版定额下的软件使用，本书以北京成捷讯应用软件设计公司开发的成捷讯通信工程概预算软件 V2018 为例来介绍。

8.4.1 通信工程概预算软件介绍

1. 软硬件运行平台

硬件的基本要求：CPU 为奔腾 Ⅳ 或双核更高型号的微机；内存为 256M 以上，硬盘 20 G 以上；显示卡(1024*768 或更高)。

操作系统：Windows XP/Vista/7/8/10。

支持平台：微软 .net 框架。

2. 软件启动与退出

(1) 软件的启动方式如下：

① 通过 Windows 开始菜单，选择"程序"，点击"成捷讯通信工程概预算软件 V2018"启动。

② 通过双击 Windows 桌面"成捷迅通信工程概预算软件 V2018"的快捷方式图标启动，图标为 [图标]。

启动后系统进入概预算软件界面，如图 8-6 所示。

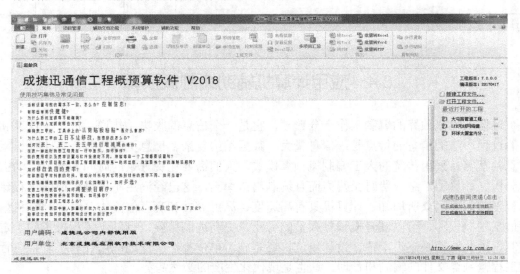

图 8-6 概预算软件界面

(2) 软件的退出方式如下：

① 按快捷键 Alt + F4。

② 在概预算软件界面菜单中的"文件"下拉菜单中选择"退出"命令。

③ 直接点击概预算软件界面右上角的"×"图标。

3．初始界面介绍

打开概预算软件后，系统显示如图 8-6 所示的界面。各部分功能介绍如下：

(1) 标题栏：屏幕的最上方蓝色长条即为标题栏。标题栏中部显示为软件名称，当打开工程时，则显示当前工程的路径及文件名。在标题栏的左上角是"快速访问工具栏"，用户在这里可以选择快速访问的功能选项。

(2) 系统菜单：标题栏的下方即为系统菜单，当前系统包括："菜单按钮"、"常用"、"项目管理"、"辅助文档功能"、"系统维护"、"辅助功能"及"帮助"七个菜单项。

(3) 功能区：菜单下方为系统功能区，显示软件常用选项卡及组按钮，用户可通过在功能区按钮点击鼠标右键，选择"添加到快速访问工具栏"，可以把该选项卡添加到快速访问工具栏。功能区下方是软件版本：包含工程版本与编译版本，位于功能区下方右侧。

(4) 使用技巧集锦及常见问题：在对话框左侧已列出软件操作常见问题及使用技巧，并且通过加粗和蓝色显示，提醒用户首先阅读这些常见问题与技巧，掌握一些软件使用的基本技巧。

(5) 最新打开工程：右侧分列软件最新打开工程及新建工程文件选项。

8.4.2　利用软件创建预算工程项目

1．新建工程

当前系统建立工程文件有多种方法，最快捷的方法是可点击初始页面"最近打开的工程"框中的"新建"按钮，或者点击"常用"菜单中的"新建"按钮，或快捷键 Ctrl + N 都可新建工程文件。菜单按钮如图 8-7 所示。

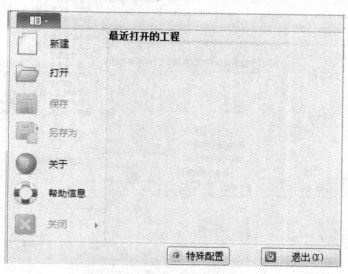

图 8-7　菜单按钮

运行新建命令后，系统显示如图 8-8 所示的"新建工程"对话框。

图 8-8　"新建工程"对话框

V2018 版保存类型为 *.BU4，选择路径后，在"文件名"中输入当前工程的文件名称，并点击"保存"按钮。则完成工程文件的建立。

2．新建项目及单项工程

点选项目管理菜单下"项目"选项卡中的"项目及单项"按钮，如图 8-9 所示。

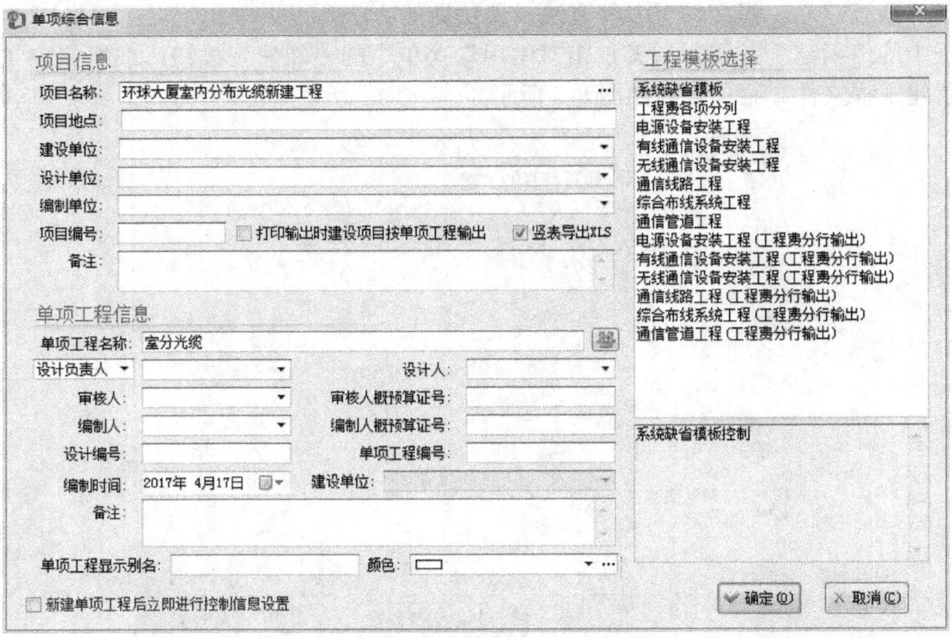

图 8-9　单项综合信息

在"项目信息"中输入当前项目的名称，建设单位等信息。在"单项工程信息"中输入当前所建单项工程的名称，设计人等信息，且单项工程名称不可为空。在"工程模板选择"中选择当前单项工程的工程模板，工程模板包含表一、表二等各表的默认取费费率及特殊控制等。

勾选"打印输出时建设项目按单项工程输出"选项，则在打印输出时，"建设项目名称"文字变为"单项工程名称"，同时"单项工程名称"变为"单位工程名称"。

勾选"新建单项工程后立即进行控制信息设置"选项，则点击"确定"按钮后，系统自动显示当前单项工程的控制信息，即选择的工程模板中的各表的取费费率等控制选项页面。各信息输入完毕后，点击"确定"按钮后，各系统在屏幕左上角显示如图 8-10 所示的界面。

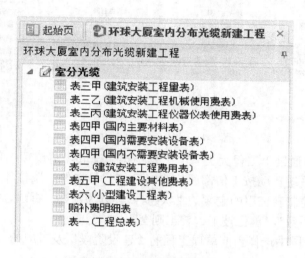

图 8-10　单项工程界面

8.4.3　设置控制信息

控制信息是在编制工程前、后或过程中，对各表进行费用取定或调整的具体控制。除费用的取定及调整外，费用的增加与删除及显示，表格的打印效果等皆在各表的控制信息中维护。控制信息的调出方法有以下三种：

(1) 表格编制过程中，在项目管理菜单下，点击"控制信息"选项卡中的"控制信息"按钮。

(2) 表格编制过程中，键入快捷键 Ctrl + D 调出。

(3) 表格编制过程中，在"常用"菜单下，点击"工程文件"选项卡中的"控制信息"按钮。

1. 总体控制

总体控制是指对当前单项工程的工程类别、工程性质以及库的选择等基本信息的维护。在建立单项工程时，若勾选"新建单项工程时后立即进行控制信息设置"选项，建立单项工程后，系统随即显示"控制信息"对话框，如图 8-11 所示。

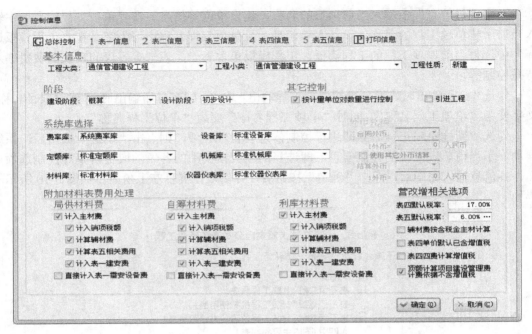

图 8-11　"控制信息"对话框*

(1) 基本信息：通过"工程大类"、"工程小类"选取当前单项工程的归属类别。选择不同的工程类别，系统自动按工信部通信 [2016] 451 号文件，调整各表的对应费用费率。"工程性质"主要控制表三甲的定额的"状态"。其分为新建、拆除、扩建三种状态，不同的状态有不同的"系数"，单位技工、普工则会不同。

(2) 阶段：在阶段中选择当前单项工程的"建设阶段"及对应的"设计阶段"。

(3) 系统库选择：

① 费率库：选择当前单项工程所使用费率库。系统费率库为按工信部通信 [2016] 451 号文件规定的各表费用费率等的标准库。

② 定额库：选择当前单项工程所使用定额库。系统提供 "通信建设工程费用定额"的标准定额库、标准扩展定额库，用户也可选择自建的定额库。

③ 材料库：选择当前单项工程所使用材料库。

④ 设备库：选择当前单项工程所使用设备库。

⑤ 机械库：选择当前单项工程所使用机械库。系统提供 "通信建工程机械台班费用定额"的标准机械库，也可选择用户自定义机械库。

⑥ 仪器仪表库：选择当前单项工程所使用仪器仪表库。系统提供 "通信建工程仪表台班费用定额"的标准仪器仪表库，也可选择用户自定义仪器仪表库。

(4) 其他控制：

① 按计量单位对数量进行控制：勾选此选项，则系统按"系统维护"菜单下，"预设"选项卡中的"计量单位"中设定的单位保留小数位数处理各表中单位的小数位数。

② 引进工程：当做引进工程的概、预算时，勾选此选项，并在"表格编号信息"中勾

---

* 注：图 8-11 中的"其它控制"应为"其他控制"，这是软件本身的错误。

选相应引进工程表格。

在引进工程被选中后，外币兑换选项框变为可选，此时需要选择"合同外币"，选择不同的外币种类，系统默认按"系统维护"菜单下，"预设"选项卡中的"货币"中设定的汇率自动更新下方文本框中兑换汇率，也可在文本框中直接更改。当需使用非人民币作为结算币种时可勾选"使用其他外币结算"选项。

(5) 附加材料表费用处理：附加材料表包括"利库材料表"、"局供材料表"、"自筹材料表"。利库材料表是指甲方库中已存材料。局供材料表是指由局方或上级单位提供材料，自筹材料表是指由甲方购得材料。当不需要使用此类表格时，可以不理会此处选项。

(6) 营改增相关选项：这部分根据工信部通信 [2016] 451 号文件的要求，提供营改增相关功能。可以直接设定或修改表四、表五的税率，可以设定辅材费按含税金主材计算，或表四单价默认已含增值税，表四四费计算增值税。可以设定建设单位管理费计费依据不含增值税等。其选项如图 8-12 所示。

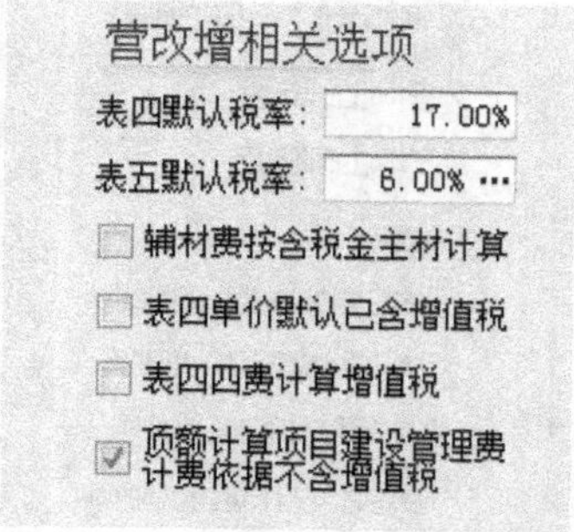

表四默认增值税率为 17%，用户可以根据需要修改。但是需要注意，修改后只对新建的表四分段起作用，对于已有分段的税率需要到分段信息中修改。

表五默认税率，指的是计算某些费用时采用的基准增值税率。软件自动取值为 6%，用户可以根据需要修改。修改时，在控制信息的"表五信息"选项卡中，对计算增值税的费用单独设置税率，如图 8-13 所示。

图 8-12　营改增相关选项

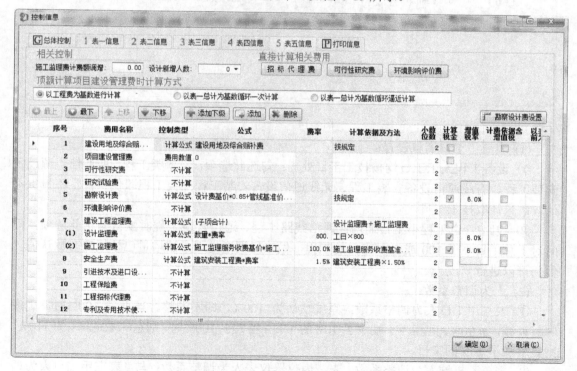

图 8-13　修改表五相关费用增值税率

2. 表三信息

表三信息是对当前单项工程的表三总费用、显示等进行维护，不包括具体定额的录入、修改等。在"控制信息"对话框中点击"表三信息"选项卡，如图 8-14 所示。

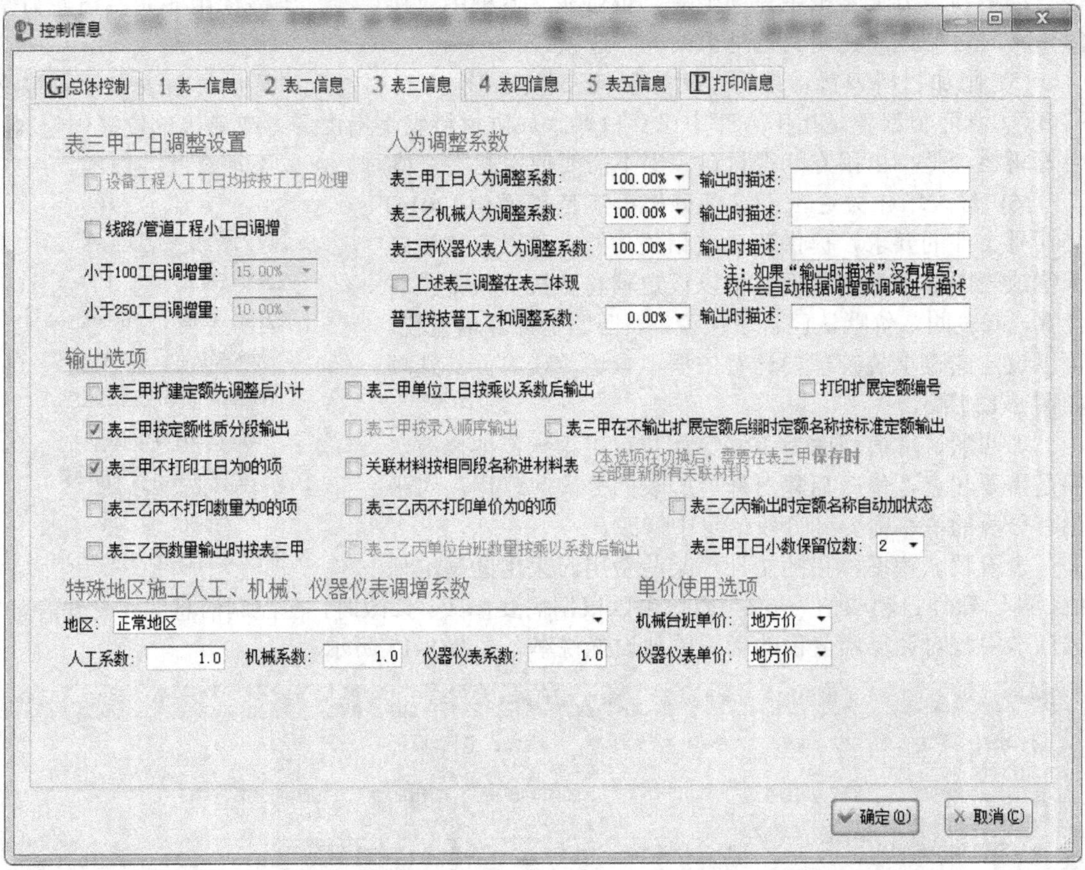

图 8-14 表三信息

(1) 表三甲工日调整设置：

① 设备工程人工工日均按技工工日处理：勾选此选项，设备类工程，即通信电源设备安装工程、有线通信设备安装工程、无线通信设备安装工程三类工程即使有普工工日也不计取，只计取技工工日。

② 线路/管道工程小工日调增：通信线路工程、通信管道工程时默认勾选此选项，同时对于总工日小于 100 或 250 工日的工程，做工日调增处理，调增量已按规定有默认值，但仍可以进行修改。

(2) 人为调整系数：

① 表三甲工日人为调整系数：系统默认为 100%，即不调整。当小于 100% 时，则意味着调减，如 90%，则相当于减少了 10% 的工日。当大于 100% 时，则意味着调增，如 110%，则是增加了 10% 的工日。

② 表三乙机械人为调整系数、表三丙仪器仪表人为调整系数：与"表三甲工日人为调

整系数"处理方式相同。

③ 普工按技普工之和调整系数：表三甲预算普工将按表三甲技工工日和普工工日之和乘以调整系数。

(3) 输出选项：该选项栏的内容较多，这里只对主要的选项做一下介绍。

① 表三甲扩建定额先调整后小计、表三甲单位工日按乘以系数后输出：当工程中有扩建定额时，勾选此选项。

② 打印扩展定额编号：若需要在标准定额后再增加字母或数字扩展定额，如TXL3-001A 或 TXL3-00107 等，系统默认输出为标准定额编号，即 TXL3-001。若勾选此选项，则全部输出为 TXL3-001A 和 TXL3-00107。

③ 表三甲按定额性质分段输出：在工程中存在有新建、扩建、拆除等任意两种工程的情况下，勾选此选项，系统将按不同的工程状态，分段输出定额合计。否则系统将只在最后给出所有定额的合计。

④ 表三甲按录入顺序输出：当不勾选"表三甲按定额性质分段输出"时，可以勾选此选项按照表三甲的录入顺序输出，同时对定额条目不做合并处理。

⑤ 表三乙丙数量输出时按表三甲：当表三甲的机械或仪器仪表系数非 1 时，表三乙或丙输出时相应"项目名称"可体现该系数，该系数与数量、单位台班(数量台班)的乘积进入总数量(合计数量)。

⑥ 关联材料按相同段名称进材料表：此功能有利于把多种类型的单位工程做在一个表三甲并且分段放置，而这些单位工程对应的材料是要分别计算的。勾选此选项后，软件会自动在表四材料表建相同名称的段，并对应把关联材料放置到该段。修改后不但能很清楚地知道每个单位工程材料情况，而且在多项目汇总时选择"表四按相同段名称汇总"后能分门别类地将材料汇总出来。

(4) 特殊地区施工人工、机械、仪器仪表调增系数。地区：当前列表中选择地区种类，选择不同的地区。其下方"人工系数"、"机械系数"、"仪器仪表系数"，自动按标准手册规定切换系数。但用户仍可在相应文本框中更改系数。特殊地区的系数调增将在各相应表格中体现。

(5) 单价使用选项。机械库、仪器仪表库提供两种价格：全国价和地方价，方便用户不同工程调用。在当前栏中提供选项选择，可分别在"机械台班单价"和"仪器仪表单价"中选择。

3. 表四信息

表四信息是对当前单项工程的表四材料表、设备表等进行维护，在"控制信息"对话框中点击"表四信息"选项卡，如图 8-15 所示。

(1) 单价使用选项：材料、设备库提供本地价、本省价等七种材料价格供不同的工程调用。"国内主材单价"、"国内设备单价"分别进行材料、设备单价的选择。当前操作只对此操作后新录入的材料起作用，故应在模板中维护，或者在新建工程后立即选择。

(2) 表四费用名称定制：这里的表四费用主要指运杂费以外的其他费用，如需要对这些名称进行更改，可在此处对应费用的显示名称中直接更改。"材料其他一"、"材料其他二"、"设备其他一"、"设备其他二"为系统提供的。

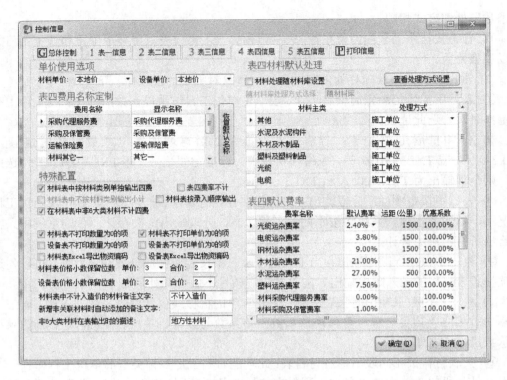

图 8-15 表四信息

(3) 表四材料默认处理：

① 材料处理随材料库设置：勾选此选项，则材料库中已标明需处理的，将按系统在"随材料库处理方式选择"列表中选择材料的处理方式。本选项中材料的处理方式可通过"系统维护"——"材料处理方式维护"进行维护。当不勾选"材料处理随材料库设置"时，可在表格中选择指定材料类别，设定一类材料的处理方式。如需按单个材料处理，可直接在表四材料表中"处理方式"中单独选择。

② 查看处理方式设置：可查看此类材料的具体计算方法。

(4) 特殊配置：

① 材料表中按材料类别单独输出四费：当勾选此选项时，材料表中按 6 类材料分段，并在每段后分别计算四费等；当不勾选此选项时，仍按 6 类材料分段，但不在段后计算四费，在表四的最后计算四费。

② 表四费率不计：勾选此选项，表四所有表格，包括材料、设备表等各表都不计算四费。

③ 材料表中不按材料类别输出小计：当勾选"表四费率不计"时，此选项自动亮显。当不计四费时，勾选此选项，材料表不按材料类别分段，即不以"小计"区分材料类别，只在表格的最后有一个总计。

④ 材料表按录入顺序输出：当勾选此项时，按照表四的录入顺序输出。

⑤ 材料表中非 6 大类材料不计四费：勾选此选项，表四中录入的"非 6 大类材料"类别中的材料或自行输入的非库中的材料都不计算四费。

4. 表二信息

表二信息是对当前单项工程的表二进行费用维护。在"控制信息"对话框中点击"表二信息"选项卡，如图 8-16 所示。

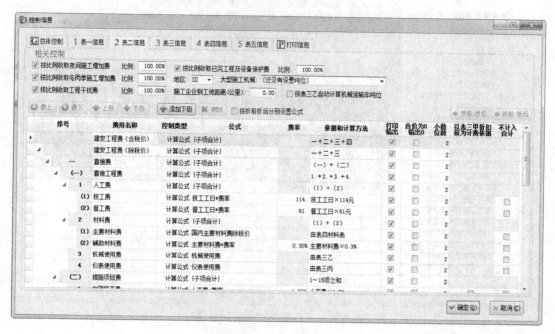

图 8-16 表二信息

表二信息下方表格中树形目录级列出当前工程表二的各个费用。列标题分别为：序号、费用名称、控制类型、公式、费率、依据和计算方法、打印输出、合价为 0 输出 0、小数位数、以表三甲折扣前为计费依据、不计入合计。表格中可以增加、删除、修改及移动指定费用。主要列标题说明如下：

(1) 序号、费用名称：各费用输出显示的序号、费用名称。

(2) 控制类型：控制当前行费用的计算方法，分为"不计算"、"费用数值"、"计算公式"、"手动费率(计算公式)"四个选项。

(3) 公式：当控制类型选择"计算公式"或"手动费率(计算公式)"时，当前费用公式默认为工信部通信 [2016] 451 号文件编制办法规定的计算公式，用户可左键单击当前费用的公式字段，点击"fx"按钮，系统显示如图 8-17 所示的"计算公式专家"对话框。

计算公式专家中分公式设置和使用说明两选项页。左键双击可用变量栏中某个费用可将该费用增加到对话框右侧空白位置，并通过下方工具的运算符连接各费用即形成费用公式。也可直接输入数值，点击"确定"按钮，完成公式。"取消"按钮取消当前操作，并退出当前对话框。

(4) 费率：当控制类型为"计算公式"或"手动费率(计算公式)"时，并且计算公式中包含费率时，则此单元格中的数值将替换公式中费率字段。

(5) 依据和计算方法：当控制类型为"计算公式"或"手动费率(计算公式)"时，默认为与公式相应的内容，用户也可更改。

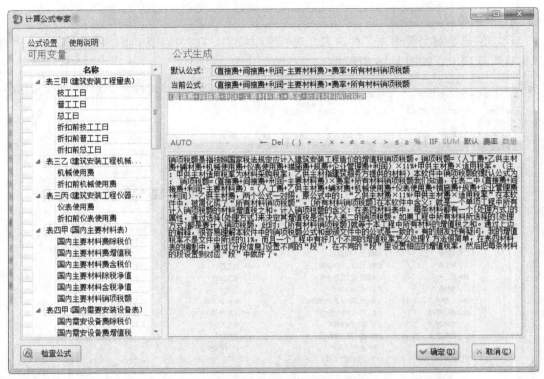

图 8-17 "计算公式专家"对话框

5. 表五信息

表五信息是对当前单项工程的表五进行费用维护。在"控制信息"对话框中点击"表五信息"选项卡，显示如图 8-18 所示的"表五信息"对话框。

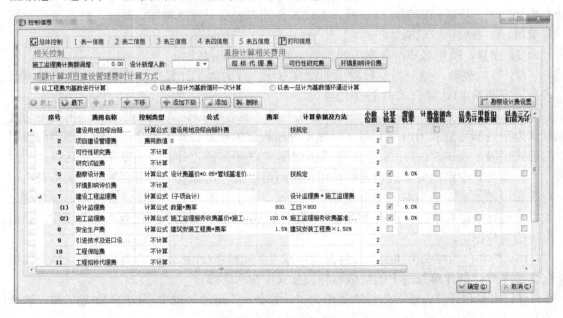

图 8-18 表五信息

(1) 列标题说明。表五信息下方表格按输出顺序列出表五各个费用。列标题分别为序号、费用名称、控制类型、公式、费率、计算依据及方法、小数位数、计算税金、增值税率、计算依据含销项税额、以表三甲折扣前为计算依据、以表三乙丙折扣前为计算依据、备注、合价为 0 输出 0、始终输出、运营费。表格中可以增加、删除、修改及移动指定费用。主要列标题说明如下：

① 运营费，勾选运营费，则当前费用作为运营费处理，不参与表五合计的计算。该费用在汇总的总表中的"生产准备及开办费"显示。

② 增值税率，设置本项费用可以单独设置增值税率，计算时以表五此处设置为准。

(2) 部分特殊费用说明如下：

① 施工监理费计费额调增：施工监理费的默认计费额为"发改价格 [2007] 670"文件规定的计费额，部分特殊情况，系统增加此选项供用户输入调增或调减的计费额，正数为增，负数为减。

② 设计新增人数：本选项为填写"生产准备及开办费"的设计人数的文本框。

③ 招标代理费：按"计价格 [2002] 1980 号"文件规定的"招标代理服务收费标准"执行。

④ 可行性研究费：按"计投资 [1999] 1283 号"文件规定的"建设项目估算投资分档收费标准"执行。

⑤ 环境影响评价费：按"计价格 [2002] 125 号"文件规定的"建设项目环境影响咨询收费标准"执行。

⑥ 勘察设计费设置：点击该按钮，系统将按"计价格 [2002] 10 文件"规定计算勘察设计费。

6. 表一信息

表一信息是对当前单项工程的表一进行费用维护。在"控制信息"对话框中点击"表一信息"选项卡，如图 8-19 所示。

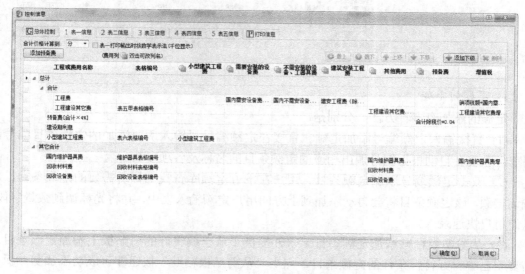

图 8-19 表一信息

表一信息下方表格中树形目录列出当前工程表一费用的显示位置。列标题分别为工程或费用名称，表格编号，小型建筑工程费，需要安装的设备费，不需安装的设备、工器具费，建筑安装工程费，其他费用，预备费，增值税，外币总价，始终输出，不为建设单位管理费依据，不计入合计 13 个字段。表格中还可进行费用的增加、修改、删除、显示位置调整及是否显示等控制。

8.4.4　通信工程预算编制

1．表三甲(建筑安装工程量表)的编制

表三甲的编制主要是指工程量即定额条目的维护。其包括界面介绍、定额条目的添加、定额条目的编辑、定额条目的维护、段信息的使用、关联主材和关联机械的编辑。

展开当前工程目录树表格信息，单击表三甲(建筑安装工程量表)，可以看到表三甲的对话框分为上下两部分，上方是当前工程的定额输入表，用户可在此添加编辑定额条目，下方是相应的定额库，用户可在此查看选取定额添加到上方定额输入表中，其中下方左栏是定额库目录树，右栏是相应的定额明细。具体如图 8-20 所示。

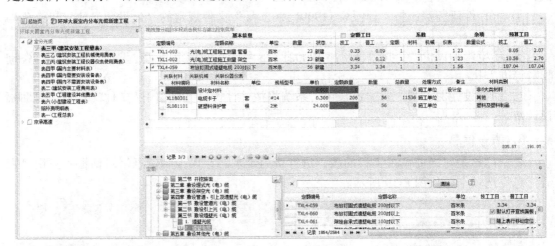

图 8-20　表三甲界面

1) 定额的添加

定额的添加有多种方法，分别是：

(1) 直接输入定额编号添加定额。直接在定额编号栏输入所要添加的定额条目编号，回车，系统会自动根据编号调出相应的定额条目的名称及各项参数。

(2) 双击定额编号添加定额条目。用户在下方定额库查找工程所需要的定额条目，双击该定额，该定额条目将会自动添加到上方的用户定额输入表中，并将光标调到数量字段，以便用户快速录入。

(3) 从剪贴板粘贴添加定额条目。软件提供了从已编辑好的剪贴板上添加定额条目。当复制已编辑好符合条件的定额条目，点击"从剪贴板粘贴"按钮即可成功添加剪贴板上的定额条目。

2) 定额的编辑

(1) 定额状态：根据工程性质，可将定额分为"新建"、"拆除"、"更换"、"扩建"、"拆除再利用"五种状态，用户可通过点击定额条目状态来进行选择，系统中的系数、材料系数和机械系数会根据"系统维护"——"新拆更扩系数维护"中不同定额的状态系数进行自动调整。

(2) 定额数量的修改，用户可直接在定额条目的计算数量一栏进行数量的编辑。

(3) 人工工日的修改，在正常情况下，表三甲定额工日是不允许修改的，以防用户误操作；如果需要调整，用户可在定额工日字段左侧勾选，即可对定额的普工工日和技工工日进行调整。

(4) 定额条目的删除，用户可通过定额输入表下方的"删除"按钮将定额输入表中选择的多个不需要的定额条目删除。

2. 表三乙(建筑安装工程机械使用费表)的编制

单击左侧表格控制树表格信息，点取表三乙(建筑安装工程机械使用费概预算表)进入表三乙后，可以看到右侧栏已切换到机械表，如图 8-21 所示。表中已经存在表三甲的定额所关联的机械条目，用户可对关联过来的机械条目进行编辑，也可根据实际工程需要在此表中添加机械条目。下方是当前工程相应的机械库，用户可在机械库中查找所需机械条目并将其添加到上方机械表中。

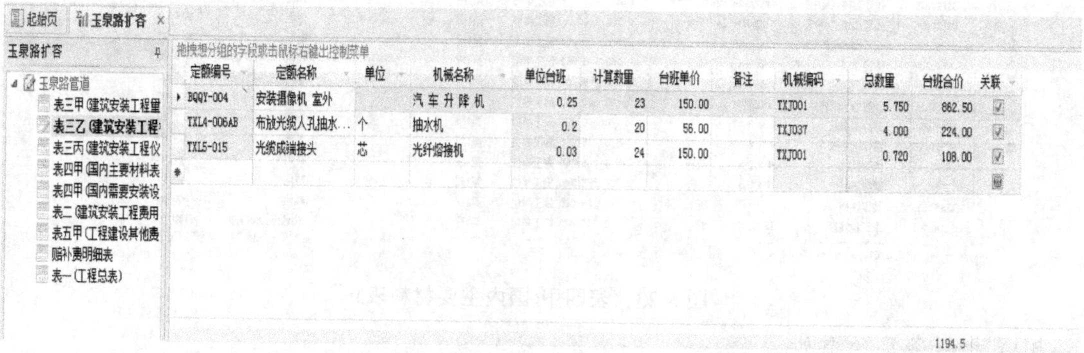

图 8-21 表三乙表格编制

表三乙的机械条目的增加有两种方式：一是由表三甲的定额生成的关联机械，并可对关联机械进行编辑，关联机械条目的关联字段处于选中状态；二是手动添加机械条目。表三乙机械条目的增、删、改与表三甲定额编辑类似。

3. 表三丙(建筑安装工程仪器仪表使用费表)的编制

单击左侧表格控制树表格信息，点取表三丙(建筑安装工程仪器仪表使用费表)进入表三丙，如图 8-22 所示。表三丙表格编制后，可以看到右侧显示的对话框，表中已经存在表三甲的定额所关联的仪器仪表条目，用户可对关联过来的仪器仪表条目进行编辑，也可根据实际工程需要在此表中添加仪器仪表条目。下方是当前工程相应的仪器仪表库，用户可在其中查找所需条目并将其添加到上方仪器仪表中。

表三丙的仪器仪表条目的增加有两种方式：一是由表三甲的定额生成的关联仪器仪表；

二是手动添加仪器仪表条目。表三丙仪表条目的增、删、改与表三甲定额编辑类似。

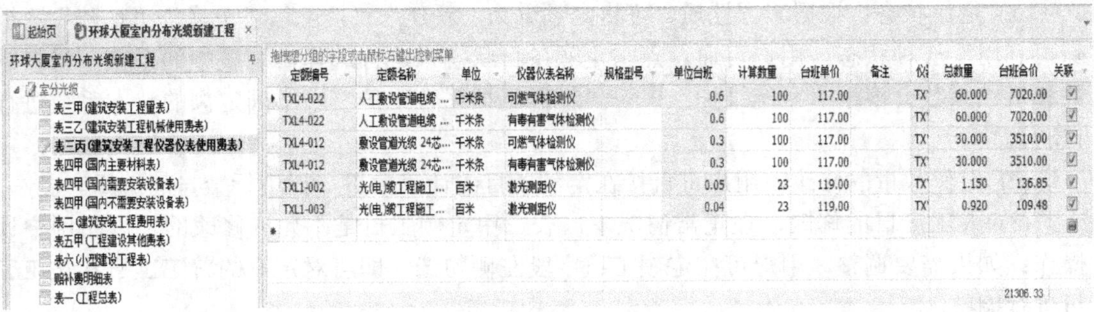

图 8-22　表三丙表格编制

4．表四甲(国内主要材料表)的编制

展开当前工程目录树表格信息，单击表四甲(国内主要材料表)，右侧是表四甲的主要材料表，下方是国内主要材料列表库，用户可在材料库中查找自己所需材料添加到上方材料表中，如图 8-23 所示。

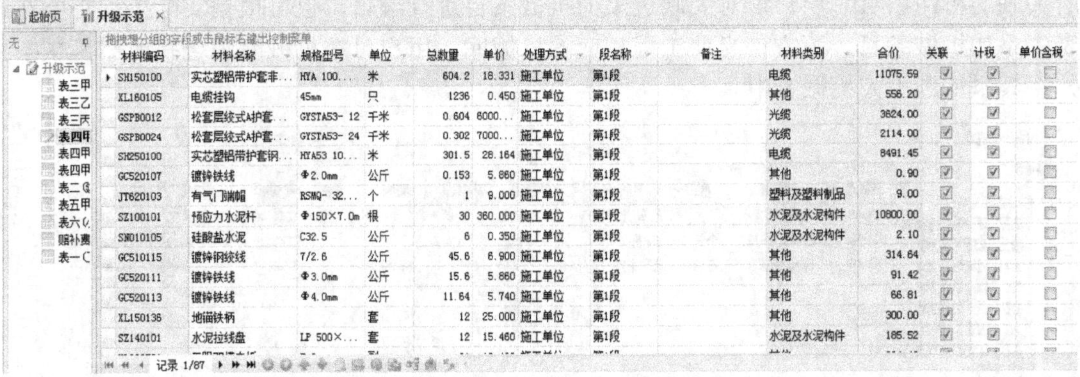

图 8-23　表四甲(国内主要材料表)

1) 材料条目的添加

表四主要材料表的材料条目生在方式有两种：一是由表三甲的定额生成的关联主材，并可对关联主材各项进行编辑，关联材料条目的关联字段处于选中状态的；二是手动添加材料条目。手动添加材料条目有两种方法：

(1) 输入材料编码添加材料条目。当用户对材料条目的编码非常熟悉时，可直接在主要材料表的材料编号栏输入所要添加的材料编码，按回车键，系统将根据用户输入的编码自动查找到该条材料条目，用户对此项材料条目的各项参数进行设置后，点击"保存"按钮即可。

(2) 双击材料编码添加材料。用户在国内主要材料列表栏找到所要添加的材料条目，然后双击该条材料，该材料条目将自动添加到上方的主要材料表中。添加完成后，根据需要设置材料的各项参数即可。

(3) 局供、自筹、利库、利旧材料。当在表格编号信息中勾选局供、利旧等表时，将在主材表中出现相应表格字段，可在相应字段中输入相应表的材料的数量。也可直接进入相应表格进行维护。

2) 修改费率

若在编辑表四以前，可通过"控制信息"——"表四信息"修改默认费率。若已进入表四，并且需修改材料的费率，可通过"分段信息"按钮实现。系统默认把所有材料放入第一段中，用户可对当前段及新增段材料的供销部门手续费、运杂费及优惠等费用的费率进行设置。同时，在表四分段信息中，可以对运杂费、运输保险费、采购及保管费、采购代理服务费这四项费用单独设置增值税率。

5. 表四甲(国内需要安装设备表)的编制

展开当前工程目录树表格信息，单击表四甲(国内需要安装设备表)，下方自动调出设备库以便于用户编制设备表，如图8-24所示。

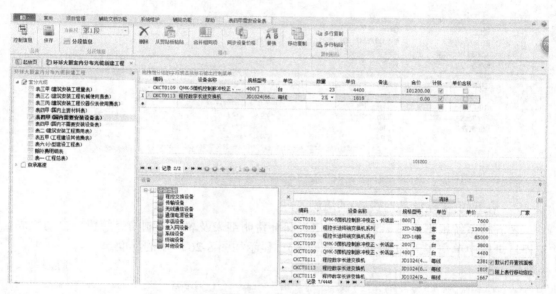

图8-24 表四甲(国内需要安装设备表)

1) 设备的添加

设备条目的添加有两种方式：一是直接输入设备编码添加设备条目；二是双击需要安装设备列表中的设备条目进行添加。

2) 设备费率维护

国内需要安装设备表的费率调整也是通过"分段信息"按钮实现的，费率的调整操作与国内主要材料表中的分段信息材料费率修改相同。

6. 表二(建筑安装工程费用表)的编制

在每张表格编辑完成点击工具栏的"保存"按钮后，系统按照控制信息的设置自动生成表二、表五和表一。展开当前工程目录树表格信息，单击表二(建筑安装工程费用表)，如图8-25所示。当前表格只有"依据和计算方法"列可以修改，但其只是备注信息，不影响计算，各项费率的修改均需通过"控制信息"中对"表二信息"选项卡来实现。

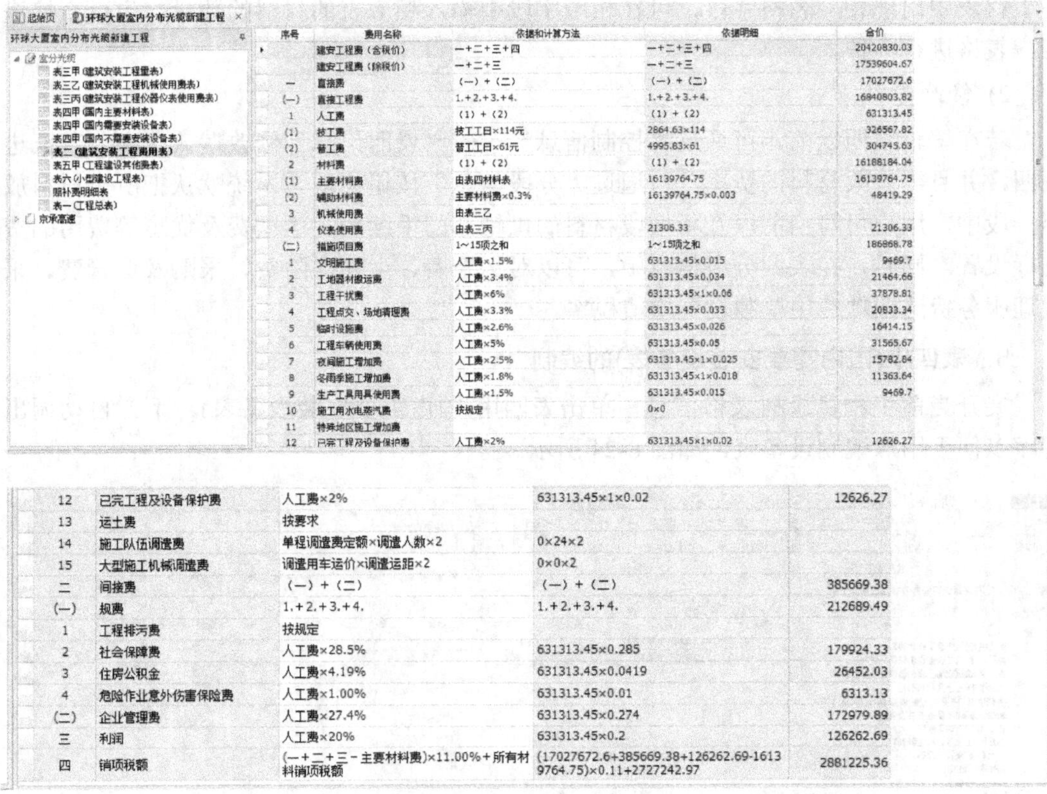

序号	费用名称	依据和计算方法	依据明细	合价
	建安工程费(含税价)	一+二+三+四	一+二+三+四	20420830.03
	建安工程费(除税价)	一+二+三	一+二+三	17539604.67
一	直接费	(一)+(二)	(一)+(二)	17027672.6
(一)	直接工程费	1.+2.+3.+4.	1.+2.+3.+4.	16840803.82
1	人工费	(1)+(2)	(1)+(2)	631313.45
(1)	技工费	技工工日×114元	2864.63×114	326567.82
(2)	普工费	普工工日×61元	4995.83×61	304745.63
2	材料费	(1)+(2)	(1)+(2)	16188184.04
(1)	主要材料费	由表四材料表	16139764.75	16139764.75
(2)	辅助材料费	主要材料费×0.3%	16139764.75×0.003	48419.29
3	机械使用费	由表三乙		
4	仪表使用费	由表三丙	21306.33	21306.33
(二)	措施项目费	1~15项之和	1~15项之和	186868.78
1	文明施工费	人工费×1.5%	631313.45×0.015	9469.7
2	工地器材搬运费	人工费×3.4%	631313.45×0.034	21464.66
3	工程干扰费	人工费×6%	631313.45×1×0.06	37878.81
4	工程点交、场地清理费	人工费×3.3%	631313.45×0.033	20833.34
5	临时设施费	人工费×2.6%	631313.45×0.026	16414.15
6	工程车辆使用费	人工费×5%	631313.45×0.05	31565.67
7	夜间施工增加费	人工费×2.5%	631313.45×1×0.025	15782.84
8	冬雨季施工增加费	人工费×1.8%	631313.45×1×0.018	11363.64
9	生产工具用具使用费	人工费×1.5%	631313.45×0.015	9469.7
10	施工用水电蒸汽费	按规定	0×0	
11	特殊地区施工增加费			
12	已完工程及设备保护费	人工费×2%	631313.45×1×0.02	12626.27
13	运土费	按要求		
14	施工队伍调遣费	单程调遣费定额×调遣人数×2	0×24×2	
15	大型施工机械调遣费	调遣用车运价×调遣运距×2	0×0×2	
二	间接费	(一)+(二)	(一)+(二)	385669.38
(一)	规费	1.+2.+3.+4.	1.+2.+3.+4.	212689.49
1	工程排污费	按规定		
2	社会保障费	人工费×28.5%	631313.45×0.285	179924.33
3	住房公积金	人工费×4.19%	631313.45×0.0419	26452.03
4	危险作业意外伤害保险费	人工费×1.00%	631313.45×0.01	6313.13
(二)	企业管理费	人工费×27.4%	631313.45×0.274	172979.89
三	利润	人工费×20%	631313.45×0.2	126262.69
四	销项税额	(一+二+三-主要材料费)×11.00%+所有材料销项税额	(17027672.6+385669.38+126262.69-16139764.75)×0.11+2727242.97	2881225.36

图 8-25　表二(建筑安装工程费用表)

7. 表五(工程建设其他费表)的编制

表五是系统根据表三、表四、表二、赔补费明细表及表五控制信息的费率自动生成。工程目录树中单击表五(工程建设其他费表)，显示如图 8-26 所示的界面。

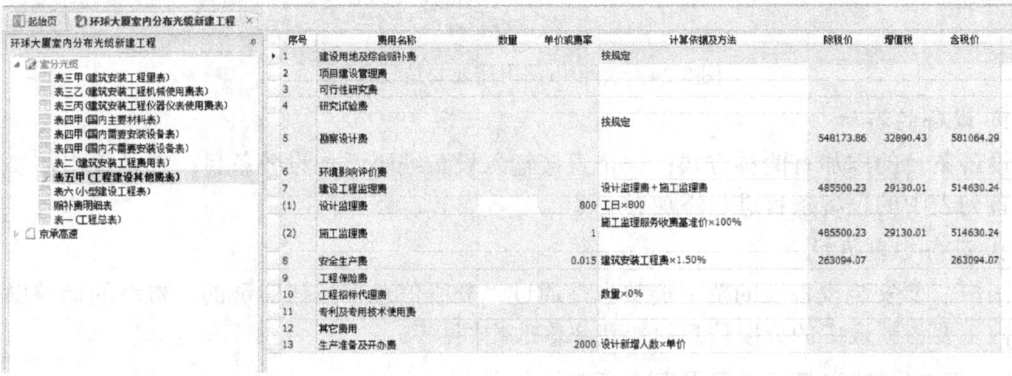

序号	费用名称	数量	单价或费率	计算依据及方法	除税价	增值税	含税价
1	建设用地及综合赔补费			按规定			
2	项目建设管理费						
3	可行性研究费						
4	研究试验费						
5	勘察设计费			按规定	548173.86	32890.43	581064.29
6	环境影响评价费						
7	建设工程监理费			设计监理费+施工监理费	485500.23	29130.01	514630.24
(1)	设计监理费		800	工日×800			
(2)	施工监理费		1	施工监理服务收费基准价×100%	485500.23	29130.01	514630.24
8	安全生产费		0.015	建筑安装工程费×1.50%	263094.07		263094.07
9	工程保险费						
10	工程招标代理费			数量×0%			
11	专利及专用技术使用费						
12	其它费用						
13	生产准备及开办费		2000	设计新增人数×单价			

图 8-26　表五甲(工程建设其他费表)

当前表格中，底色呈白色显示，表明当前字段可修改。与表二略有不同的是可以在数量列输入部分数据。当费用的公式为“数量*单价”时，数量字段，可在当前表的数量列对应单元格中填写。计算依据及方法、备注列的修改皆不影响计算，若需修改各项费用仍需通过"控制信息"中"表五信息"选项卡进行调整。

8．表一(工程总表)的编制

表一的生成由以上各表数据及表一控制信息自动生成。展开当前工程目录树表格信息，单击表一(工程总表)，如图 8-27 所示。

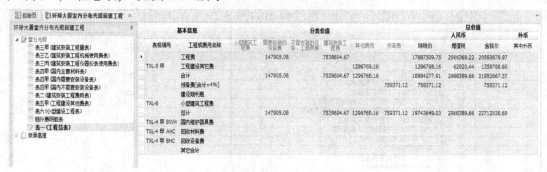

图 8-27　表一(工程总表)

当前表格只能查看费用，不能进行任何修改，若需修改，则要到"控制信息"中"表一信息"选项卡中进行维护。

8.4.5　文件格式的转换与导出

1．单项工程转 Excel 文档

单项工程转 Excel 文档功能可将工程文件以 Excel 文档的形式保存。具体操作是：点击常用菜单下"导出"选项卡中的"转 Excel"按钮，或者辅助文档功能菜单下"Office 输出"选项卡中的"转 Excel"按钮，系统显示如图 8-28 所示的对话框。

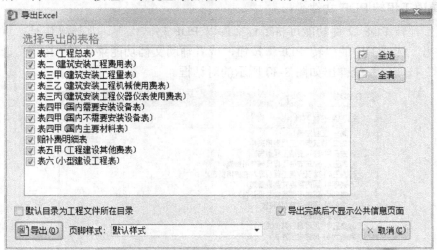

图 8-28　单项工程导出 Excel 文档

在此对话框中，可以选择各种表前面的复选框，来确定要输出到 Excel 表格中的表；单击"导出"按钮，系统弹出文件保存对话框，确定所要输出 Excel 的名称以及保存路径后，单击"保存"按钮，系统开始把选择的单项工程中的表格数据导出到 Excel 表格中，

导出成功后，系统弹出导出成功对话框提示。

2. 单项工程转 Word 文档

单项工程转 Word 文档功能可将工程文件以 Word 文档的形式保存。具体操作是：点击常用菜单下"导出"选项卡中的"转 WORD"按钮，或者辅助文档功能菜单下"Office 输出"选项卡中的"转 WORD"按钮，系统弹出如图 8-29 所示的对话框。

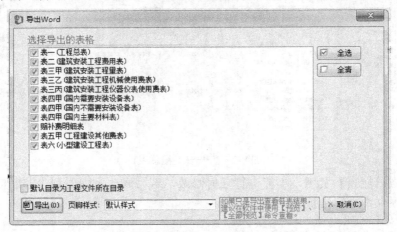

图 8-29　单项工程导出 Word 文档

在此对话框中，可以选择各项表格前面的复选框，来确定要输出到 Word 文档中的表；单击"导出"按钮，系统弹出 Word 文件保存对话框，确定要输出 Word 文档的名称以及保存路径，单击"保存"按钮，系统开始把选择的单项工程中的表格数据导出到 Word 文档中，导出成功后，系统弹出导出成功对话框。

3. 单项工程转 PDF 文件

单项工程转 PDF 文件功能可将工程文件以 PDF 格式保存。具体操作是：点击常用菜单下"导出"选项卡中的"转 PDF"按钮，或者辅助文档功能菜单下"PDF"选项卡中的"转 PDF"按钮，系统弹出如图 8-30 所示的对话框。

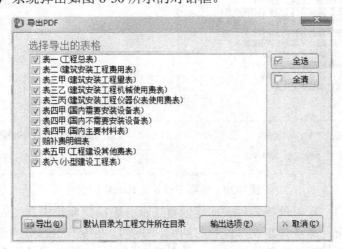

图 8-30　单项工程转 PDF

在"导出 PDF"对话框中，可以选择各项表格前面的复选框，来确定要输出到 PDF 格式的表；单击"导出"按钮，系统弹出 PDF 文件保存对话框，确定要输出 PDF 文档的名称以及保存路径，单击"保存"按钮，系统开始把选择的单项工程的表格数据保存为 PDF 文档格式，导出成功后，系统弹出导出成功对话框。

4. Excel 文件导入单项工程

Excel 文件导入单项工程功能可以导入 Excel 文件中的数据。具体操作是：点击常用菜单下"工程文件"选项卡中的"EXCEL 导入"按钮，系统显示如图 8-31 所示的对话框。

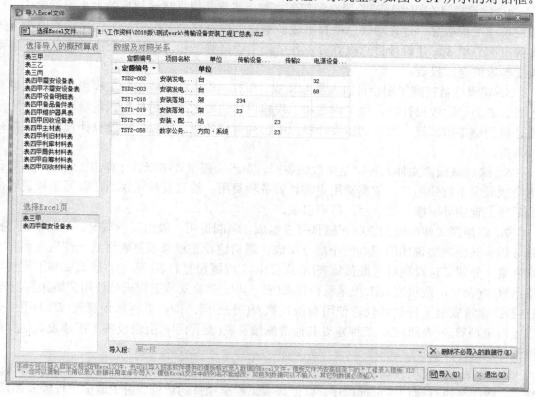

图 8-31　导入 Excel 文件

在"选择导入的概预算表格"中选择要导入到哪个表格。在"选择 Excel 页"中选择将要导入的 Excel 文件中的哪个工作表。系统自动显示数据及对照关系，点击"导入"按钮。导入成功后，系统提示以导入成功的对话框。

本 章 小 结

1. 工程概预算是指在工程建设过程中，根据不同设计阶段的设计文件的具体内容和有关定额、指标及取费标准，预先计算和确定建设项目的全部工程费用的技术经济文件，其实质上是工程的计划价格，是对工程项目造价的管理和控制，即是对建设工程实行科学管理和监督的一种重要手段。

2．工程概预算是以初步设计和施工图设计为基础编制的，它不仅是考核设计方案的经济性和合理性的重要指标，而且是确定建设项目建设计划、签订合同、办理贷款、进行竣工决算和考核工程造价的主要依据。

3．设计概算是用货币形式综合反映和确定建设项目从筹建至竣工验收的全部建设费用。施工图预算是设计概算的进一步具体化，它是根据施工图计算出的工程量、依据现行预算定额及取费标准，签订的设备材料合同价或设备材料预算价格等，进行计算和编制的工程费用文件。

4．建设项目在初步设计阶段必须编制概算。概算是根据建设规模的大小而确定的，一般由单项工程概算、建设项目总概算组成。单项工程概算由工程费、工程建设其他费、预备费三部分组成。建设项目总概算等于各单项工程概算之和，它是一个建设项目从筹建到竣工验收的全部投资。

5．建设项目在施工图设计阶段编制预算。预算的组成一般应包括工程费和工程建设其他费。若为一阶段设计时，除工程费和工程建设其他费之外，另外列预备费；对于二阶段设计时的施工图预算，由于初步设计概算中已列有预备费，所以二阶段设计预算中不再列预备费。

6．编制概预算文件的程序是先收集资料、熟悉工程设计图纸、计算出工程量，然后套用定额确定主材使用量，依据费用定额计算各项费用，经过复核无误后，编写工程说明，最后经主管领导审核、签字后，印刷出版。

7．概预算文件由编制说明和概预算表组成。编制说明一般由工程概况、编制依据、投资分析和其他需要说明的问题四个部分组成。通信建设工程概预算表格统一使用五种共十张表格，分别是建设项目总概预算表(汇总表)；工程概预算总表(表一)；建筑安装工程费用概预算表(表二)；建筑安装工程量概预算表(表三)甲；建筑安装工程机械使用费概预算表(表三)乙；建筑安装工程仪器仪表使用费概预算表(表三)丙；国内器材概预算表(表四)甲；引进器材概预算表(表四)乙；工程建设其他费概预算表(表五)甲；引进设备工程建设其他费用概预算表(表五)乙。

8．为保证建设项目设计概预算文件的质量和发挥概预算的作用，在编制完成概预算文件后，应严格执行概预算审批程序，以便核实工程概预算的造价。由于通信工程涉及面广，计价依据繁多，情况复杂，在审核过程中，要严格按照国家有关工程项目建设的方针、政策和规定对费用实事求是地逐项核实。

知 识 测 验

一、简答题

1．概算的作用是什么？

2．预算的作用是什么？

3．概算的编制依据是什么？

4．预算的编制依据是什么？

5．概预算文件有哪几部分组成，每一部分包含哪些内容？

二、选择题

1. 通信建设工程概算、预算编制办法及费用定额适用于通信工程新建、扩建工程，（   ）可参照使用。

A. 恢复工程   B. 大修工程

C. 改建工程   D. 维修

2. 施工图预算是考核工程成本，确定工程造价的依据；是考核施工图设计技术经济合理性的依据；是（   ）的主要依据。

A. 签订工程承发包合同

B. 工程价款结算

C. 可行性研究报告

D. 签订建设项目总承包合同核定贷款额度

3. 建设项目总概算是根据所包括的（   ）汇总编制而成的。

A. 单项工程概算   B. 单位工程概算

C. 分部工程   D. 分项工程

4. 表三甲、乙供编制建筑安装（   ）使用。

A. 工程费   B. 工程量和施工机械费

C. 工程建设其他费   D. 材料费

5. 一阶段设计编制（   ）。

A. 概算   B. 施工图预算(含预备费)

C. 施工预算   D. 估算

6. 预算编制说明应该包括工程概况、编制依据和（   ）。

A. 投资分析   B. 其他需要说明的问题

C. 承发包合同书   D. 工程技术经济指标分析

三、判断题

1. 通信建设工程初步设计阶段应编制概算。（   ）

2. 概算是筹备设备材料和签订订货合同的主要依据。（   ）

3. 通信建设工程概预算应按单项工程编制。（   ）

4. 利润是指施工企业完成所承包工程获得的盈利。（   ）

5. 在一阶段设计时，所编的施工图预算应包括工程费、工程建设其他费、工程项目承包费。（   ）

四、计算题

根据已知条件，编制器材预算表(表四)甲，计算结果精确到两位小数。

已知条件：

(1) 本工程为长途管道光缆大修单项工程，工程设计按一阶段施工图设计。

(2) 工程主要材料型号、用量及单价，如表 8-32 所示。

(3) 主材运距：光缆运距为 500 km 以内；塑料及其制品运距为 100 km 以内；其他主材运距为 1500 km 以内。

表 8-32　主要材料用量及单价

序号	材料名称	规格程式	单位	数量	单价/元(除税)
1	单模充气型光缆	GYA-20	m	1758.09	51.60
2	单模填充型光缆	GYTA-20	m	1800.00	56.00
3	防潮光缆接续器材	20 芯以上	套	4.04	4000.00
4	接头盒固定托架		套	9.65	15.00
5	电缆托板	二线	块	112.07	3.15
6	镀锌铁线	ϕ1.5 mm	kg	16.78	6.15
7	镀锌铁线	ϕ4.0 mm	kg	135.80	4.80
8	专用气压传感器		套	5.05	1550.00
9	光缆标志牌		套	64.64	4.50
10	聚乙烯塑料子管	32/28 mm	m	5238.04	4.50
11	塑料管堵头	3 孔	个	54.45	2.60
12	塑料子管塞子		个	157.87	1.00
13	塑料波纹软管		m	100.43	3.00
14	电缆托板塑料垫		个	111.34	0.98
15	热缩帽(带气门)	RSMQ2/30-250	个	5.05	18.00
16	热缩分歧套管		套	5.05	155.00
17	硬塑料管	ϕ30×500	根	5.05	1.80
18	扣式接线子		只	25.25	0.56

技 能 训 练

1. 训练内容

本工程设计是××局市话主干管道电缆线路单项工程一阶段施工图设计,试根据所给已知条件及主材单价表,按照工信部通信 [2016] 451 号文件规定编制该工程一阶段设计施工图预算,计算结果精确到两位小数。

已知条件:

(1) 施工企业距施工现场 70 km。

(2) 本工程所在地区为非特殊地区。

(3) 设计图纸及说明:

① ××局市话主干管道电缆线路施工路由图、电缆接续图分别如图 8-32 和图 8-33 所示。

② 进线室到总配线架成端电缆共 400 对(HYV4-0.5),总长度为 30 m,包含预留和损耗。

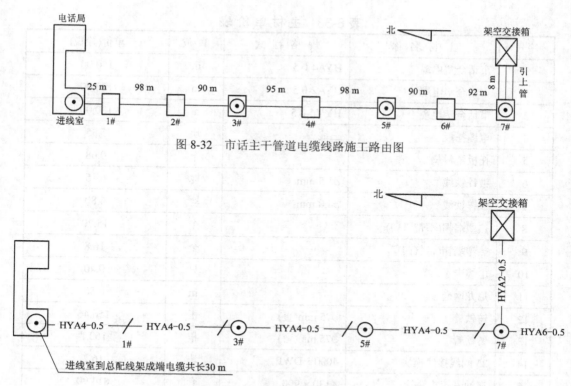

图 8-32　市话主干管道电缆线路施工路由图

图 8-33　市话主干管道电缆线路接续图

③ 7# 人孔内共有接头 600 对，其中，与引上电缆共接续 200 对，另外，400 对同主干配线电缆接续。

④ 交接箱成端电缆除引上管道电缆外，引上管道末端至架空交接箱引上电缆预留长度为 5 m。

⑤ 管道内布放 400 对电缆，自然弯曲系数为 0.5%。

⑥ 1#、2#、4#、6# 人孔为直通人孔，每个人孔内电缆预留长 1 m。

⑦ 电缆在 3#、5#、7# 人孔内接头，接头两侧各预留 2 m。

⑧ 1#～7# 人孔内都没有积水。

⑨ 电缆敷设方式为人工布放，电缆接续方式采用模块式接线子接续(25 回线模块)，接头套管采用 $\phi 130 \times 900$ 充油接头套管，不考虑电缆接续测试。

(4) 主材运距：电缆及其他类主材为 1500 km 以内，塑料及塑料制品为 500 km 以内。

(5) 本工程勘察设计费给定为 3000 元。

(6) 综合赔补费给定为 5000 元。

(7) 本工程不计列施工生产用水电蒸汽费、运土费、工程排污费、建设用地及综合赔补费、项目建设管理费、可行性研究费、研究试验费、环境影响评价费、工程保险费、工程招标代理费、引进技术及引进设备其他费、专利及专利技术使用费、生产准备及开办费、建设期利息。

(8) 本工程主材单价是按××市电信管理局物资处《电信建设工程概预算常用电信器材基础价目录》取定的，详见表 8-33。

表 8-33　主材单价表

序号	主材名称	规格程式	单位	单价(除税)
1	市话全塑电缆	HYA4-0.5	m	150.00
2	市话全塑电缆	HYA2-0.5	m	120.00
3	市话全塑电缆	HYV4-0.5	m	180.00
4	电缆托板	三线	块	5.35
5	托板塑料垫		个	0.68
6	镀锌铁线	ϕ1.5 mm	kg	6.15
7	镀锌铁线	ϕ4.0 mm	kg	4.80
8	热塑端帽(不带气门)		个	15.70
9	热塑端帽(带气门)		个	16.8
10	电缆卡子		只	0.40
11	尼龙网套		m	6.50
12	铸铁管	ϕ75 mm(直)	根	156.46
13	铸铁管	ϕ75 mm(弯)	根	162.7
14	25 回线接线模块	4000·DWP	块	16.2
15	充油膏接头套管	ϕ130×900	套	814.90
16	填充油膏剂	4442 树脂	kg	72.00
17	尼龙固定卡带		根	0.60

2. 训练目的

(1) 熟悉预算文件的组成和编制方法。

(2) 理清预算表格的编制顺序。

(3) 掌握预算定额的套用方法，并根据已知条件能正确套用工程的相关定额及其计费标准。

(4) 掌握编制预算文件的五种共十张表格的统计及填表方法。

3. 训练要求

(1) 将编制的预算结果分别按标准预算表格形式填写"预算总表(表一)"、"建筑安装工程费用预算表(表二)"、"建筑安装工程量预算表(表三)甲"、"建筑安装工程施工机械使用费预算表(表三)乙"、"建筑安装工程仪器仪表使用费预算表(表三)丙""国内器材预算表(表四)甲"、"工程建设其他费用预算表(表五)甲"。

(2) 将上述题目利用概预算编制软件再进行编制，对手工编制与计算机编制的预算结果进行比较。

附录1 通信工程制图中常用图形符号

表1 符 号 要 素

序号	名称	图形符号	说 明
1	基本轮廓线	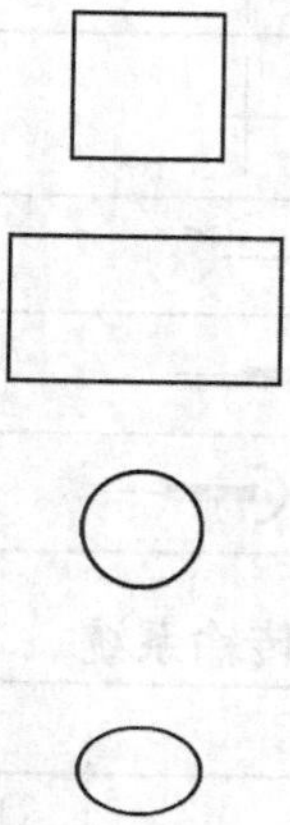	元件、装置、功能单元、基本轮廓线 注：填入或加上适当的符号或代号于轮廓符号内，以表示元件、装置或功能
2	辅助轮廓线	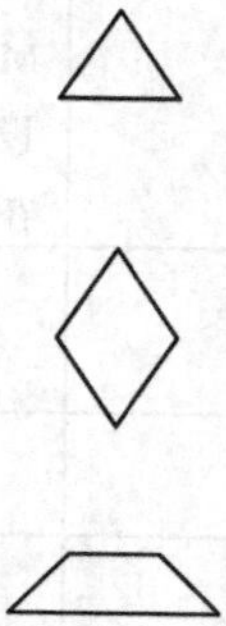	元件、装置、功能单元辅助轮廓线
3	边界线	—— • —— • —— • ——	功能单元的边界线
4	屏蔽线(护罩)	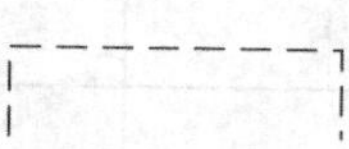	

表 2 连接符号

序号	名称	图形符号	说明
1	连接、群连接		导线、电缆、线路、传输通道等的连接
2	T 形连接		
3	双 T 形连接		
4	十字双叉连接		
5	跨越		
6	插座		包含家用 2 孔、3 孔以及常用 4 孔
7	插头		
8	插座和插头		

表 3 传输系统

序号	名称	图形符号	说明
1	传输设备节点基本符号		图例中心的,表示节点传输设备的类型,可以为 P、S、M、A、W、O、F 等。其中,P:PDH 设备;S:SDH 设备;M:MSTP 设备;A:ASON 设备;W:WDM 设备;O:OTN 设备;F:分组传送设备。在图例不混淆情况下,可省略两个标识
2	传输链路		
3	微波传输		两边圆弧表示微波天线
4	双项光纤链路		
5	单项光纤链路		
6	公务电话		
7	延伸公务电话		

序号	名称	图形符号	说　　明
8	设备内部时钟		
9	大楼综合定时系统		
10	时钟同步设备	BT	B 表示 BITS 设备，T 表示时间同步
11	时钟同步设备	BF	B 表示 BITS 设备，F 表示频率同步
12	网管设备		
13	ODF/DDF 架		
14	WDM 终端型波分复用设备		16/32/40/80 波等
15	WDM 光线路放大器		
16	WDM 光分插复用器		
17	1：n 透明复用器		
18	SDH 终端复用		
19	SDH 分插复用器		
20	SDH/PDH 中继器		
21	DXC 数字交叉连接设备		
22	OTN 交叉设备		
23	分组传送设备		
24	PDH 终端设备		

表4　通信线路符号

序号	名　称	图形符号	说　明
1	局站		适用于光缆图
2	局站(汇接局)		适用于拓扑图
3	局站(端局、接入机房、宏基站)		适用于拓扑图
4	光缆		适用于拓扑图
5	光缆线路		a、b：光缆型号及芯数。 L：A、B 两点之间光缆段长度(单位：m)。 A、B 为分段标注的起始点
6	光缆直通接		A：光缆接头地点
7	光缆分支接头		A：光缆接头地点
8	光缆拆除光		A、B 为分段标注的起始点。 a、b：拆除光缆的型号及芯数。 L：A、B 两点之间的光缆段长度(单位：m)
9	光缆更换		A、B 为分段标注的起始点。 ab：新建光缆的型号及芯数。 (ab)：原有光缆的型号及芯数。 L：A、B 两点之间的光缆段长度(单位：m)
10	光缆成端 (骨干网)		1. 数字：纤芯排序号。 2. 实心点代表成端：无。 实心点代表断开
11	光缆成端 (一般网)		GYTA-36D：为光缆的型号及容量。 1～36：光缆纤芯的号段
12	光纤活动连接器		
13	直埋线路		A、B 为分段标注的起始点，应分段标注。 L：A、B 为端点之间的距离(单位：m)

序号	名　称	图形符号	说　明
14	水下线路、海底线路		A、B 为分段标注的起始点，应分段标注。 L：A、B 两端点之间距离(单位：m)
15	架空线路		L：两杆之间距离(单位：m)，应分段标注
16	管道线路		A、B：两人(手)孔的位置，应分段标注。 L：两人(手)孔之间的管道段长(单位：m)
17	管道线缆占孔位置图 (双壁波纹管)(穿 3 根子管)		1. 画法：画于线路路由旁，按 A-B 方向分段标注。 2. 管道使用双壁波纹管管材，大圆为波纹管的管孔，小圆为波纹管内穿放的子管管孔。 3. 实心为圆为本工程占用，斜线为现状已占用。 4. a、b：敷设线缆的型号及容量
18	管道线缆占孔位置图 (多孔一体管)		1. 画法：画于线路路由旁，按 A-B 方向分段标注。 2. 管道使用梅花管管材。 3. 实心为圆为本工程占用，斜线为现状已占用。 4. a、b：敷设线缆的型号及容量
19	管道线缆占孔位置图 (栅格管)		1. 画法：画于线路路由旁，按 A-B 方向分段标注。 2. 管道用栅格管管材。 3. 实心为圆为本工程占用，斜线为现状已占用。 4. a、b：敷设线缆的型号及容量
20	墙壁架挂线路 (吊线式)		1. 三角形为吊线支持物。 2. 三角形上方线段为吊线及线缆。 3. A、B 为分段标注的起始点。 4. L 为 A、B 两点之间的段长(单位：m)，应按 A-B 分段标注。 5. D 为吊线的程式。 6. $[a, b]$ 为线缆的型号及容量

序号	名 称	图形符号	说 明
21	墙壁架挂线路 (钉固式)	[ab] A L B 线缆	1. 多个小短线段上方长线段为线缆。 2. A、B 为分段标注的起始点。 3. L 为 A、B 两点之间的段长(单位:m),应按A-B分段标注。 4. [a,b]为线缆的型号及容量
22	电缆气闭套管		
23	电缆充气点 (气门)		
24	电缆带气门 的气闭套管		
25	线路预留	m A	画法:画于线路路由旁。 A:线缆预留地点; m:线缆预留长度(单位:m)
26	线缆蛇形敷设	A d/s B	画法:画于线路路由旁。 d:A、B 两点之间的直线距离(单位:m)。 s:A、B 两点之间的线缆蛇形敷设长度(单位:m)
27	水线房		
28	通信线路巡房		
29	通信线交接间		
30	水线通信线标志牌	或	单杆及 H 杆
31	直埋通信线标志牌		
32	防止通信线蠕动装置		
33	埋式线缆上方保护	铺m、n米 线缆	1. 画法:断面图画于图纸中线路的路由旁,适当放大比例,合适为宜。 2. 直埋线缆线上方保护方式有铺砖和水泥盖板等。 m:保护材质种类(如砖、水泥盖板等)。 n:保护段长度(单位:m)

序号	名　称	图形符号	说　　明
34	埋式线缆穿管保护	穿 ϕm、n 线缆	1. 画法：断面图画于图纸中线路的路由旁，适当放大比例，合适为宜。 2. 直埋线缆外穿套管保护，如钢管、塑料管等。 　ϕ：保护套管直径(单位：mm)； 　m：保护套管材料种类(如钢管、塑料管等)； 　n：套管的保护长度(单位：m)
35	埋式线缆上方敷设排流线	L A $m \times n$ B 线缆	1. 画法：排流线一般都以附页方式集中出图，应按 A-B 分段标注。 2. 勘察中的实测数据： 　L：线缆 A、B 两点之间距离(单位：m)； 　$m \times n$：排流线材料种类、程式及条数
36	埋式线缆旁敷设消弧线	$m \times n$ r d A 线缆	1. 画法：平面图画于图纸中线路路由旁，适当放大比例，合适为宜。 2. 勘察中的实测数据。 　A：线缆旁敷设消弧线的地点； 　r：消弧线敷设的圆弧半径(单位：m)； 　d：消弧线与光缆之间的水平距离(单位：m)； 　$m \times n$：消弧线材料种类、程式及条数
37	直埋线缆保护 (护坎)	h B护坎 $m \times n$	画法：画于图纸中线路路由旁。 　B：直埋线缆保护种类(如石砌或三七土护坎)； 　h：护坎的高度(单位：m)； 　m：护坎的宽度； 　n：护坎的厚度
38	直埋线缆保护 (沟堵塞)	h 石砌 沟堵塞	画法：画于图纸中线路路由旁。 勘察中的实测数据： 　h：沟堵塞的高度(单位：m)
39	直埋线缆保护 (护坡)	L 石砌护坡 $m \times n$	画法：画于图纸中线路路由旁。 勘察中的实测数据： 　L：护坡的长度(单位：m)； 　m：护坎的宽度； 　n：护坎的深度

序号	名　称	图形符号	说　明
40	架空线缆交接箱	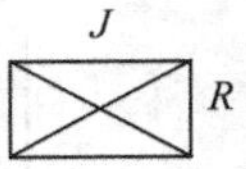 $\boxtimes$ J R	J：交接箱编号，为字母及阿拉伯数字； R：交接箱容量
41	落地线缆交接箱	 J R	J：交接箱编号，为字母及阿拉伯数字； R：交接箱容量
42	壁龛线缆交接箱	 J R	J：交接箱编号，为字母及阿拉伯数字； R：交接箱容量
43	电缆分线盒	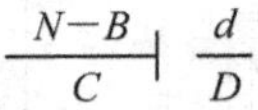 $\dfrac{N-B}{C}\ \|\ \dfrac{d}{D}$	N：分线盒编号； d：现有用户数； B：分线盒容量； D：设计用户数； C：分线盒线序号段
44	电缆分线箱	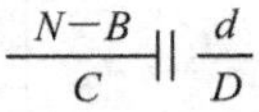 $\dfrac{N-B}{C}\ \|\|\ \dfrac{d}{D}$	N：分线箱编号； d：现有用户数； B：分线箱容量； D：设计用户数； C：分线箱线序号段
45	电缆壁龛分线箱	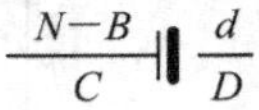 $\dfrac{N-B}{C}\ \|\ \dfrac{d}{D}$	N：分线箱编号； d：现有用户数； B：分线箱容量； D：设计用户数； C：分线箱线序号段
46	直埋线缆标石	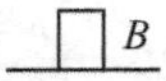 ⊓ B	B：字母表示直埋线缆标石种类(如接头、转弯点、预留等)
47	线缆割接符号	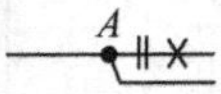 A	A：割接点位置
48	接图线(本页图纸内的上图)	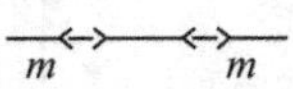 m ← → m	1. 画法：画于通信线路上图的末端处，垂直于通信线。 2. m 为字母及阿拉伯数字
49	接图线(本页图纸内的下图)	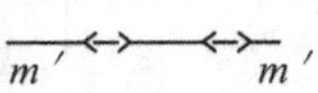 m' ← → m'	1. 画法：画于通信线路下图的首端处，垂直于通信线。 2. m 为字母及阿拉伯数字
50	接图线(相邻图间)	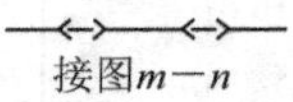 接图$m-n$	1. 画法：在主图和分图中，分别标注相互连接的图号。 2. m 为图纸编号、n 为阿拉伯数字

序号	名 称	图形符号	说 明
51	通信线与电力线交越防护	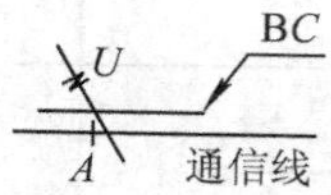 U　BC A　通信线	画法：画于图纸中线路路由中。 A：与电力线交越的通信线的交越点； U：电力线的额定电压值，单位为 kV； B：通信线防护套管的种类； C：防护套管的长度(单位：m)
52	指北针	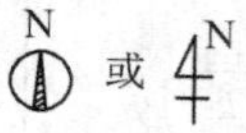 N 或 N	1. 画法：图中指北针摆放位置，首选图纸的右上方，次选图纸的左上方。 2. N 代表北极方向
53	室内走线架	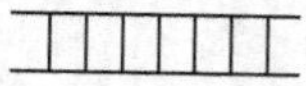	
54	室内走线槽道	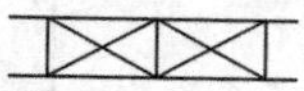	明槽道：实线； 暗槽道：虚线
55	木电杆	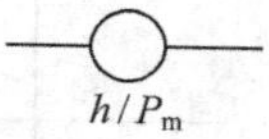 h/P_{m}	h：杆高(单位：米)，主体电杆不标注杆高，只标注主体以外的杆高； P_{m}：电杆的编号(每隔 5 根电杆标注一次)
56	圆水泥电杆	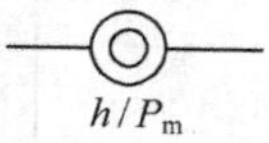 h/P_{m}	h：杆高(单位：米)，主体电杆不标注杆高，只标注主体以外的杆高； P_{m}：电杆的编号(每隔 5 根电杆标注一次)
57	单接木电杆	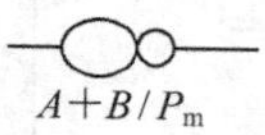 $A+B/P_{\mathrm{m}}$	A：单接杆的上节(大圆)杆高(单位：m)； B：单接杆的下节(小圆)杆高(单位：m)； P_{m}：电杆的编号
58	品接木电杆	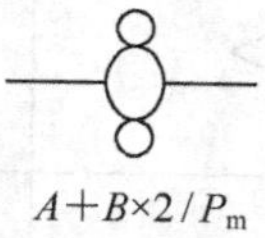 $A+B×2/P_{\mathrm{m}}$	A：品接杆的上节(大圆)杆高(单位：m)； $B×2$：品接杆的下节(小圆)杆高(单位：m)，2 代表双接腿； P_{m}：电杆的编号
59	H 型木电杆	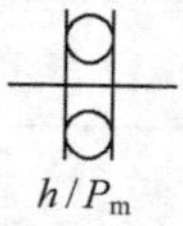 h/P_{m}	h：H 杆的杆高(单位：m)； P_{m}：电杆的编号
60	杆面形式图	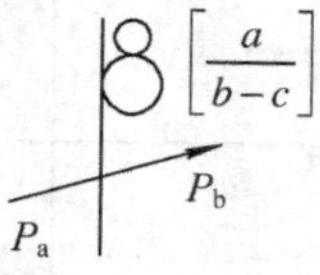 $\left[\dfrac{a}{b-c}\right]$ P_{a}　P_{b}	1. 画法：画图方向：从杆号 P_{a} 面向 P_{b} 的方向画图。 2. 小圆：为吊线。 3. 大圆：为光缆。 4. a 为吊线程式。 5. b 为光缆型号，c 为光缆容量。 6. P_{a}—P_{b} 为该杆面型式图的杆号段

序号	名　称	图形符号	说　明
61	木撑杆	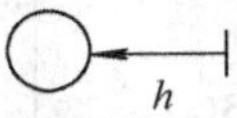	h：撑杆的杆高(长度)
62	电杆引上	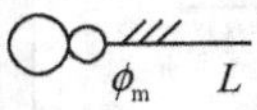 ϕ_m　L	ϕ_m：引上钢管的外直径(单位：mm)； L：引出点至引上杆的直埋部分段长(单位：m)
63	墙壁引上	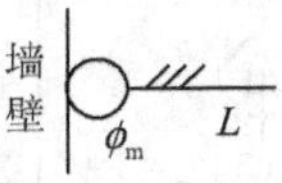 墙壁 ϕ_m　L	ϕ_m：引上钢管的外直径(单位：毫米)； L：引出点至引上杆的直埋部分段长(单位：m)
64	电杆直埋式地线 (避雷针)		
65	电杆延伸式地线 (避雷针)	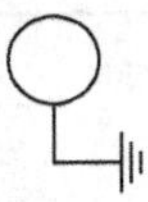	
66	电杆拉线式地线 (避雷针)		
67	吊线接地	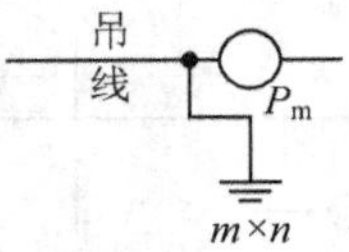 吊线　P_m　$m \times n$	画法：画于线路路由的电杆旁，接在吊线上。 P_m：电杆编号； m：接地体材料种类及程式； n：接地体个数
68	电杆分水桩	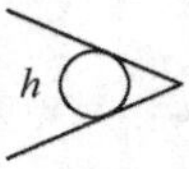 h	h：分水杆的杆高(单位：m)
69	电杆围桩保护	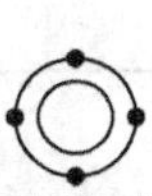	在河道内打桩
70	单方拉线	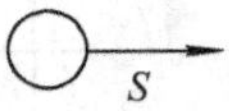 S	S：拉线程式。多数拉线程式一致时，可以通过设计说明介绍，图中只标注个别的拉线程式
71	单方双拉线 (平行拉线)	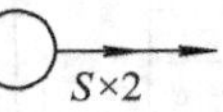 $S \times 2$	2：两条拉线一上一下，相互平行； S：拉线程式
72	单方双拉线 (V 型拉线)	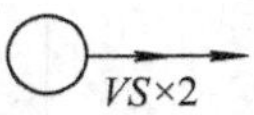 $VS \times 2$	$VS \times 2$：两条拉线一上一下，呈 V 型，共用一个地锚； S：拉线程式

序号	名 称	图形符号	说 明
73	高桩拉线		h：高桩拉线杆的杆高(单位：m)； d：为正拉线的长度，即高桩拉线杆至拉线杆的距离(单位：m)； S：为付拉线的拉线程式
74	Y 型拉线 (八字拉线)		S：拉线程式
75	吊板拉线		S：拉线程式
76	电杆横木或卡盘		
77	电杆双横木		
78	横木或卡盘 (终端杆)		横木或卡盘：放置在电杆杆根的受力点处
79	横木或卡盘 (角杆)		横木或卡盘：放置在电杆杆根的受力点处
80	横木或卡盘 (跨路)		横木或卡盘：放置在电杆杆根的受力点处
81	横木或卡盘 (长杆挡)	长杆挡	横木或卡盘：放置在电杆杆根的受力点处
82	防风拉线(对拉)		S：防风拉线的拉线程式
83	防凌拉线 (四方拉)		S：防凌拉线的"侧向拉线"程式(7/2.2钢绞线)； m：防凌拉线的"顺向拉线"程式(7/3.0钢绞线)

表5 通信管道符号

序号	名 称	图形符号	说 明
1	通信管道	A ——/—— B	1. *A*、*B*：为两人(手)孔或管道预埋端头的位置，应分段标注。 *L*：管道段长(单位：米)。 2. 图形线宽、线形：原有：0.35 mm，实线；新设：1 mm，实线；规划预留：0.75 mm，虚线。 3. 拆除：在"原有"图形上打"×"叉线线宽：0.70 mm
2	人孔		1. 此图形不确定井型，泛指通信人孔。 2. 图形线宽、线形：原有：0.35 mm，实线。 新设：0.75 mm，实线； 规划预留：0.75 mm，虚线。 3. 拆除：在"原有"图形上打"×"叉线线宽：0.70 mm
3	直通型人孔		1. 图形线宽、线形：原有：0.35 mm，实线。 新设：0.75 mm，实线； 规划预留：0.75 mm，虚线。 2. 拆除：在"原有"图形上打"×"叉线线宽：0.70 mm
4	斜型人孔		1. 如有长端，则长端方向图形加长。 2. 图形线宽、线形：原有：0.35 mm，实线。 新设：0.75 mm，实线； 规划预留：0.75 mm，虚线。 3. 拆除：在"原有"图形上打"×"叉线线宽：0.70 mm
5	下通型人孔		1. 三通型人孔的长端方向图形加长。 2. 图形线宽、线形：原有：0.35 mm，实线。 新设：0.75 mm，实线； 规划预留：0.75 mm，虚线。 3. 拆除：在"原有"图形上打"×"叉线线宽：0.70 mm
6	四通型人孔		1. 四通型人孔的长端方向图形加长。 2. 图形线宽、线形：原有：0.35 mm，实线。 新设：0.75 mm，实线； 规划预留：0.75 mm，虚线。 3. 拆除：在"原有"图形上打"×"叉线线宽：0.70 mm
7	拐弯型人孔		1. 图形线宽、线形：原有：0.35 mm，实线。 新设：0.75 mm，实线； 规划预留：0.75 mm，虚线。 2. 拆除：在"原有"图形上打"×"叉线线宽：0.70 mm

序号	名　称	图形符号	说　明
8	局前人孔		1. 八字朝主管道出局方向。 2. 图形线宽、线型：原有：0.35 mm，实线。 新设：0.75 mm，实线； 规划预留：0.75 mm，虚线。 3. 拆除：在"原有"图形上打"×"叉线线宽：0.70 mm
9	手孔		1. 图形线宽、线形：原有：0.35 mm，实线。 新设：0.75 mm，实线； 规划预留：0.75 mm，虚线。 2. 拆除：在"原有"图形上打"×"叉线线宽：0.70 mm
10	顶管内敷设管道		1. 长方框体表示顶管范围，管道由顶管内通过，管道外加设保护套管也可用此图例。 2. 图形线宽：原有：0.35 mm。 新设：0.75 mm
11	定向钻敷设管道		1. 长方虚线框体表示定向钻孔洞范围，管道由孔洞内通过。 2. 图形线宽：原有：0.35 mm。 新设：0.75 mm

表6　机房建筑与设施符号

序号	名称	图形符号	说　明
1	外墙		
2	内墙		
3	可见检查孔		
4	不可见检查孔		
5	方形空洞		
6	圆形孔洞		
7	方型坑槽		
8	圆形坑槽		
9	墙预留洞		尺寸标注可采用(宽×高)或直径形式

序号	名称	图形符号	说　明
10	墙预留槽		尺寸标注可采用(宽×高×深)形式
11	空门洞		左侧为外墙，右侧为内墙
12	单扇门		左侧为外墙，右侧为内墙
13	双扇门		
14	推拉门		
15	单扇双面弹簧门		
16	双扇双面弹簧门		
17	单层固定窗		
18	双层固定窗		
19	双层内外开平开窗		
20	推拉窗		
21	百叶窗		
22	电梯		
23	楼梯 注：应标明楼梯上 (或下)的方向	上	
24	房柱	或	可依据实际尺寸及形状绘制，根据需要可选用空心或实心
25	折断线		不需画全的断开线
26	波浪线		不需画全的断开线
27	标高	室内 室外	

表 7 机房配线与电气照明

序号	名称	图形符号	说　明
1	向上配线		
2	向下配线		
3	垂直通过配线		
4	明装单相二极插座		
5	明装单相三极插座		
6	明装共相四极插座		
7	暗装单相二极插座		
8	暗装单相三极插座		
9	暗装只相四极插座		
10	墙壁开关的一般符号		
11	灯的一般符号		
12	双管荧光灯		
13	防水防尘灯		

表 8 地形图常用符号

序号	名称	图形符号	说　明
1	房屋		
2	窑洞		
3	蒙古包		
4	悬空通廊		
5	建筑物下通道		
6	台阶		
7	围墙		
8	围墙大门		
9	长城及砖石城堡(小比例)		
10	长城及砖石城堡(大比例)		
11	栅栏、栏杆		
12	篱笆		
13	铁丝网		
14	矿井		

序号	名称	图形符号	说　明
15	盐井		
16	油井	油	
17	塔形建筑物		
18	水塔		
19	油库		
20	粮仓		
21	打谷场(球场)	谷(球)	
22	高于地面的水池	水　　　水	
23	低于地面的水池	水	
24	体育场	体育场	
25	游泳池	泳	
26	喷水池		
27	假山石		
28	岗亭、岗楼		
29	电视发射塔	TV	
30	纪念碑		

序号	名称	图形符号	说　明
31	过街天桥		
32	过街地道		
33	地下建筑物的地表入口		
34	一般铁路		
35	电气化铁路		
36	高速公路及收费站	收费站	
37	一般公路		
38	乡村小路		
39	高架路		
40	常年河		
41	铁路桥		
42	公路桥		

序号	名称	图形符号	说　明
43	人行桥		
44	池塘		
45	水井		
46	国界		
47	省、自治区、直辖市界		
48	地区、自治州、盟、地级市界		
49	县、自治县、旗、县级市界		
50	乡镇界		
51	稻田		
52	果园		果园及经济林一般符号，可在其中加注文字，以表示果园的类型，如苹果园、也可加注桑园、茶园等表示经济林
53	行树		
54	天然草地		
55	人工草地		

附录2 地域代号及通信公司所属部分省市地区代号

表1 地 域 代 号

地域	地域编号	地域	地域编号
北京市	BJ	湖北省	EB
天津市	TJ	湖南省	HN
河北省	HB	广东省	GD
山西省	JX	广西壮族自治区	GX
内蒙古自治区	NM	海南省	HD
辽宁省	LN	重庆市	CQ
吉林省	JL	四川省	SC
黑龙江省	HL	贵州省	GZ
上海市	SH	云南省	YN
江苏省	JS	西藏自治区	XZ
浙江省	ZJ	陕西省	SX
安徽省	AH	甘肃省	GS
福建省	FJ	青海省	QH
台湾省	TW	宁夏回族自治区	NX
江西省	JX	新疆维吾尔族自治区	XJ
山东省	SD	香港特别行政区	HK
河南省	HY	澳门特别行政区	MC
国外	GW	中国	ZG

表2 通信公司所在部分省市地区代号

省份	通信公司所在地	地区编号	省份	通信公司所在地	地区编号
江苏	省公司	00	云南	西双版纳	06
	南京	01		丽江	07
	镇江	02		临沧	08
	常州	03		怒江	09
	无锡	04		德宏	10
	苏州	05		曲靖	11
	南通	06		思茅	12
	泰州	07		文山	13
	扬州	08		玉溪	14
	淮安	09		昭通	15
	盐城	10		迪庆	16
	连云港	11	福建	省公司	00
	徐州	12		福州	01
	宿迁	13		厦门	02
四川	省公司	00		漳州	03
	成都	01		泉州	04
	绵阳	02		三明	05
	德阳	03		莆田	06
	广元	04		南平	07
	阿坝	05	安徽	省公司	00
	宜宾	06		合肥	01
	泸州	07		芜湖	02
	内江	08		蚌埠	03
	自贡	09		淮南	04
	资阳	10		淮北	05
	乐山	11		阜阳	06
云南	省公司	00		亳州	07
	昆明	01		宿州	08
	保山	02		滁州	09
	楚雄	03		巢湖	10
	大理	04		马鞍山	11
	红河	05			

省份	通信公司所在地	地区编号	省份	通信公司所在地	地区编号
广东	省公司	00	山东	省公司	00
	广州	01		济南	01
	深圳	02		青岛	02
	珠海	03		淄博	03
	汕头	04		枣庄	04
	佛山	05		东营	05
	韶关	06		潍坊	06
	河源	07		烟台	07
	梅州	08		威海	08
	惠州	09		济宁	09
	汕尾	10		泰安	10
	东莞	11		日照	11
	中山	12		莱芜	12
	江门	13		德州	13
	阳江	14		临沂	14
	湛江	15		聊城	15
	茂名	16		滨州	16
	肇庆	17		荷泽	17

参 考 文 献

[1] 武晓丽，刘荣珍，王欣. AutoCAD 2010 基础教程. 北京：中国铁道出版社，2010.

[2] 李建刚，等. AutoCAD 2010 建筑制图教程. 北京：人民邮电出版社，2011.

[3] 白云，周蓓蓓，黄研秋，等. 计算机辅助设计与绘图：AutoCAD 2010 实用教程及实验. 北京：高等教育出版社，2012.

[4] 杨光，杜庆波. 通信工程制图与概预算. 西安：西安电子科技大学出版社，2008.

[5] 于正永. 通信工程制图与 CAD. 大连：大连理工大学出版社，2012.

[6] 解相吾. 通信工程设计与制图. 北京：电子工业出版社，2010.

[7] 杨光，马敏，杜庆波. 通信工程勘察设计与概预算. 北京：人民邮电出版社，2013.

[8] 于润伟. 通信建设工程概预算. 北京：化学工业出版社，2011.

[9] 高华. 通信工程概预算. 北京：化学工业出版社，2012.

[10] 张航东. 通信管线工程施工与监理. 北京：人民邮电出版社，2009.

[11] 刘强，段景汉. 通信光缆线路工程与维护. 西安：西安电子科技大学出版社，2003.

[12] 工业和信息化部通信工程定额质监中心. 信息通信建设工程概预算管理与实务. 北京：人民邮电出版社，2017.

[13] 工业和信息化部通信工程定额质监中心. 2017 版通信建设工程概算预算编制办法. 北京：人民邮电出版社，2017.

[14] 工业和信息化部通信工程定额质监中心. 2017 版信息通信工程预算定额 第一册 通信电源设备安装工程. 北京：人民邮电出版社，2017.

[15] 工业和信息化部通信工程定额质监中心. 2017 版信息通信工程预算定额 第四册 通信线路工程预算定额. 北京：人民邮电出版社，2017.

[16] 工业和信息化部通信工程定额质监中心. 2017 版信息通信建设工程费用定额. 北京：人民邮电出版社，2017.

[17] 尹树华，张引发，等. 光纤通信工程与工程管理. 北京：人民邮电出版社，2005.

[18] 中华人民共和国工业和信息化部. 通信工程制图与图形符号规定(YD/T5015—2015). 北京：北京邮电大学出版社，2016.

[19] 于正永. 通信工程设计及概预算. 大连：大连理工大学出版社，2014.

[20] 李立高. 通信光缆工程. 北京：人民邮电出版社，2009.

[21] 刘强，等. 通信管道与线路工程设计. 2 版. 北京：国防工业出版社，2009.

[22] 张航东，尹晓霞，邵明伟. 通信管线工程施工与监理. 北京：人民邮电出版社，2009.

[23] 陈昌海. 通信电缆线路. 北京：人民邮电出版社，2007.

[24] 陇小渝，赵慧娟. 通信工程质量管理. 北京：人民邮电出版社，2008.

[25] 王春旺. 建设工程项目管理. 北京：石油工业出版社，2015.